可程式控制器 PLC(含機電整合實務)

石文傑、林家名、江宗霖　編著

全華圖書股份有限公司

豫洋科技有限公司

授權國立彰化師大工教系 石文傑老師

無償使用本公司所設計龍門移載實習台、材質正反面翻轉實習台、二位置擺動實習台、左右選向出料實習台、四分割分度盤實習台、衝模打印實習台、自動鑽孔實習台、三位置擺動實習台、輸送帶分料實習台、機械手臂實習台、自動充填實習台、自動點膠實習台如所示九十六年八月廿六日第一版機電小模組實習手冊之相關圖形及範例程式，作為出版全華科技圖書股份有限公司『可程式控制器與機電整合實務』一書之參考資料用。

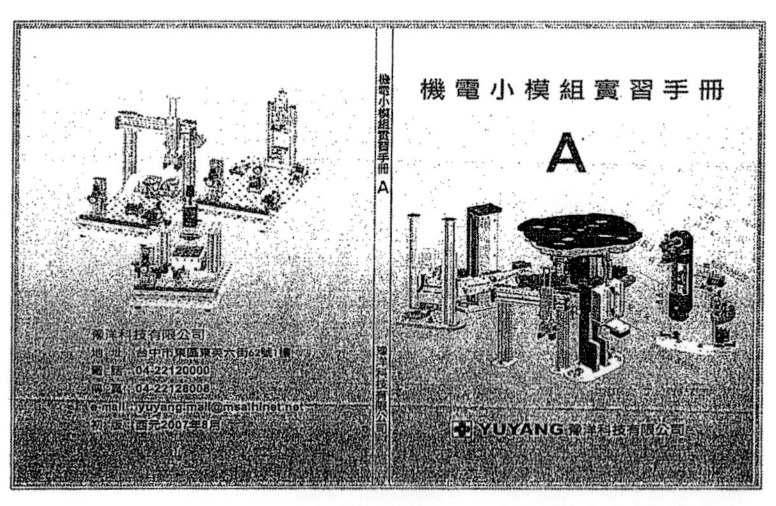

豫洋科技有限公司

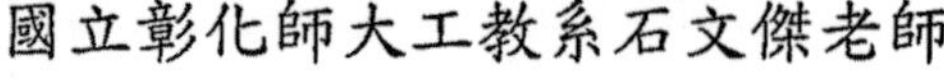
國立彰化師大工教系石文傑老師

中華民國九十八年二月

序

可程式控制器 PLC 在產業自動化中，一直扮演很重要的角色，在學校的電機、機械、控制等相關科系大都以三菱可程式控制器 FX5U 爲可程式控制器實習科目的教學設備。另外，機電整合是目前產業界運用廣泛的技術之一，機電整合的重要性亦是有目共睹的事實，也是產官學界欲研發與推廣的一門專業知識。本書由 PLC 編輯軟體的使用開始，經由 PLC 程式設計範例，循序漸進的指引讀者進入可程式控制器程式之撰寫，包含步進階梯圖與狀態流程圖(SFC)的熟悉與應用。

本書結合可程式控制器與機電整合應具備之專業技能，讀者可按照實習單元依序練習，並自我嘗試進行其他延伸電路之設計。本書以「可程式控制器 PLC (含機電整合實務)」命名，第一篇介紹 PLC 編輯軟體的使用說明、第二篇提供 30 個 PLC 控制指令程式設計之範例、第三篇提供 12 個機電整合實務之範例，使理論與實務作最好的結合。

本書的完成，感謝豫洋科技有限公司及君名科技有限公司的全力支持與協助，將機電整合機構的每一個動作環節一一解析，完整呈現機電整合之精髓。另外，本書之範例皆經學生協助驗證，也是幫助本書得以出版的幕後功臣，在此一併致謝。本書雖經多次校對，但仍恐有疏漏之處，尚祈各位先進不吝指正與賜教。

編者　　謹識

編輯部序

「系統編輯」是我們的編輯方針，我們所提供給您的，絕不只是一本書，而是關於這門學問的所有知識，它們由淺入深，循序漸進。

本書以循序漸進的方式指引讀者進入可程式控制器程式之撰寫，包含步進階梯圖與狀態流程圖(SFC)的熟悉與應用。本書第一篇介紹 PLC 編輯軟體的使用說明、第二篇提供 30 個 PLC 控制指令程式設計之範例、第三篇提供 12 個機電整合實務之範例，使理論與實務作最好的結合。讀者可按照實習單元依序練習，並自我嘗試進行其他延伸電路之設計。

同時，為了使您能有系統且循序漸進研習相關方面的叢書，我們以流程圖方式，列出各有關圖書的閱讀順序，以減少您研習此門學問的摸索時間，並能對這門學問有完整的知識。若您在這方面有任何問題，歡迎來函聯繫，我們將竭誠為您服務。

相關叢書介紹

書號：05803047
書名：可程式控制器程式設計與實務-FX2N/FX3U(第五版)(附範例光碟)
編著：陳正義
16K/504 頁/580 元

書號：056430C7
書名：機電整合實習(含丙級學、術科解析)(2020 最新版)(附程式光碟)
編著：張世波.羅宸佑.施昀晴
16K/496 頁/530 元

書號：04A5904
書名：可程式控制快速入門篇(含丙級機電整合術科解析)
編著：林 懌
16K/352 頁/400 元

書號：06466007
書名：可程式控制快速進階篇(含乙級機電整合術科解析)(附範例光碟)
編著：林 懌
16K/360 頁/390 元

書號：0429702
書名：機電整合
編著：郭興家
16K/328 頁/320 元

書號：05047047
書名：機電整合控制－多軸運動設計與應用(第六版)(附部分內容光碟)
編著：施慶隆.李文猶
16K/640 頁/660 元

書號：06444017
書名：LabVIEW 程式設計(含 LabVIEW NXG 軟體操作)(第二版)(附多媒體光碟)
編著：陳瓊興
16K/336 頁/470 元

◎上列書價若有變動，請以最新定價為準。

流程圖

書號：0526304
書名：數位邏輯設計(第五版)
編著：黃慶璋

書號：0387201
書名：可程式控制器原理與應用－FX2(修訂版)
編著：陳聰敏.吳文誌.汪楷茗

書號：04F01027
書名：可程式控制實習與應用－OMRON NX1P2(第三版)(附範例光碟)
編著：陳冠良

書號：04A5904
書名：可程式控制快速入門篇(含丙級機電整合術科解析)
編著：林 懌

書號：06085037
書名：可程式控制器 PLC(含機電整合實務)(第四版)(附範例光碟)
編著：石文傑.林家名.江宗霖

書號：056430C7
書名：機電整合實習(含丙級學、術科解析)(2020 最新版)(附程式光碟)
編著：張世波.羅宸佑.施昀晴

書號：06465007
書名：LabVIEW程式設計與應用(附範例光碟)
編著：惠汝生

書號：06466007
書名：可程式控制快速進階篇(含乙級機電整合術科解析)(附範例光碟)
編著：林 懌

書號：05047057
書名：機電整合控制－多軸運動設計與應用(第六版)(附部分內容光碟)
編著：施慶隆.李文猶

目　錄

第三篇　機電整合實務

第一篇

PLC 編輯軟體的使用

第一章

SW0PC－FXGP/WIN－T 軟體

因為使用書寫器時，在監視畫面最多只能監視 4 個元件，而且在書寫器所書寫的程式無法儲存於磁碟片中，所以必須練習在電腦在編寫程式。

目前市面上 MITSUBISHI 三菱所提供的 SW0PC－FXGP/WIN－T 軟體是免費的，可以從網路上直接下載得到，且三菱 FX 系列與士林 AX 系列的機型是相容的，因此該軟體可適用於三菱與士林的機型。當軟體安裝完成，執行該軟體後，會出現圖 1 的畫面。在圖 1 的畫面中，若點選【檔案→開啓】，即開啓已儲存於電腦中或磁碟片中的檔案。

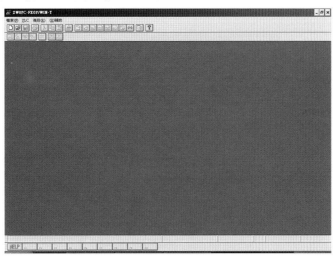

圖 1　編輯執行軟體後的出現畫面

若點選左上角的【檔案→開新檔案】時，會出現圖 2 的畫面。然後選擇自己所使用的 PLC 類型，再按「確認」鍵。一般其預設的 PLC 類型爲 FX2N/FX2NC。

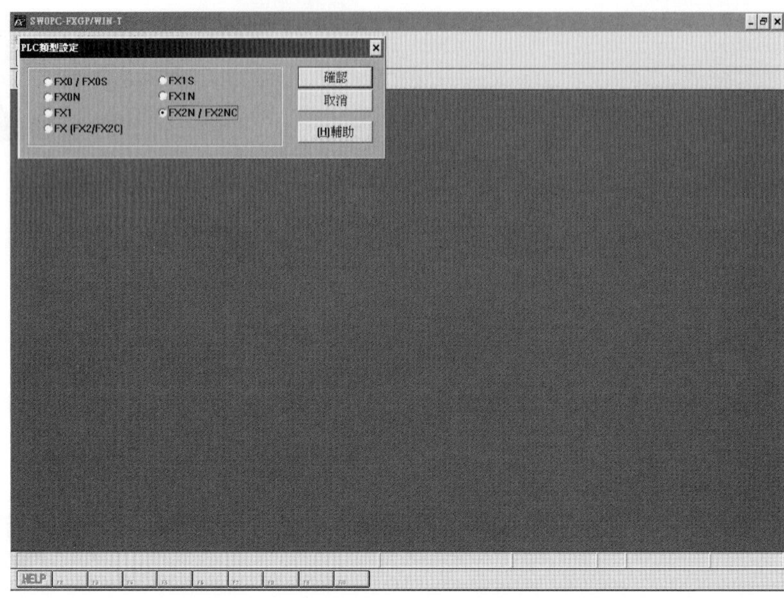

圖 2　選擇可使用的可程式控制器

選擇所用的可程式控制器後(此處點選預設的 FX2N/FX2NC 可程式控制器)，就會有圖 3 的畫面出現。最上面一排有「檔案」、「編輯」、「工具」、「搜尋」、「視圖」、「PLC」、「遙控」、「監視／測試」、「選項」、「視窗」與「輔助」。

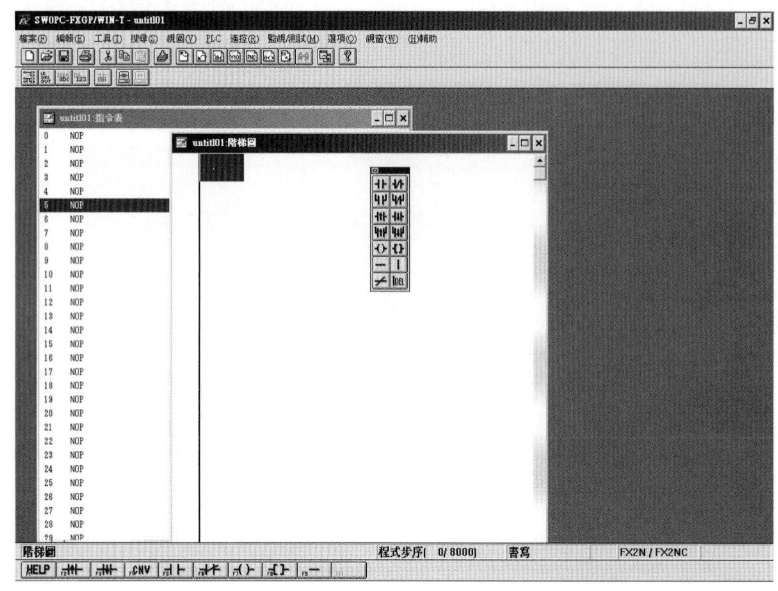

圖 3　開新檔案出現指令表與階梯圖畫面

【檔案】中有【開新檔案】、【開啓】、【關閉開啓】、【存檔】、【另存新檔】、【列印】、【全部列印】、【頁面設定】、【預覽列印】、【印表機設定】與【結束】等，其使用方法與一般的電腦的使用相同。

【編輯】中有【復原】、【剪下】、【複製】、【貼上】、【刪除】、【行刪除】、【行插入】、【區域選擇】、【元件名】、【元件註解】、【線圈註解】、【區域註解】、【中止編輯】。其中【剪下】、【複製】、【刪除】使用方法與一般電腦的使用相同。【行刪除】就是指標所指的行，將其整行刪除。【線圈註解】、【區域註解】是在程式中用中文註解其意義，以利設計者的了解。

【工具】中有【接點】、【線圈】、【功能】、【線】、【全部清除】、【轉換】。

【搜尋】中有【至頂端】、【至終點】、【元件名搜尋】、【元件搜尋】、【指令搜尋】、【接點／線圈搜尋】、【到指定步序】、【改變元件編號】、【改變接點類型】、【變更元件編號】、【標籤設定】、【標籤跳過】。其中最常用的是【元件搜尋】與【指令搜尋】。【元件搜尋】是用在變更元件的編號時最有用，它可以從整個階梯圖中將元件的位置直接找出，以方便更改。

【視圖】中有【階梯圖】、【指令表】、【SFC 狀態圖】【註解視圖】、【檢視暫存器】、【工具欄 1】、【工具欄 2】、【狀態欄】、【功能鍵】、【功能板】、【接點／線圈列表】、【已用元件列表】、【TC 設定表】、【顯示註解】、【顯示比例】。一般先選取【工具欄 1】、【工具欄 2】、【功能板】，因爲這三個是畫階梯圖必須的工具。【顯示比例】是指現在圖面的大小，因個人習慣設定之。【階梯圖】、【指令表】與【SFC 狀態圖】，通常在設計時，依設計條件用紙畫 SFC 狀態圖，然後在此軟體上用【階梯圖】畫圖。

【PLC】中有【傳送】、【暫存器資料傳輸】、【清除 PLC 記憶體】、【串列設定】、【PLC 現存密碼或刪除】、【執行中程式變更】、【遙控運轉／停止】、【PLC 自我診斷】、【取樣追跡】、【通信埠設定】。

在【傳送】中有【讀入】、【書寫】、【核對】。【讀入】是將可程式控制器中的程式複製至電腦中。【書寫】是將電腦中的程式複製至可程式控制器中。而【核對】是將可程式控制器與電腦中的程式相互比較。【遙控運轉／停止】是由電腦透過 RS232 的傳輸控制可程式控制器的運轉(RUN)。可以看到可程式控制器 RUN 的燈亮。其中若在這項工作時，有「通訊錯誤」訊息出現時，即表示通訊埠錯誤，必須由【通信埠設定】去設定，可選擇其中的 COM1、COM2、COM3、COM4 中做選擇。一般只選擇 COM1、COM2 就可確定。

【監視／測試】中有【開始監控】、【動態監視器】、【輸入監視元件】、【元件監視】、【強制 Y 輸出】、【強制 ON／OFF】、【改變現在值】、【改變設定值】、【現在值監控切換】。當點選【開始監控】後，在電腦螢幕中的程式，其輸入與輸出有信號的會用綠色指標表明。當可程式控制器在運轉時，依輸入與輸出的信號不停的綠色指標表明。

【強制 Y 輸出】是當可程式控制器與週邊機械配線完成後，為了知道可程式控制器與輸出點的線路是否有斷線或接錯，所以用這項功能作測試。但在實際的工作中必須注意機械的運轉與人員的安全。

【選項】中通常只用【參數設定】，只用 2K 就可以，因為設計的程式很少多於 2000 條。假如不做【參數設定】時，在「PLC」之「傳送」會很慢。

【範例】三段式開關電路

茲以第二篇 PLC 程式設計範例中之實習六三段式開關電路，分別提供指令表輸入與階梯圖輸入之實際執行範例。

一、指令表輸入範例

步驟 1：開啟並執行軟體，如圖 1 至圖 3。

步驟 2：在指令表畫面(如圖 4 所示)之第一行直接輸入 LD X0 後，再按【Enter】鍵即可，如圖 5 所示。

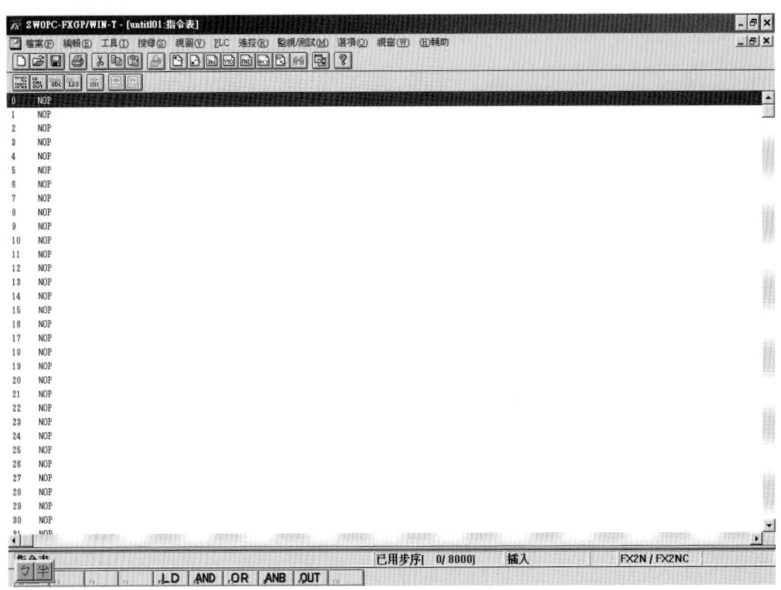

圖 4　指令表畫面

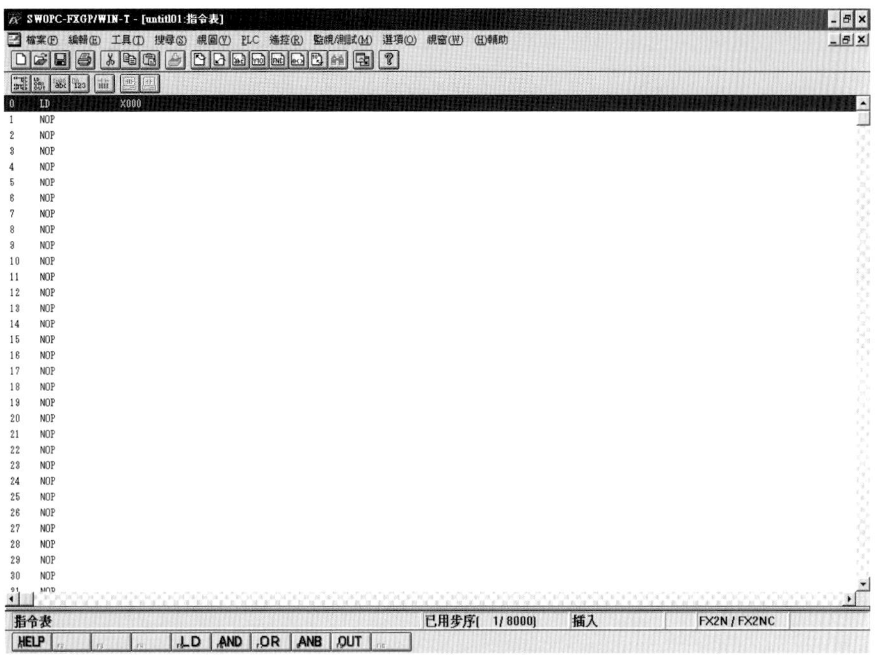

圖 5　輸入第一行指令後之畫面

步驟 3：在指令表畫面依序完成其他指令之輸入後，如圖 6 所示。

圖 6　完成所有指令輸入後之畫面

步驟 4：執行【檔案】→【另存新檔】，輸入欲存檔之檔案名稱，按【確定】鍵即可，如圖 7 所示。再輸入檔案標題名，按【確認】鍵，即可完成存檔，如圖 8 所示。本範例以「三段開關」爲檔名，其預設之附檔名爲 *.PMW，如圖 9 所示。

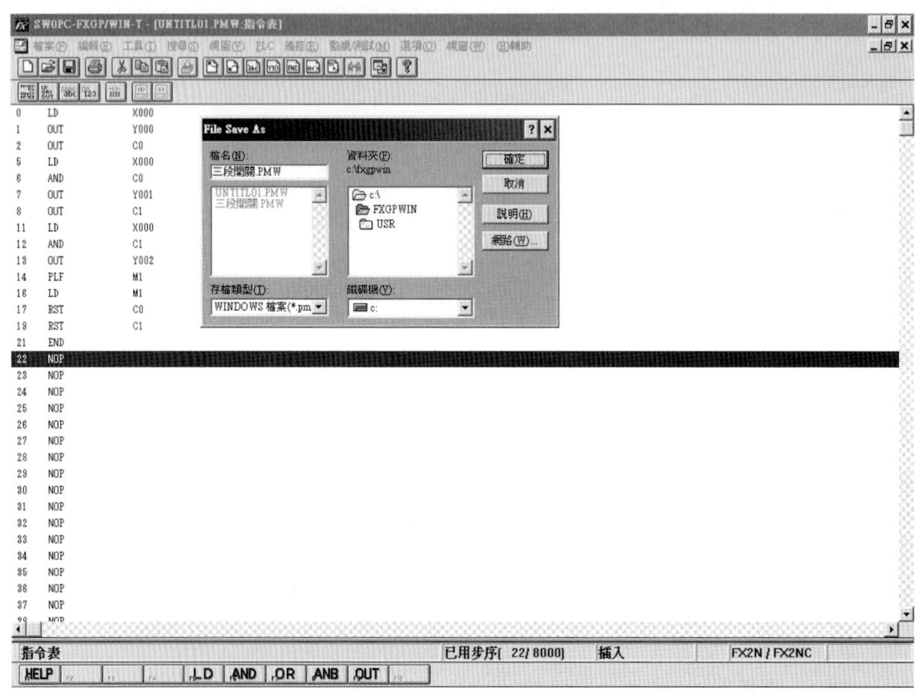

圖 7　存檔前畫面

圖 8　輸入檔案標題名

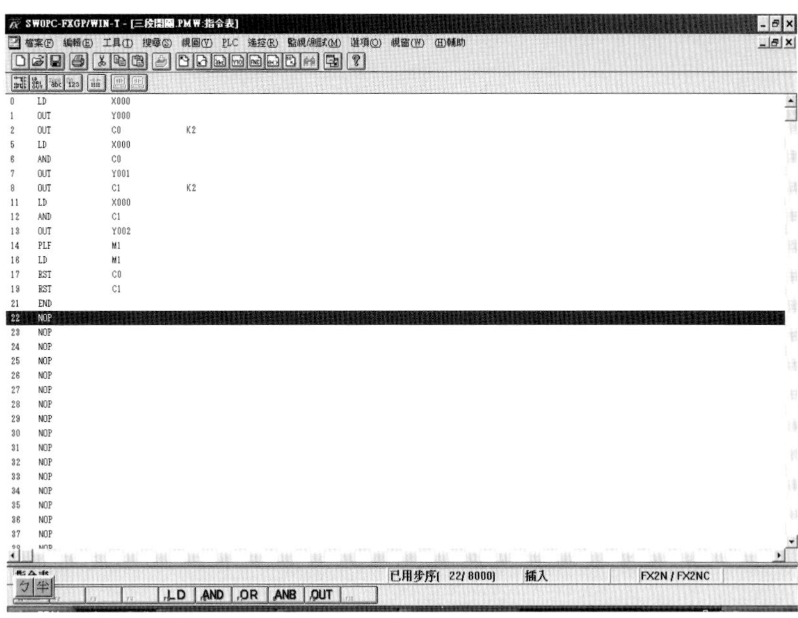

圖 9　存檔後畫面

步驟 5：將這個程式複製到可程式控制器上，點選【PLC】→【傳送】→【書寫】，如圖 10 所示，再點選所有範圍或範圍設定即可。當點選所有範圍時，需較長之書寫時間；若欲點選範圍設定，則需檢視畫面最下端之「已用步序」。本範例之已用步序爲 22，表示範圍設定之起始步序 0、終止步序 21。

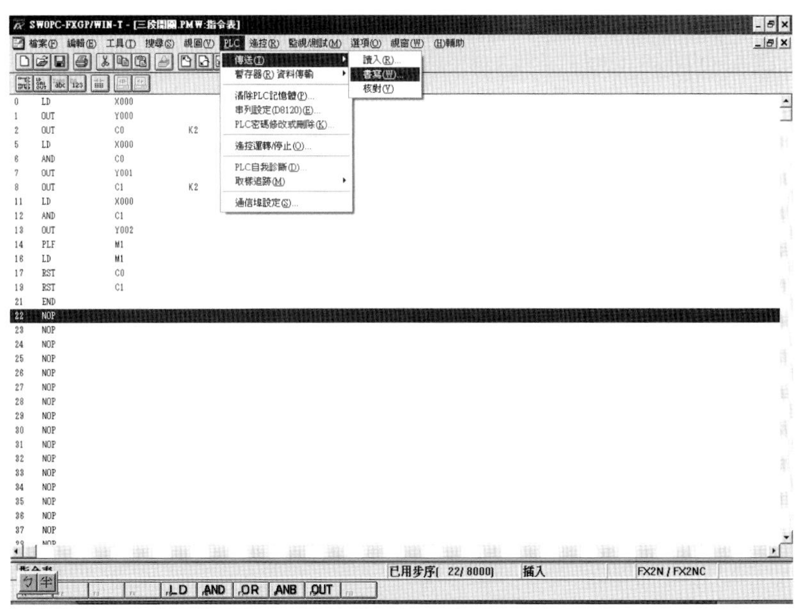

圖 10　將程式複製到可程式控制器之操作步驟

步驟 6： 如果出現【通訊錯誤】之顯示方塊，如圖 11 所示，則需查看或修改【通信埠設定】。

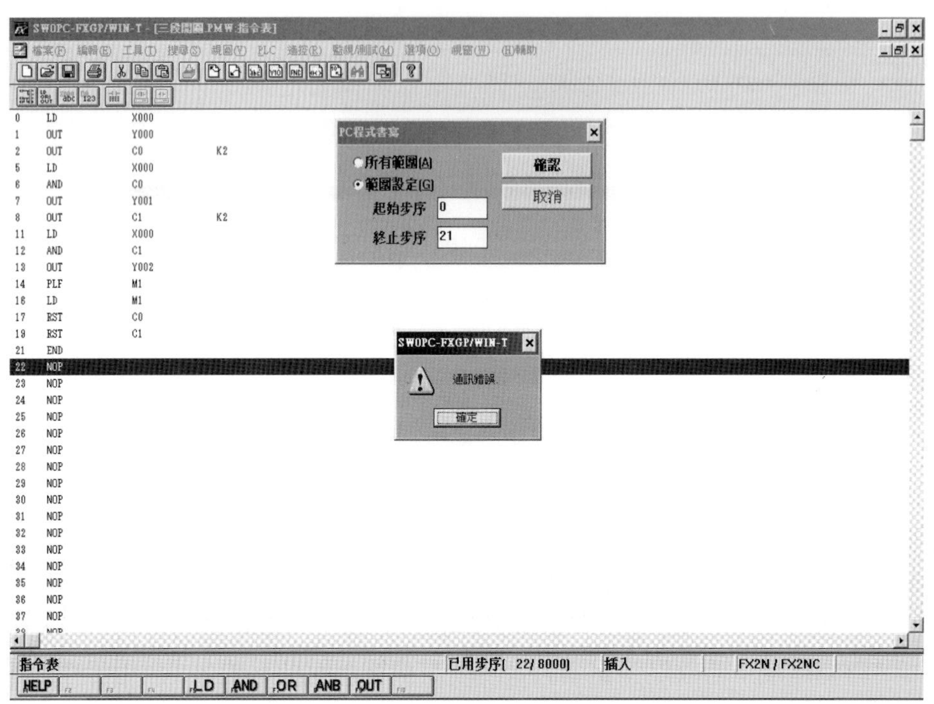

圖 11　出現【通訊錯誤】之顯示方塊

步驟 7： 當機械硬體與可程式控制器的配線完成後，即可做【遙控運轉／停止】，請點選【PLC】→【遙控運轉／停止】即可。

二、階梯圖輸入範例

步驟 1： 開啟並執行軟體，如圖 1 至圖 3。

步驟 2： 點選(功能板)中的 a 接點 ┤├，輸入 X0 後，點選【確認】鍵。點選(功能板)中的小括號 -( )-，輸入 Y0 後，點選【確認】鍵。將指標用滑鼠點在 X0 之後，點選(功能板)中的｜符號，再點選(功能板)中的─符號，再點選小括號 -( )-，輸入 C0 K2 後，點選【確認】鍵，如下圖所示。

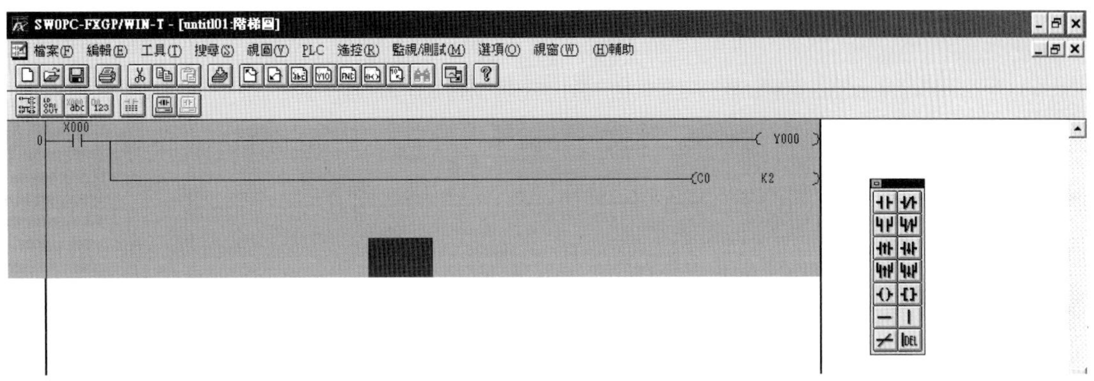

步驟 3：點選(功能板)中的 a 接點 ┤├，輸入 X0 後，點選【確認】鍵。點選(功能板)中的 a 接點 ┤├，輸入 C0 後，點選【確認】鍵。點選(功能板)中的小括號 -( )-，輸入 Y1 後，點選【確認】鍵。將指標用滑鼠點在 C0 之後，點選(功能板)中的｜符號，再點選(功能板)中的─符號，再點選小括號 -( )-，輸入 C1 K2 後，點選【確認】鍵，如下圖所示。

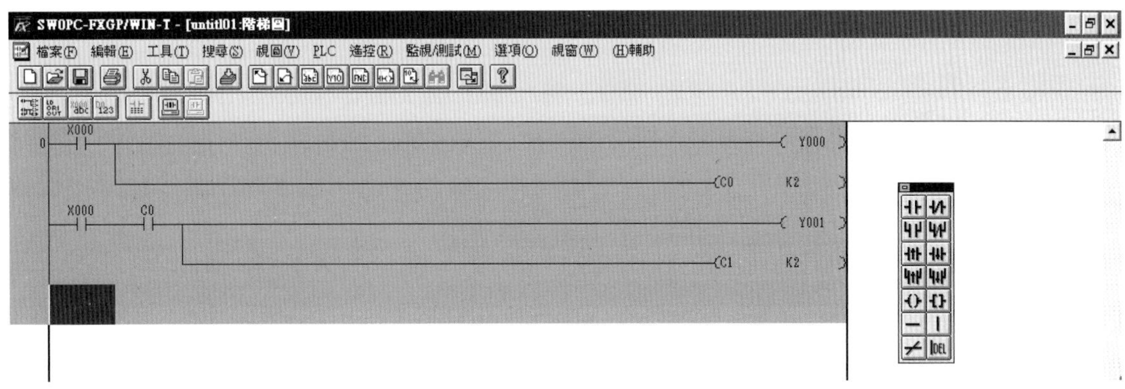

步驟 4：點選(功能板)中的 a 接點 ⊣⊢，輸入 X0 後，點選【確認】鍵。點選(功能板)中的 a 接點 ⊣⊢，輸入 C1 後，點選【確認】鍵。點選(功能板)中的小括號 -( )-，輸入 Y2 後，點選【確認】鍵。將指標用滑鼠點在 C1 之後，點選(功能板)中的｜符號，再點選(功能板)中的─符號，再點選中括號，輸入 PLF M1 後，點選【確認】鍵，如下圖所示。

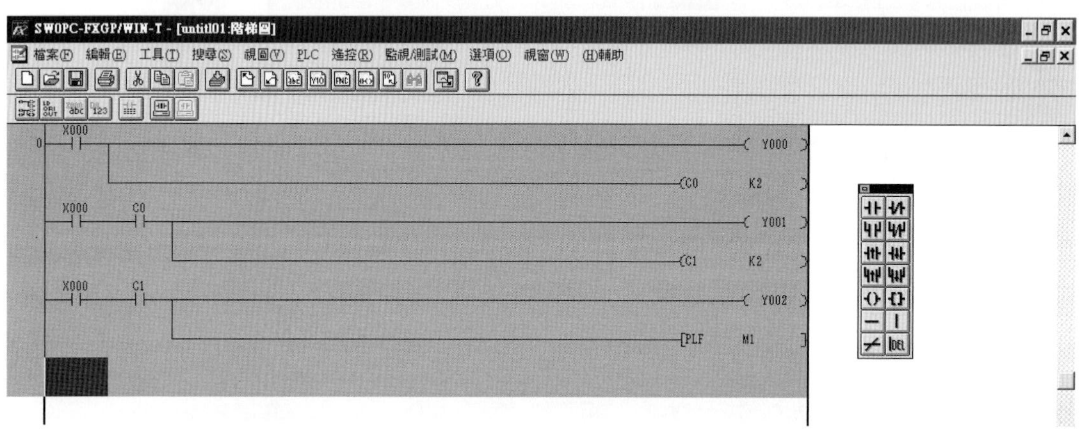

步驟 5：點選(功能板)中的 a 接點 ⊣⊢，輸入 M1 後，點選【確認】鍵。點選(功能板)中的中括號，輸入 RST C0 後，點選【確認】鍵。將指標用滑鼠點在 M1 之後，點選(功能板)中的｜符號，再點選(功能板)中的─符號，再點選中括號，輸入 RST C1 後，點選【確認】鍵，如下圖所示。

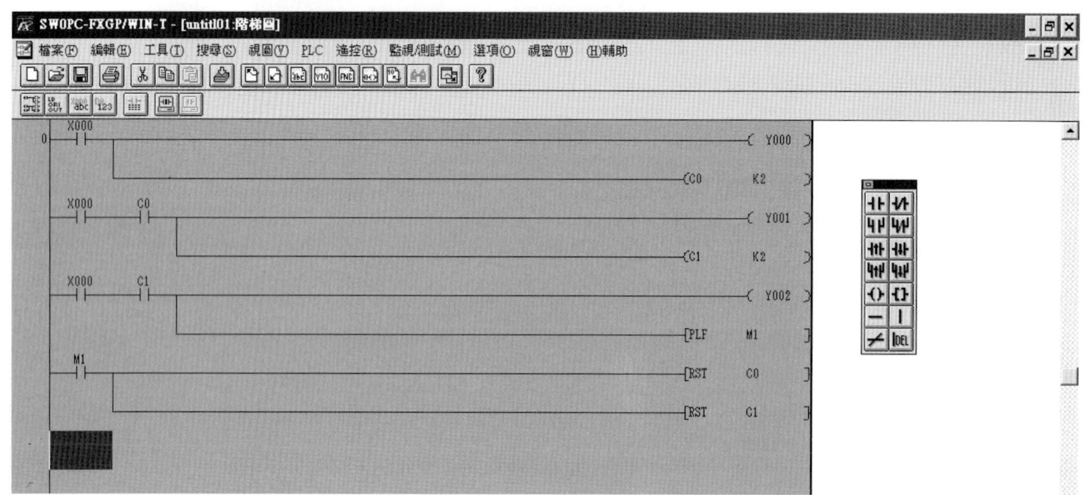

步驟 6： 點選(功能板)中的中括號，輸入 END，點【確認】鍵，如下圖所示。

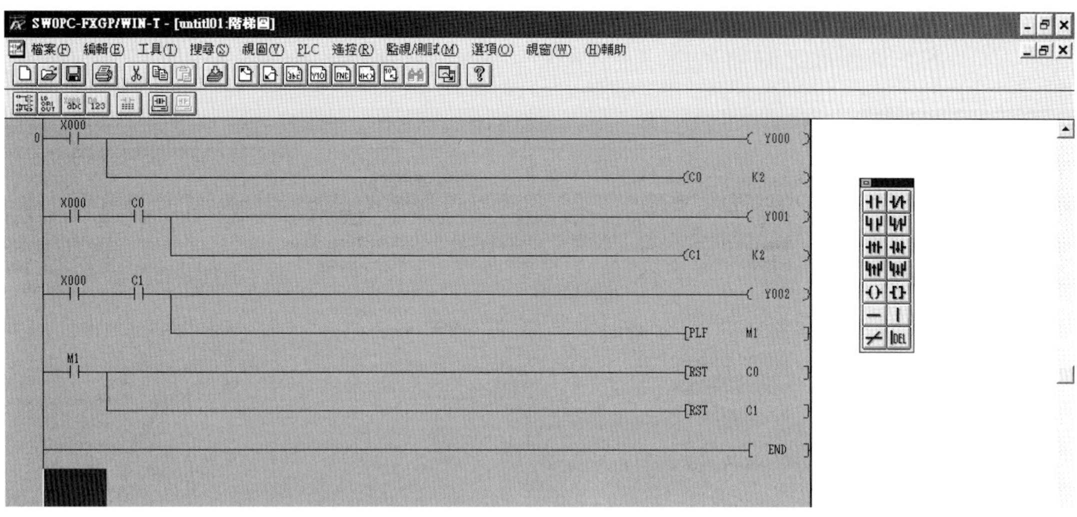

步驟 7： 點選【工具】→【轉換】，或由工具列【搜尋】下方之符號 ，將畫面由【黑】轉【白】，如下圖所示。

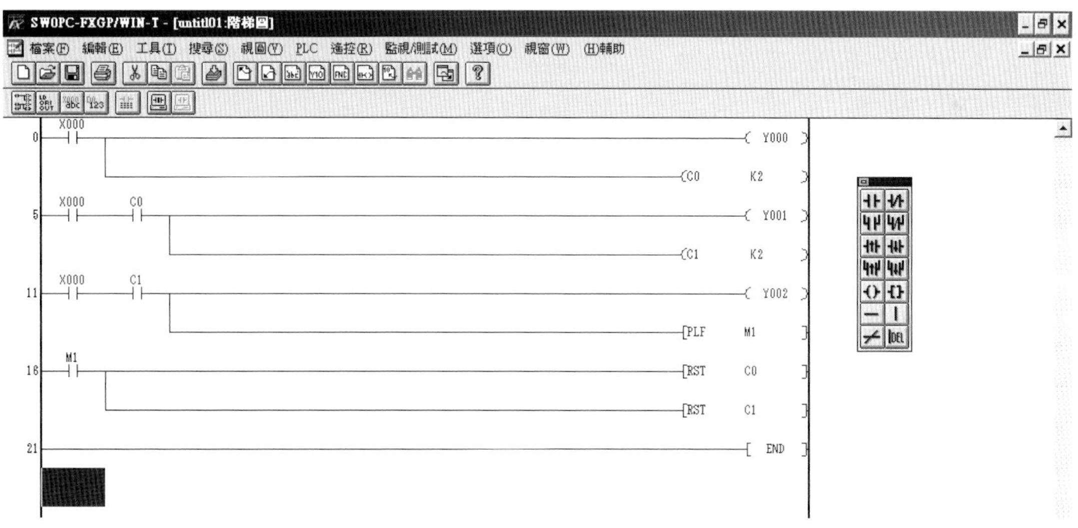

步驟 8：執行【檔案】→【另存新檔】，輸入欲存檔之檔案名稱，按【確定】鍵即可，如下圖所示。再輸入檔案標題名，即可完成存檔。本範例以「三段開關」爲檔名，其預設之附檔名爲 *.PMW。

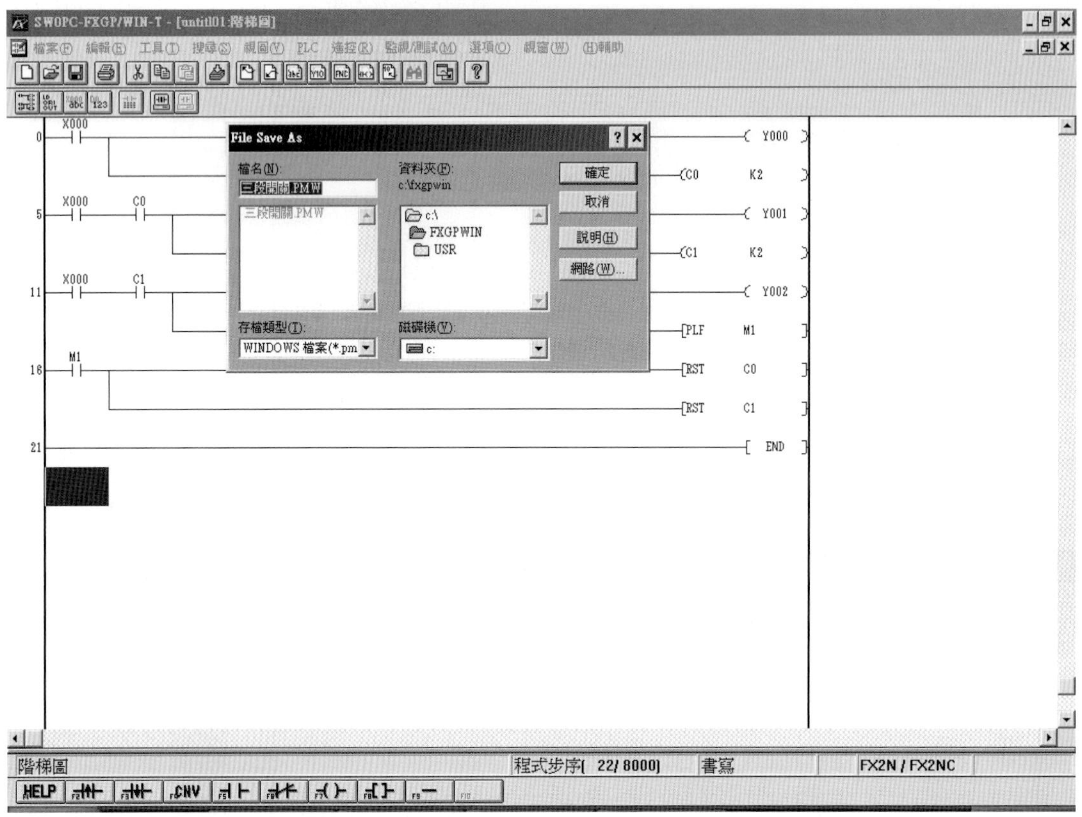

第二章

GPP-WIN (GX Developer)軟體

一、編輯新程式、程式除錯及存檔

1. 點選專案→開新專案。
2. 選擇 PLC 系列與 PLC 型式後，點選「確定」即完成開新專案。

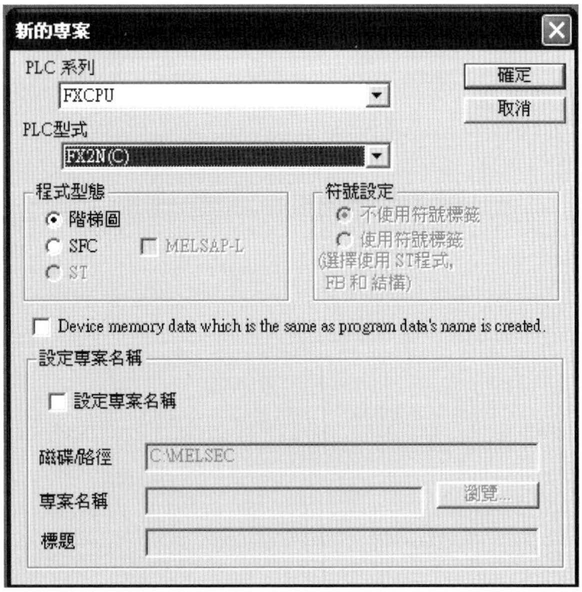

3. 開始編輯程式時，每編輯一段最好先行轉換，避免不小心跳離，造成程式被清除的困擾，點選工作列上的轉換(convert)，轉換後會顯示位置編號同時會改變顏色，即完成編輯。
4. 完成編輯、轉換之後，接著進行檢測程式是否正確。請點選 ，會出現下圖，點選要檢測的項目，確定後點選 Execute 執行，除錯結果會出現在下方，若有誤請依指示步驟進行修正。

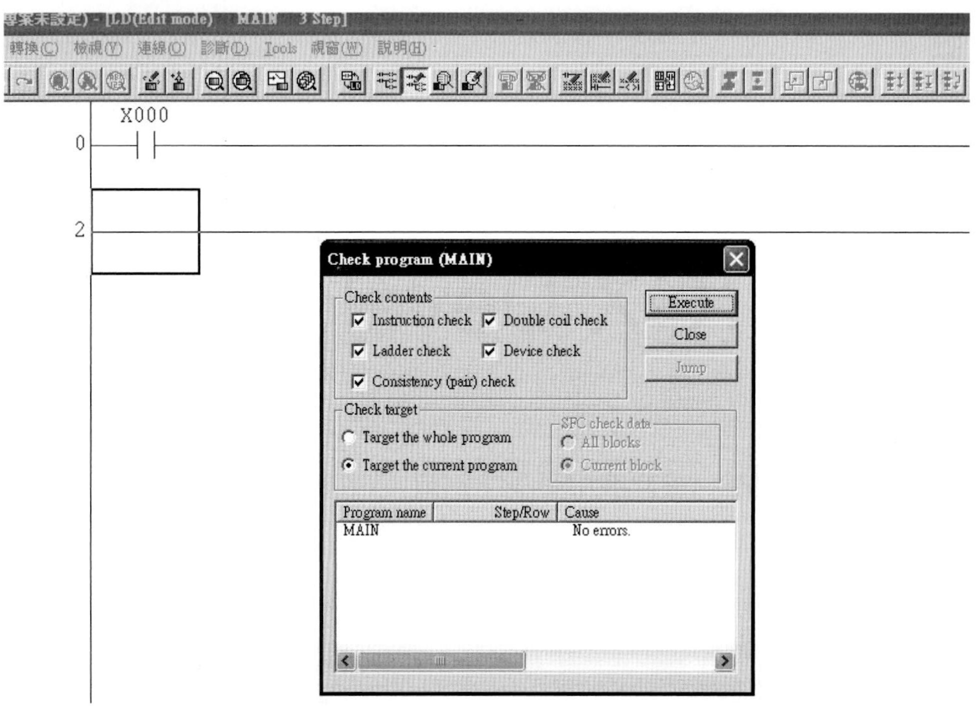

5. 全部確認無誤後，輸入專案名稱，點選儲存，如下圖所示。

二、讀取 PLC 內部程式(PLC TO PC)

1. 選取工具列上的連線→點選讀取 PLC 程式，或者點選 。
2. 執行前請先確認 PLC 型式是否正確，通訊埠是否正確。
3. 點選 Execute 執行，會顯示 Execute to read from PLC？請再點選「是」，開始讀取 PLC 程式。

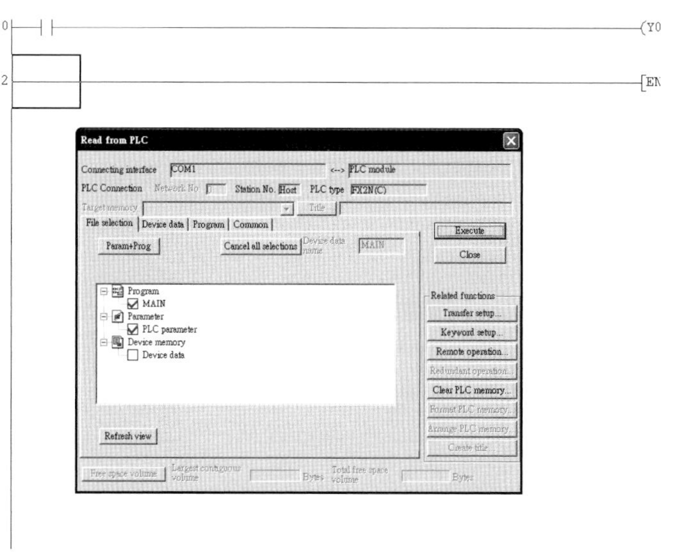

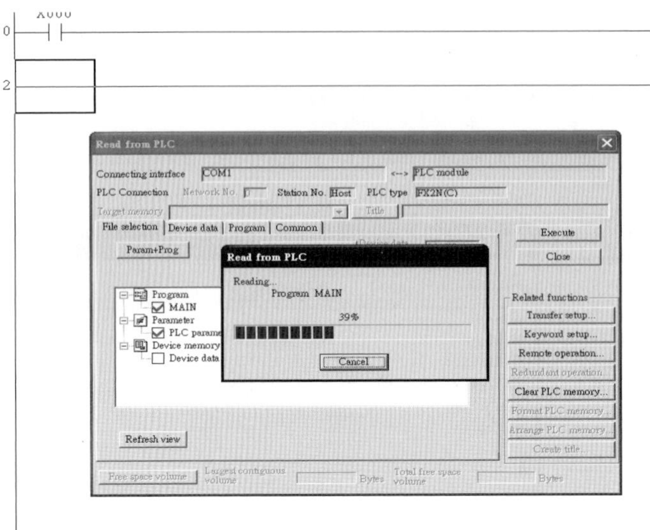

4. 顯示完成後點選確定。
5. 點選 close 關閉視窗，即可完成。

三、將程式傳送至 PLC(PC TO PLC)

1. 寫完程式之後，點選 寫入程式。
2. 點選 Execute 執行(PLC 必須撥到 STOP 或遙控停止運轉)。
3. 點選確定執行。

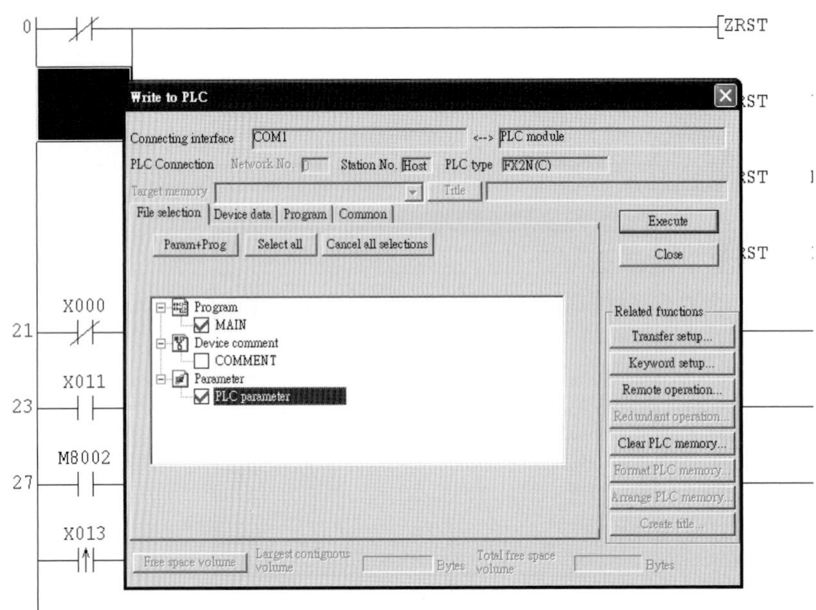

4. 完成後按下確定，並關閉傳送畫面。
5. 將 PLC 切為 RUN，即可監控階梯圖。

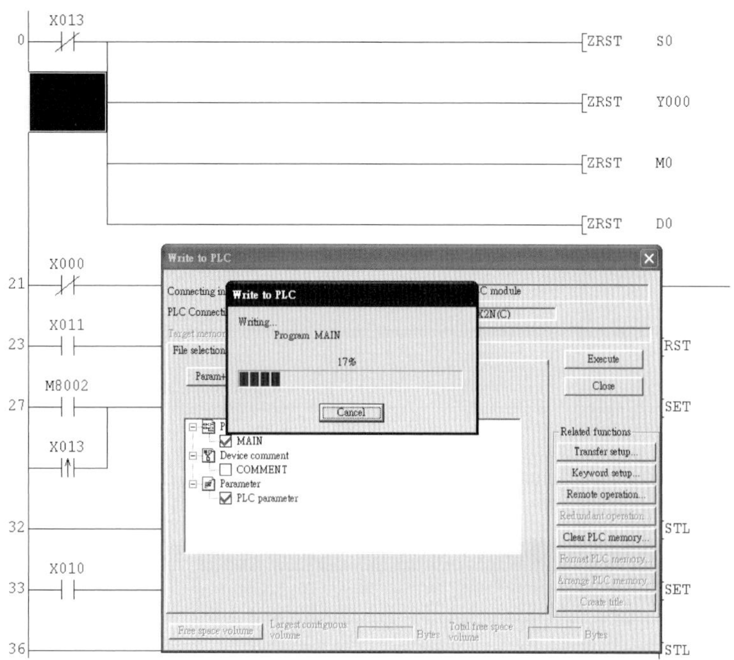

四、連線監控程式

1. 將 PLC 撥至 RUN。
2. 點選 (連線監控)。

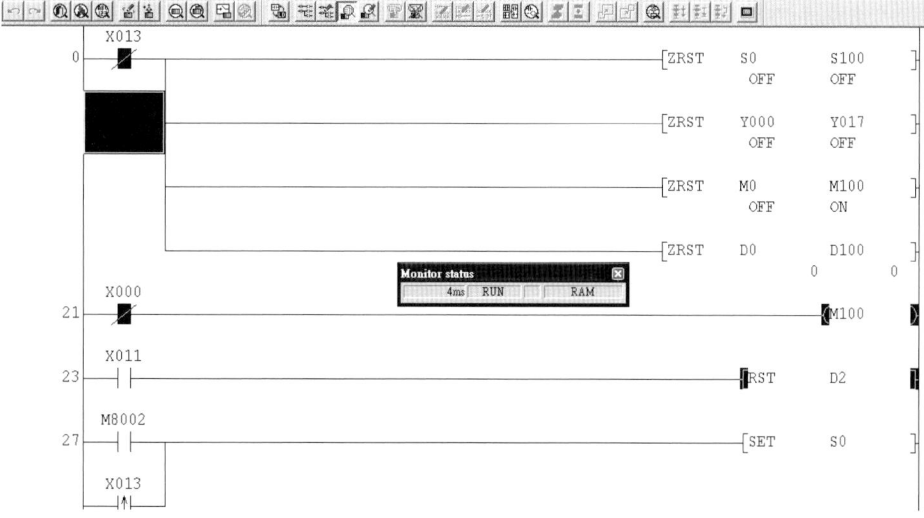

五、連線修改程式

1. 點選 [icon] 出現如下圖所示，將第一項在 RUN 也能修改打勾及第二項也打勾再按 OK。
2. 修改程式完成後請點選工作列上的轉換(Convert)。
3. 選取「是」即完成連線修改。

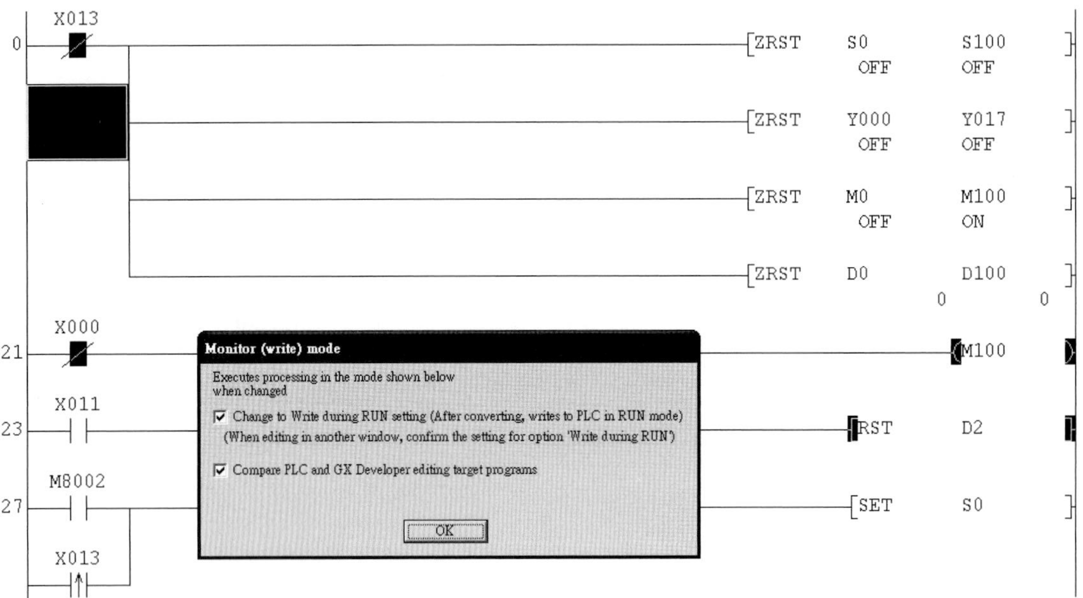

六、強制 ON／OFF

1. 點選 (Device test)。
2. 在 bit device 中，輸入欲強制 ON／OFF 之元件(例如 Y0)，按 FORCE ON 即可強制 Y0 ON、按 FORCE OFF 即可強制 Y0 OFF。

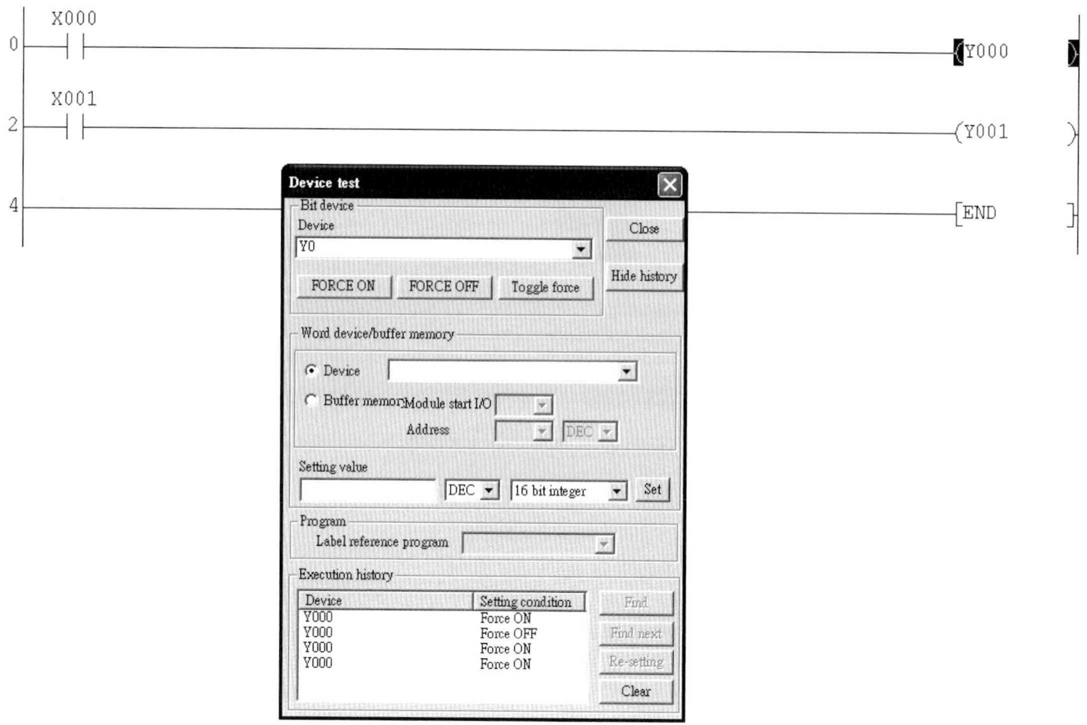

七、監控單點元件功能

1. 點選 (Monitor device registration)。
2. 點選 Register devices，在 device 中輸入欲監控之元件(例如 Y0)，再點選 register，即可顯示 Y0 之 ON／OFF 狀態。

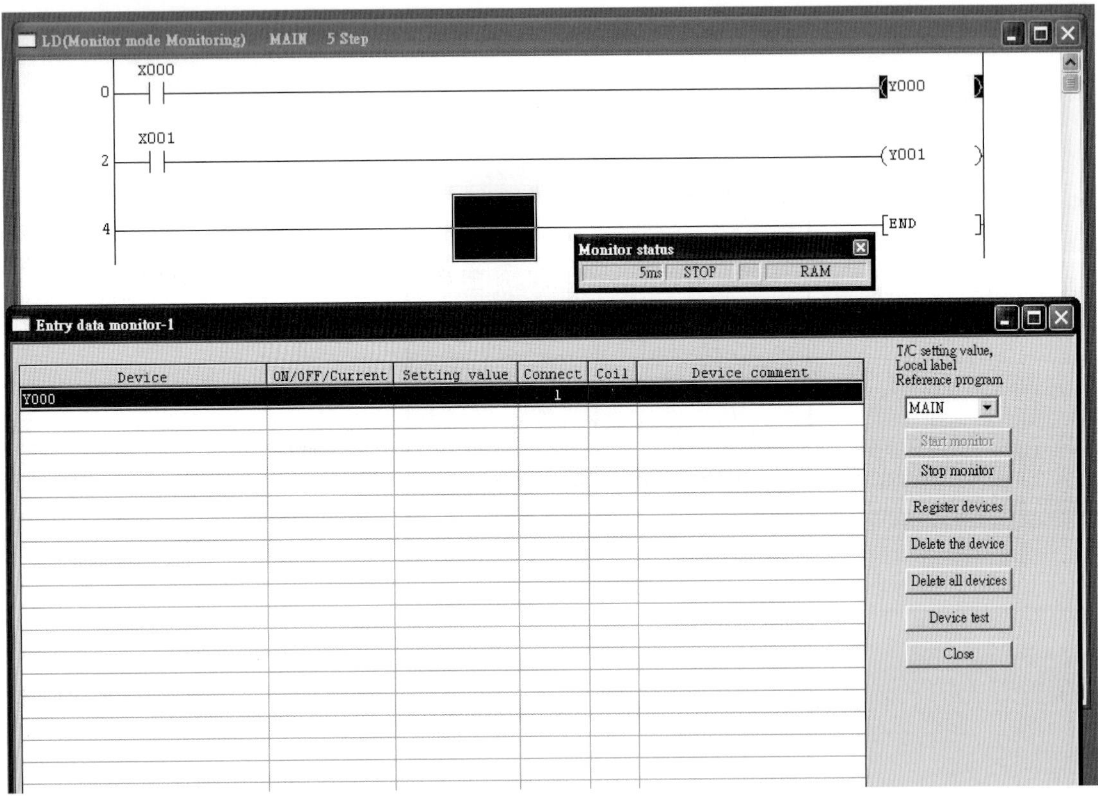

八、監控全區域功能

1. 點選 (monitor all device)。
2. 在 Device 中輸入欲監控的 bit 後，按下 Start monitor，即可執行監控全區域之功能。
3. 亦可點選 Device test 來執行強制 ON／OFF 之功能。

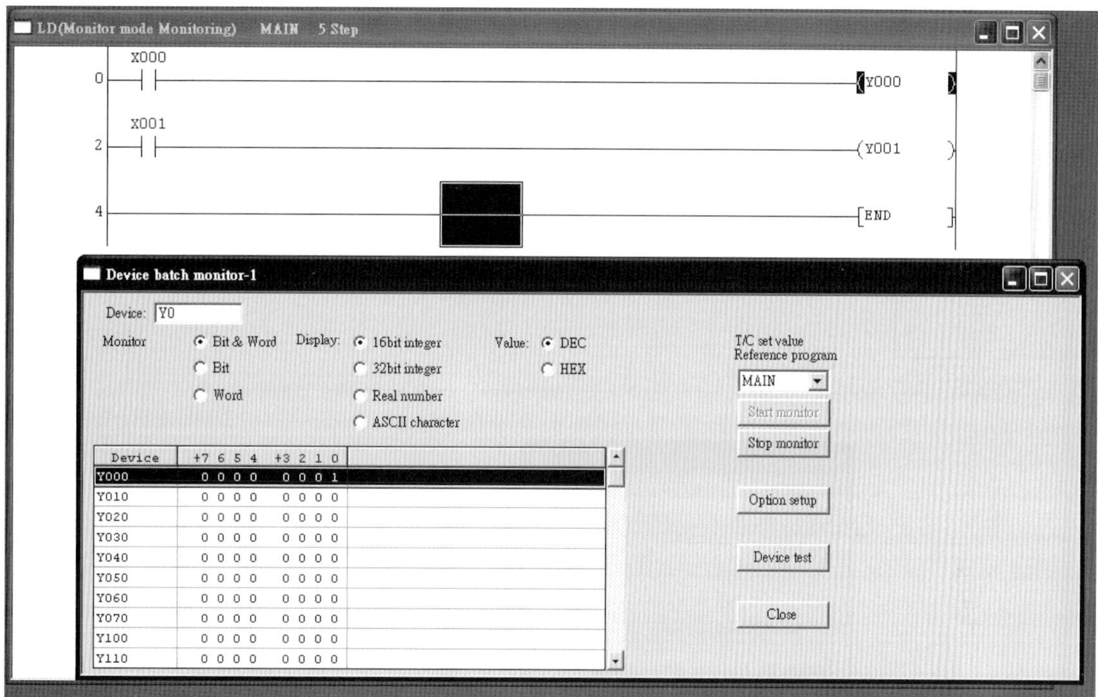

九、替換元件編號功能

1. 點選 [icon] 編輯功能。
2. 點選上方功能項中的(找尋／替換)。
3. 點選 Replace device 項目，如下圖所示，Earlier device 表示欲更改之元件起點編號、New device 中可輸入新元件編號。
4. 上述項目輸入完成後，點選 Replace all(全區域替換)，再按「是」，即可修改原有之元件編號。

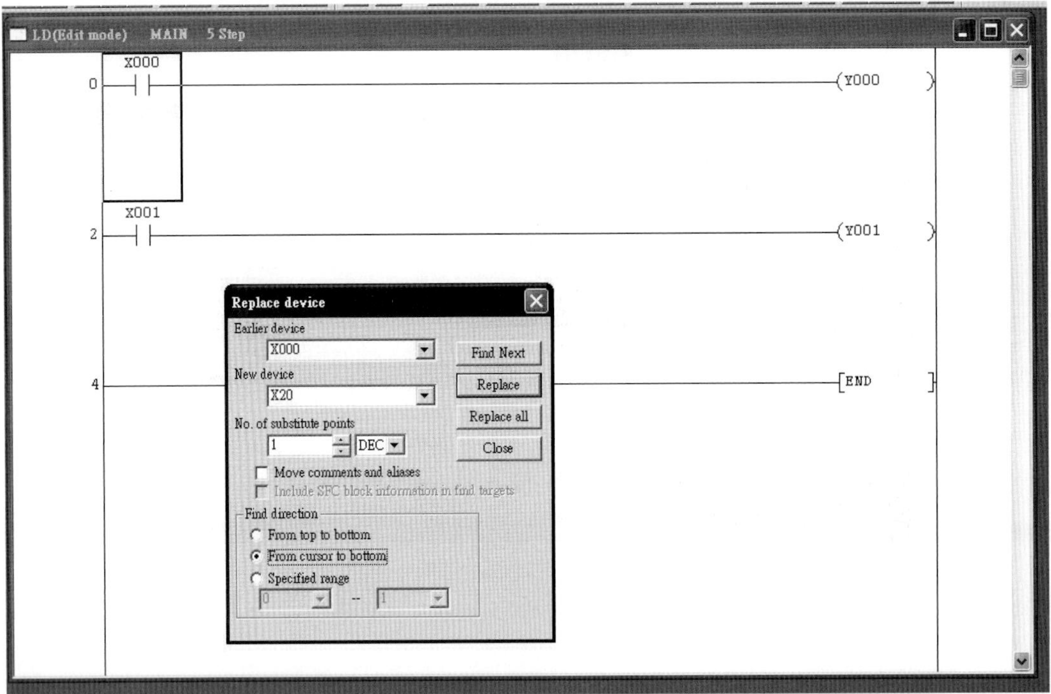

十、傳輸設定

1. 在讀取 PLC 內部程式或將程式傳送至 PLC 功能畫面中，點選 Transfer setup(傳輸設定)，如下圖所示。
2. 設定通訊埠至正確位置，以便讀取或寫入程式。

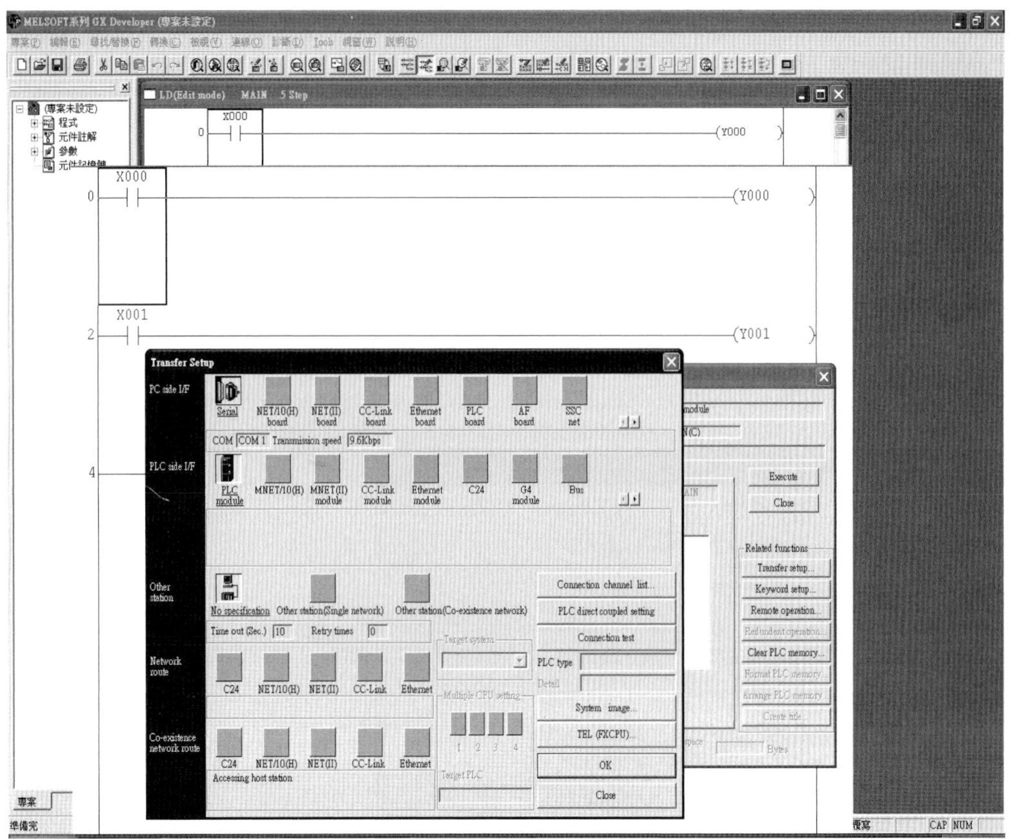

3. 上述修改完成後，點選 OK 即可完成設定。

十一、密碼設定／刪除功能

1. 在讀取 PLC 內部程式或將程式傳送至 PLC 功能畫面中，點選 Keyword setup，如下圖所示。
2. 點選 Register keyword 登錄密碼項目，輸入密碼完成後點取 Execution 執行密碼設定功能。
3. 點選 Delete keyword 刪除密碼項目，輸入密碼完成後點取 Execution，執行密碼刪除功能。

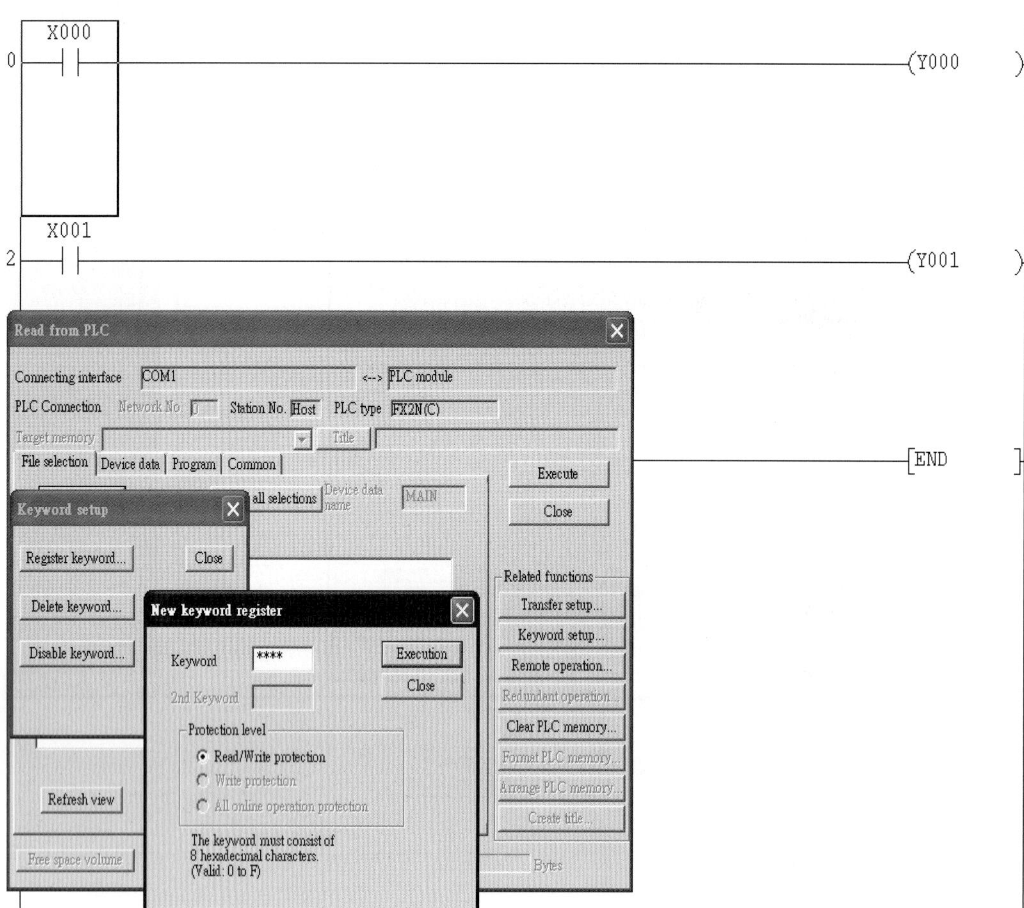

十二、遠端操控

1. 在讀取 PLC 內部程式或將程式傳送至 PLC 功能畫面中，點選遠端操控(Remote operation)，如下圖所示。
2. 點選 Operation，可選擇 RUN 或 STOP，點選 Execute，再按「是」即可改變 PLC 狀態，達到遠端操控功能。

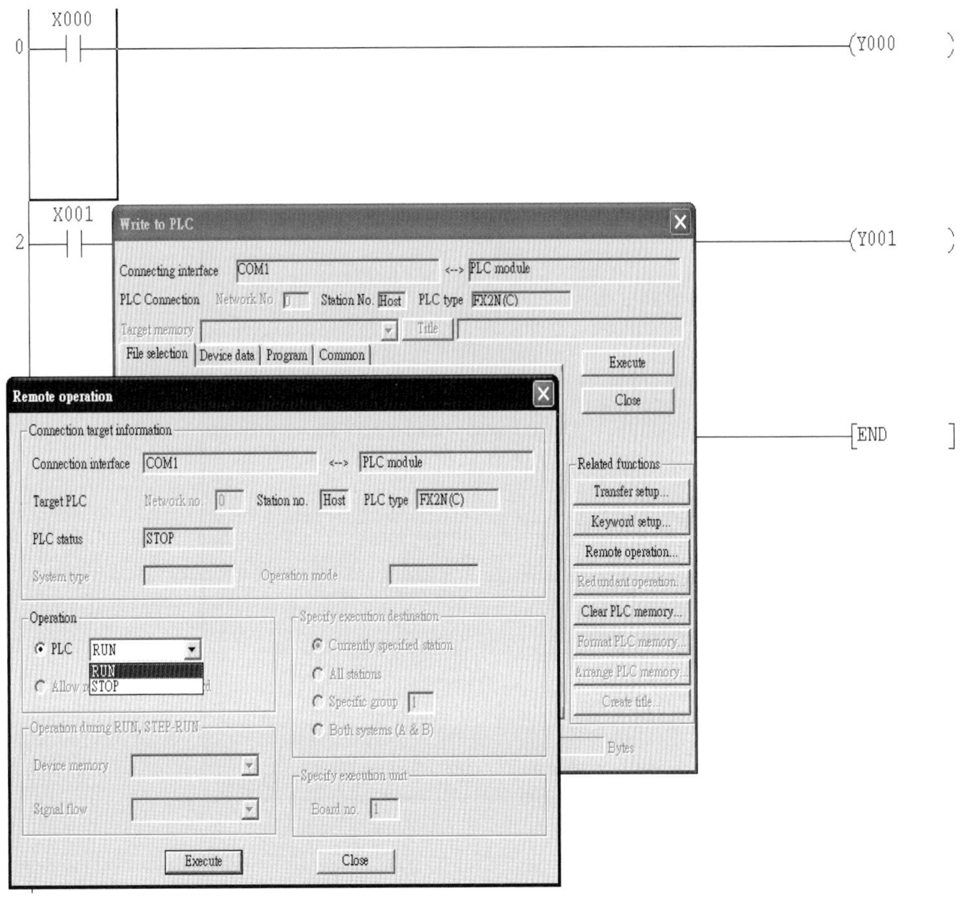

十三、列印功能

1. 點選列印。
2. 點選階梯圖(Ladder)功能，勾選欲列印之項目，確定後按 Print 鍵，即可開始列印。

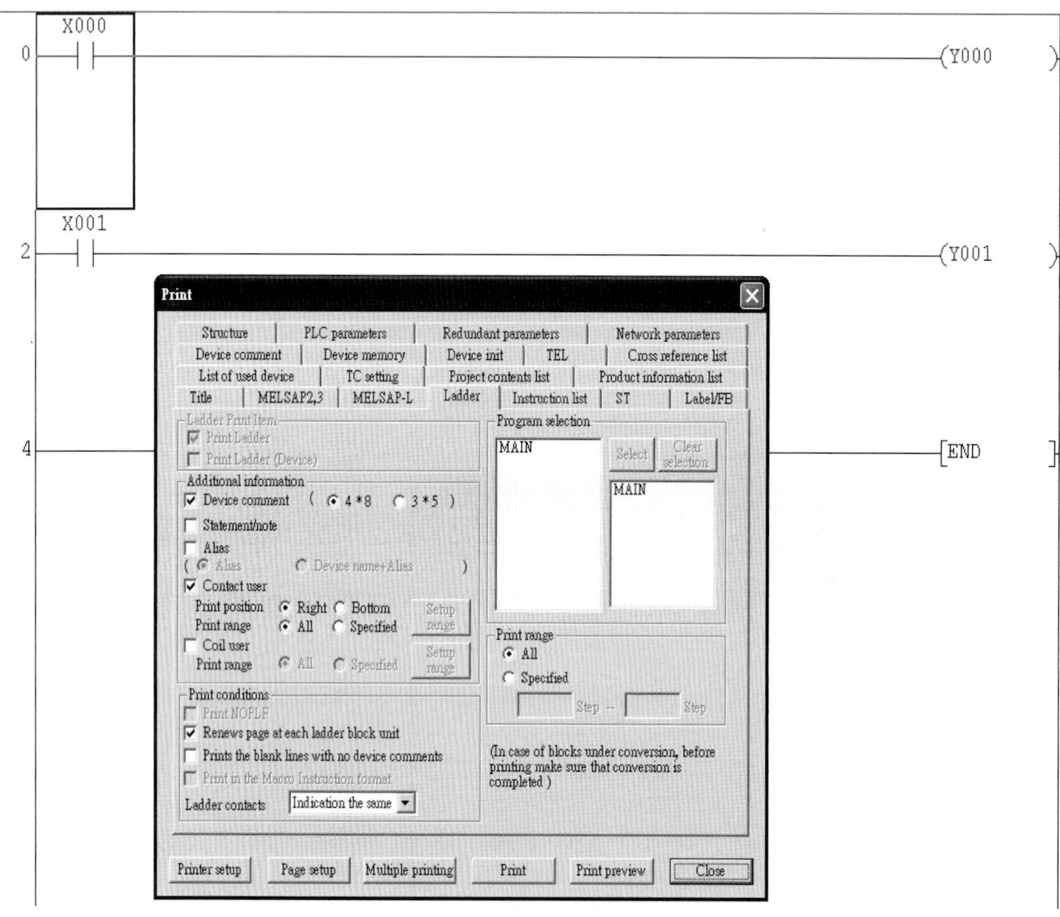

【範例】自動販賣機電路執行範例

茲以第二篇 PLC 程式設計範例中之實習二十：自動販賣機電路之實際執行範例，說明如下：

1. 有其他 PLC 執行軟體之檔案，也可由 WIN GPP 軟體來開啓，以下將說明如何開啓。
2. 首先請選取專案內的輸入檔案，在輸入檔案內選取你將開啓的檔案型式，如下圖所示。

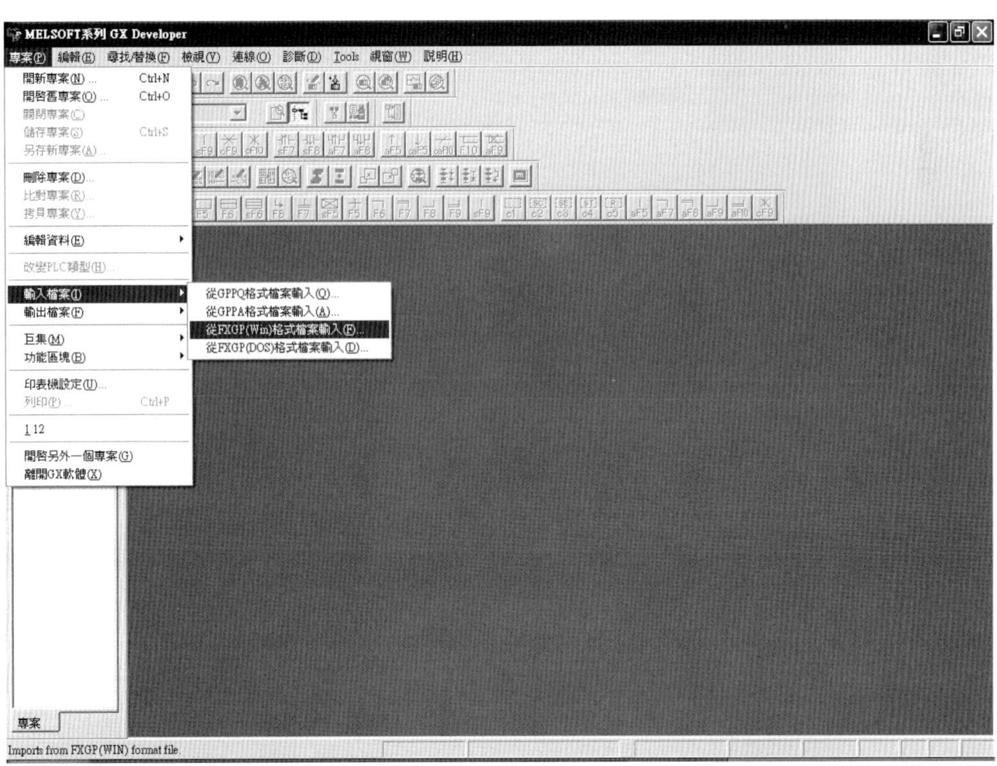

3. 選取欲開啓之檔案後，點選 OK。

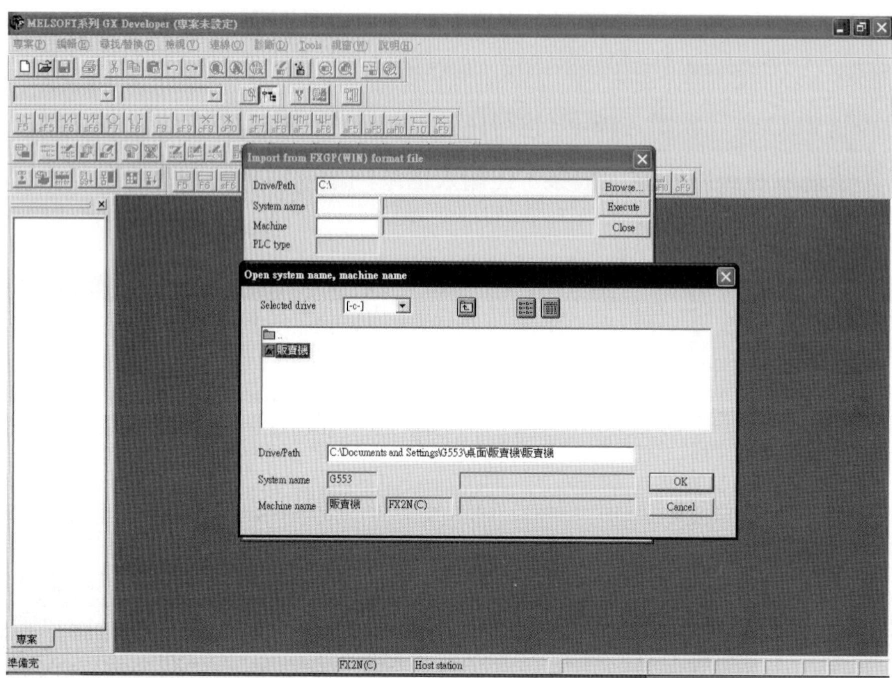

4. 選取該檔案後，將載入 WIN GPP 軟體，完成後請按確定即可開始編輯檔案。

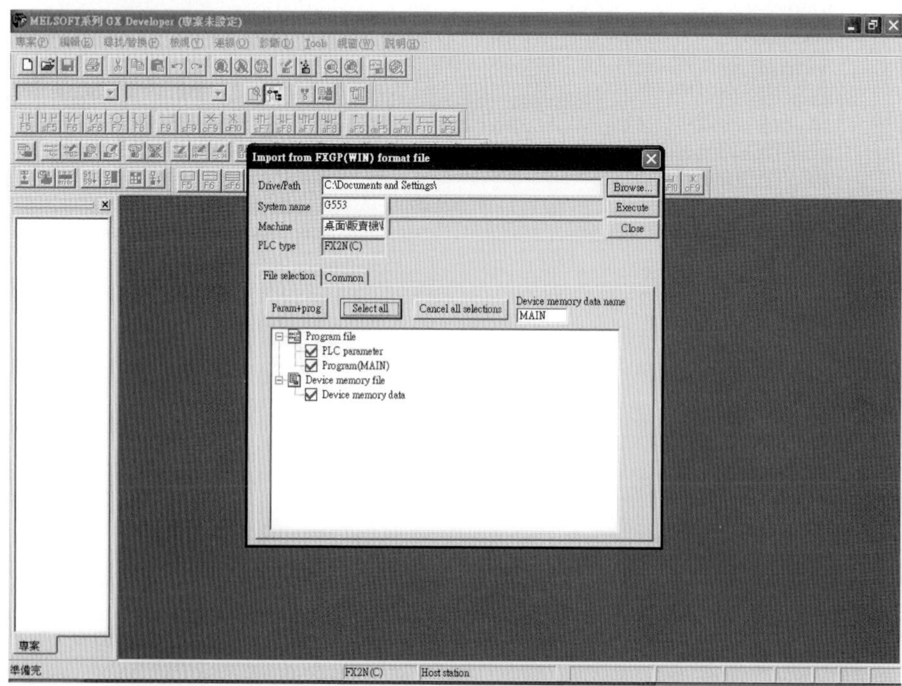

5. 欲在 WIN GPP 軟體上模擬，請點選上面工具列的 star or end ladder logic test 進行模擬測試。

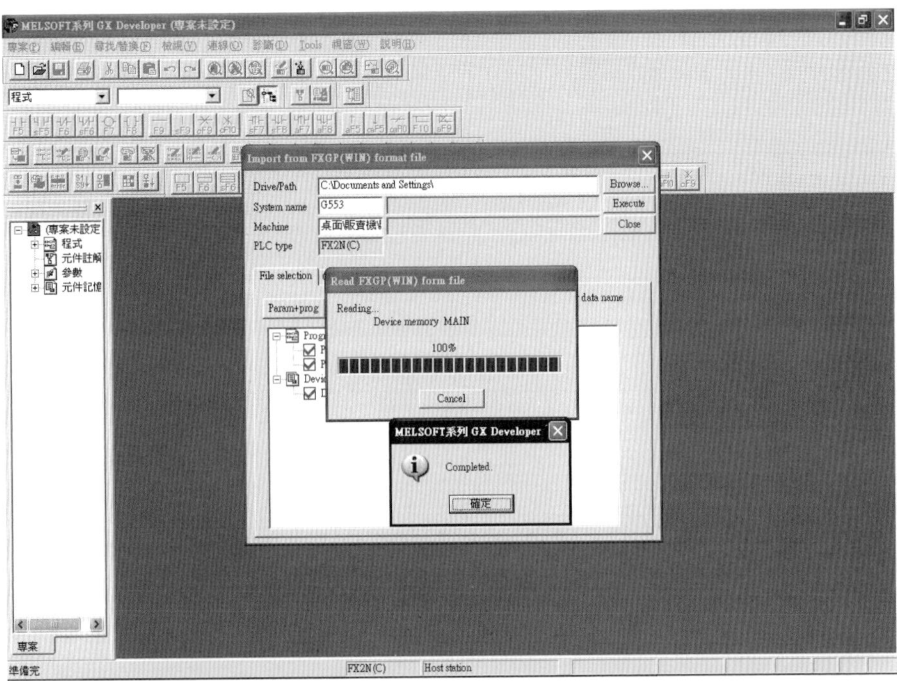

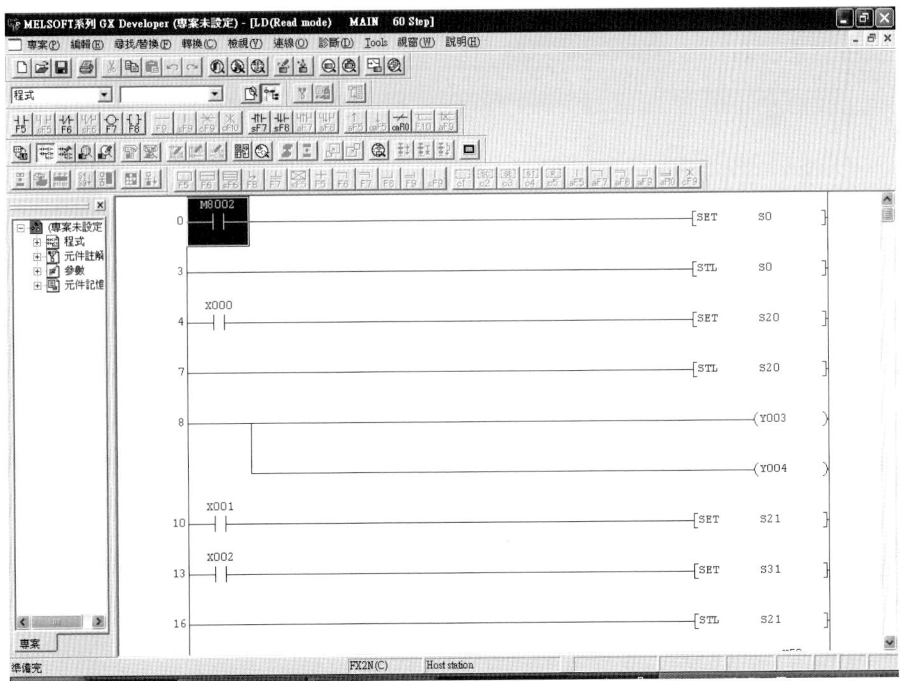

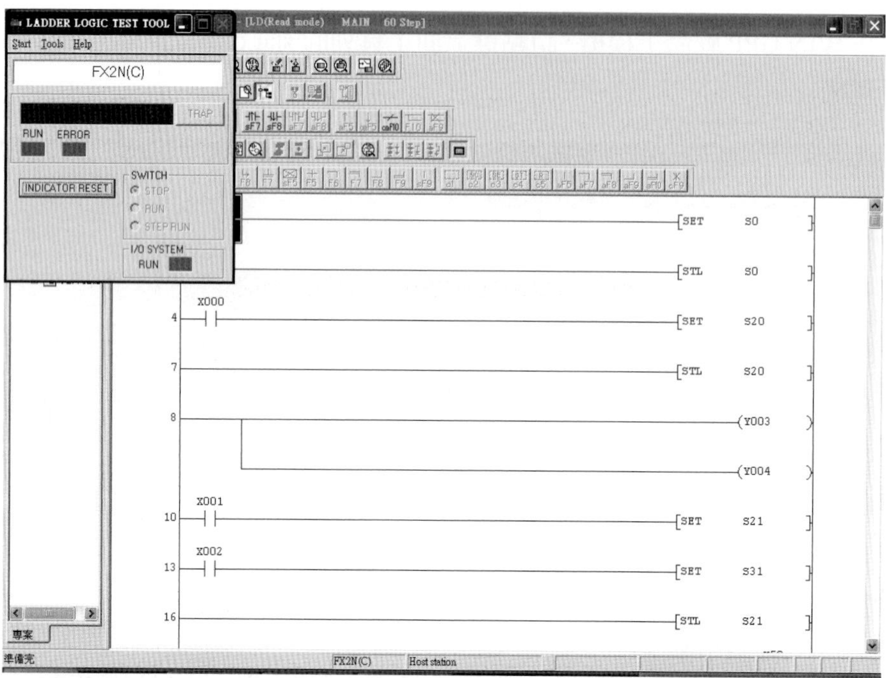

6. 點選 start 內的 Monitor Function 選擇 Timing Chart Display 進行時間軸模擬。

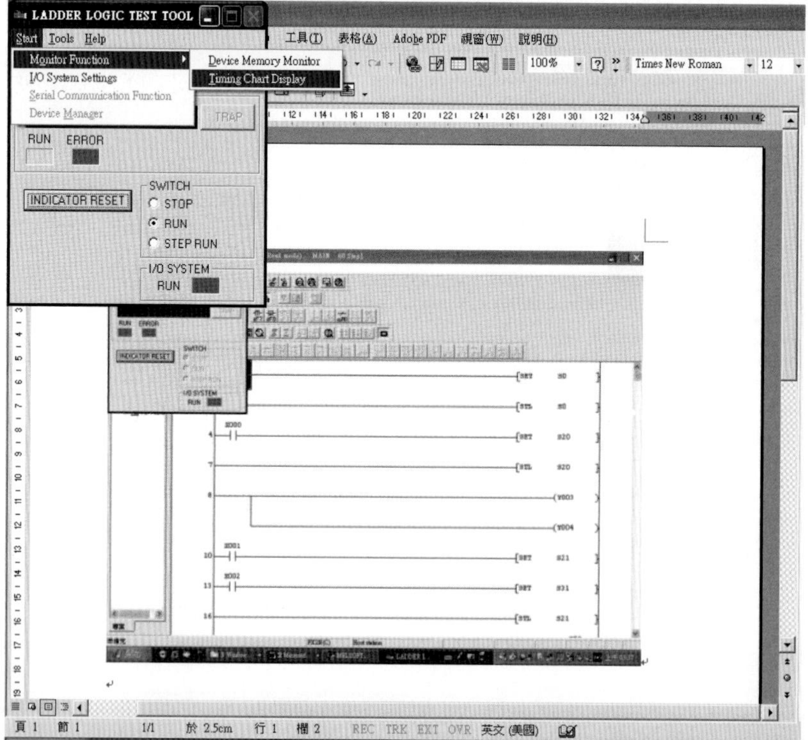

7. 按下 Monitoring 開始監控，若按下 Monitor Stop 則停止監控。

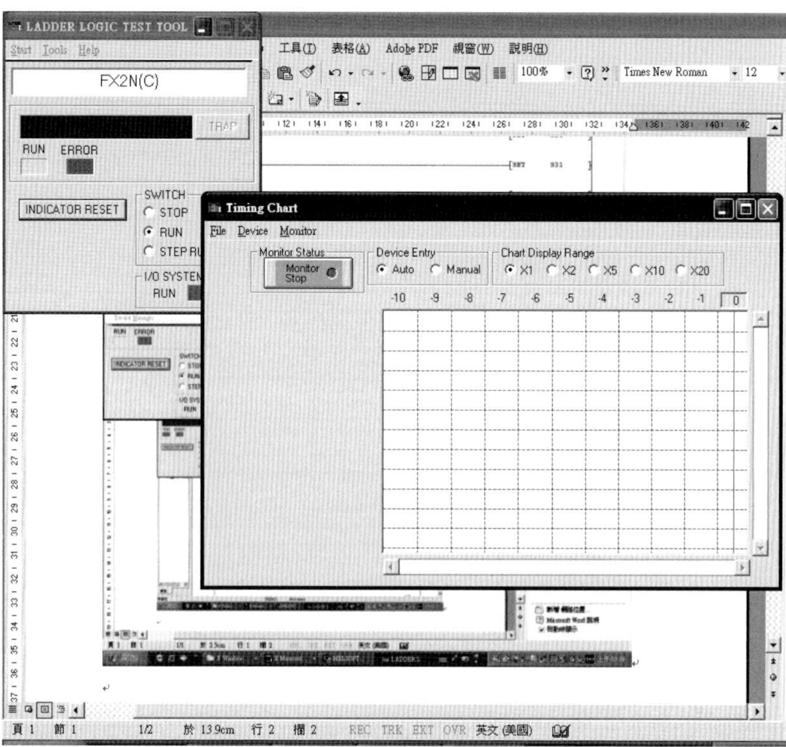

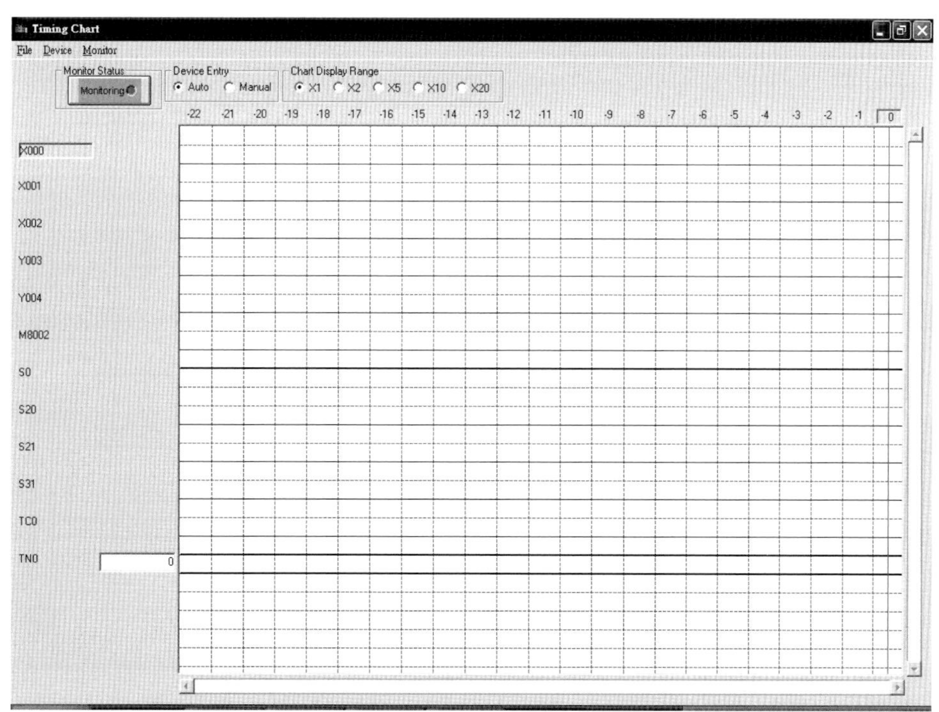

8. 左邊爲元件，可單獨操作監控，若只按一下爲脈波觸發，若連按兩下爲 ON／OFF 控制。

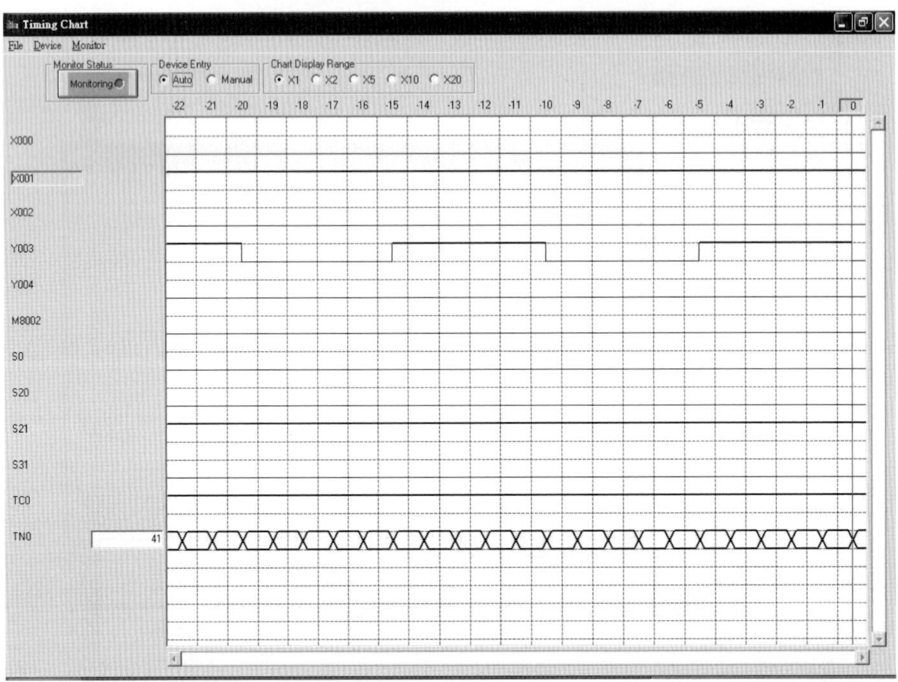

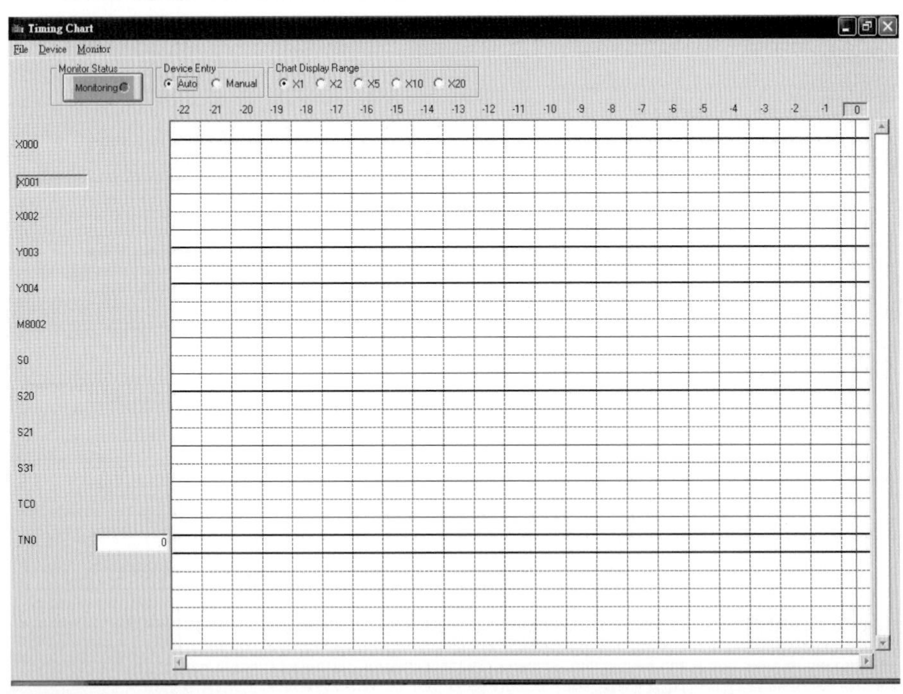

9.　除了上述模擬監控之外，還有單一元件測試可供使用者使用。

10.　選擇連線內的除錯，點選元件測試如下圖所示。

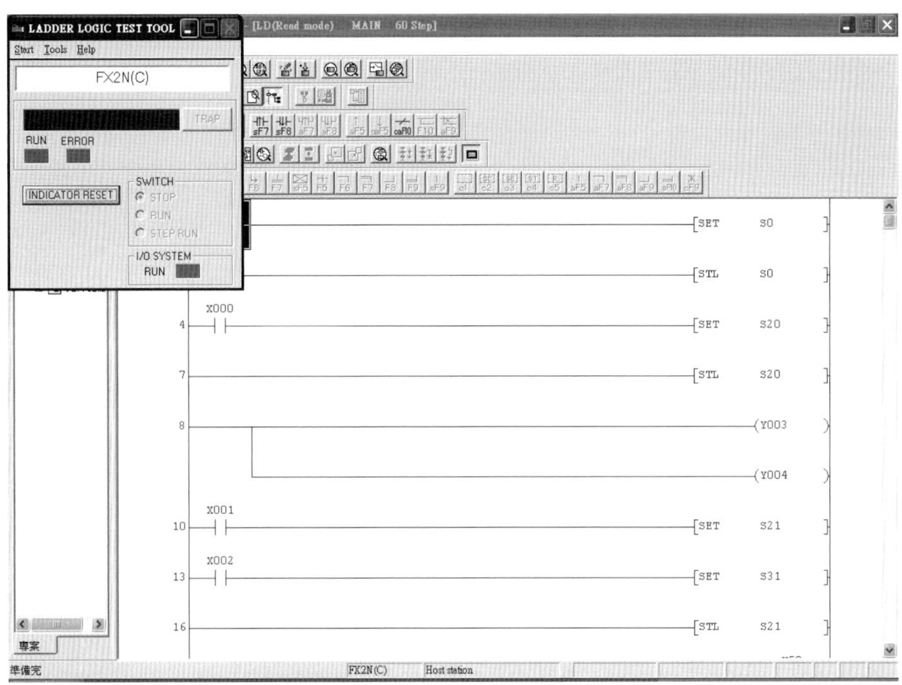

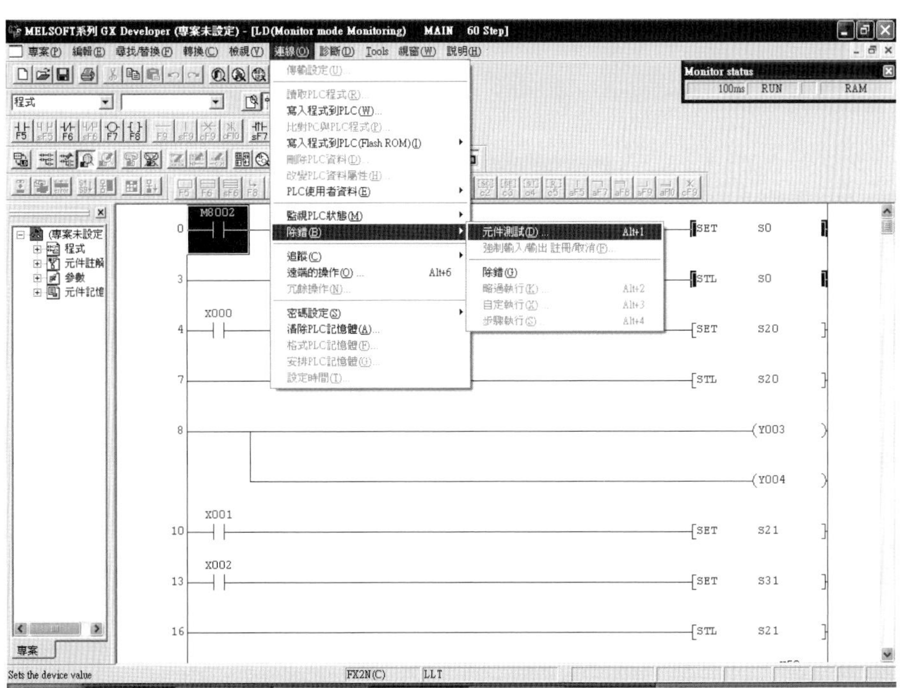

11. 在 Device 中可由使用者輸入想監控的元件進行強制 ON／OFF。
12. 點選 FORCE ON 爲強制 ON，點選 FORCE OFF 爲強制 OFF，如下圖所示。

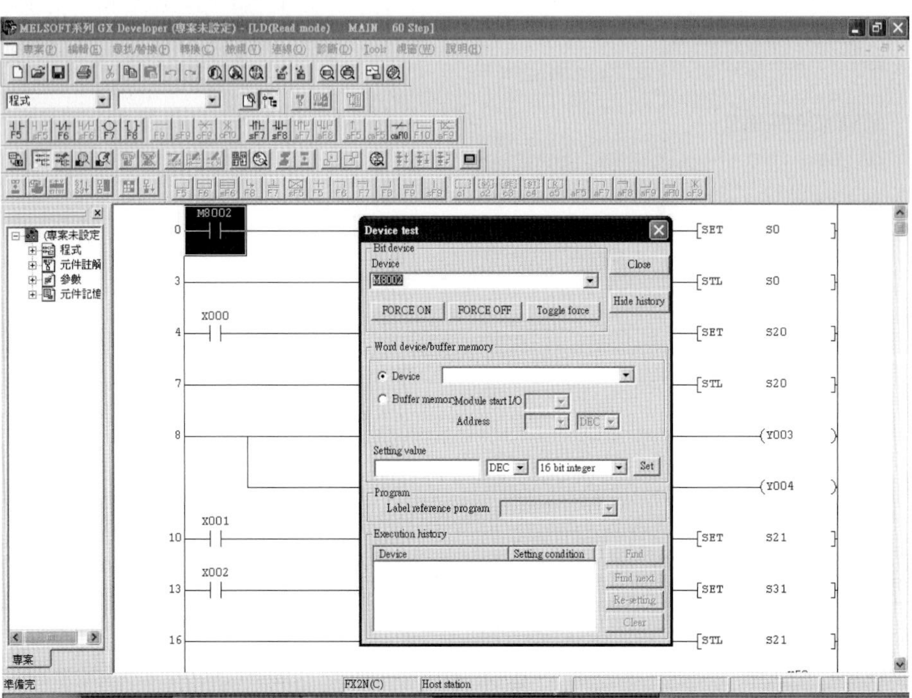

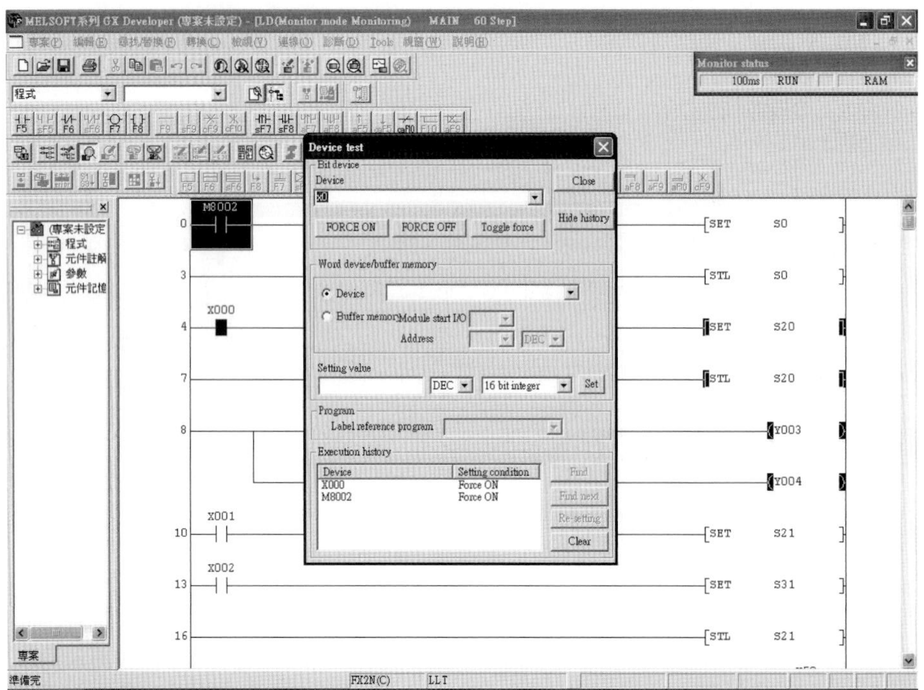

第三章

GX Works2 軟體

一、編輯新程式，程式除錯及存檔

1. 點選 Project → New Project 或點選 ［新檔案圖示］。

   選擇 PLC 系列與 PLC 型式後，點選「OK」即完成開新專案。

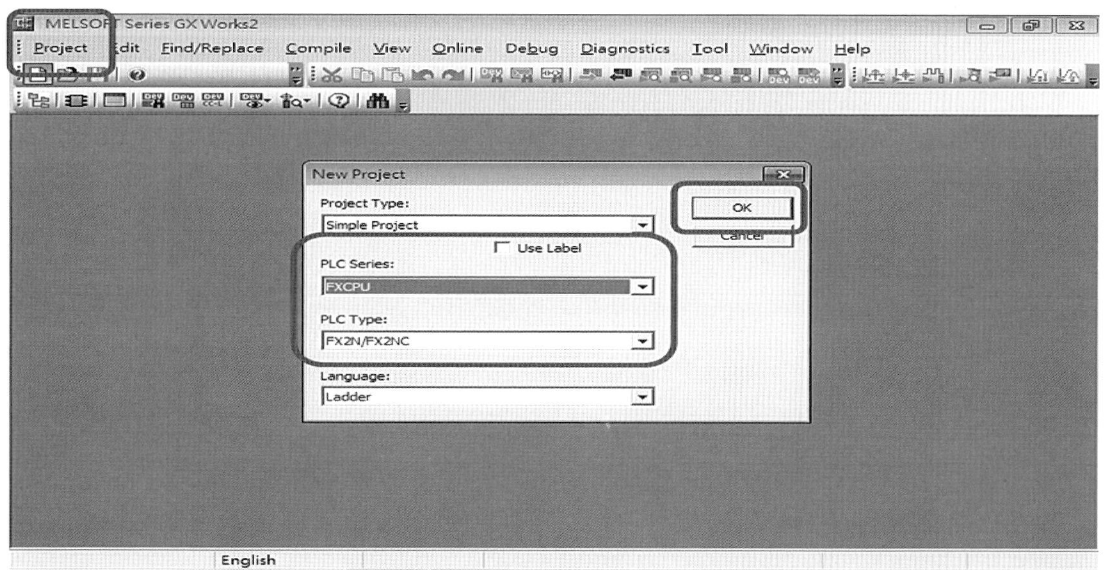

2. 開始編輯程式時，可以直接輸入指令，例如：LD X0↵(enter 鍵)、OUT Y0↵(enter 鍵)，每編輯一段最好先行轉換，避免不小心跳離，造成程式被清除的困擾，點選 Compile 上的 Build，或直接點選鍵盤上 F4，轉換後會顯示位置編號同時會改變顏色，即完成編輯。

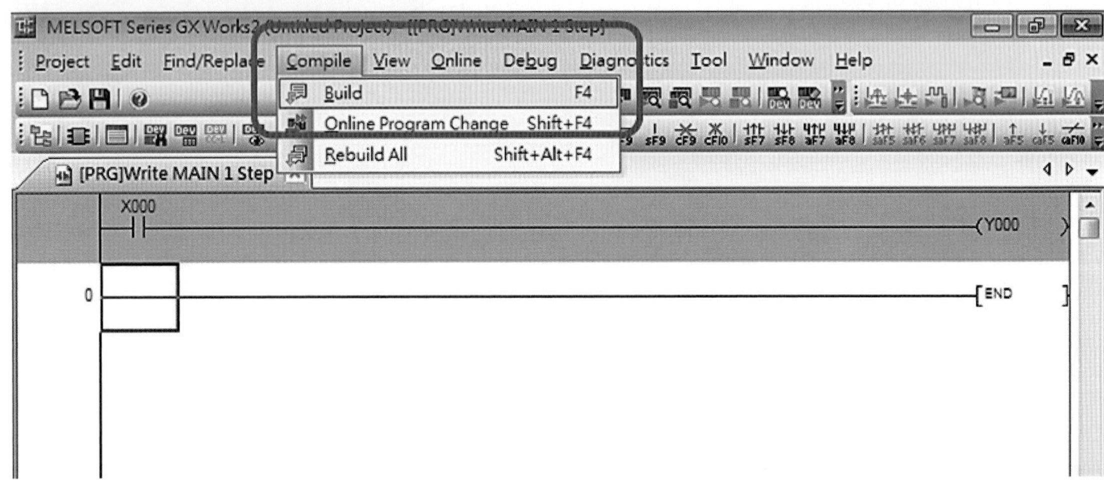

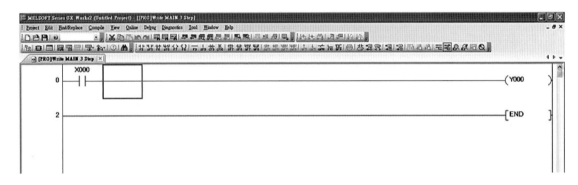

3. 完成編輯、轉換之後，接著進行檢測程式是否正確。請點選 Tool → Check Program，會出現下圖，點選要檢測的項目，確定後點選 Execute 執行，除錯結果會出現在下方，若有誤請依指示步驟進行修正。

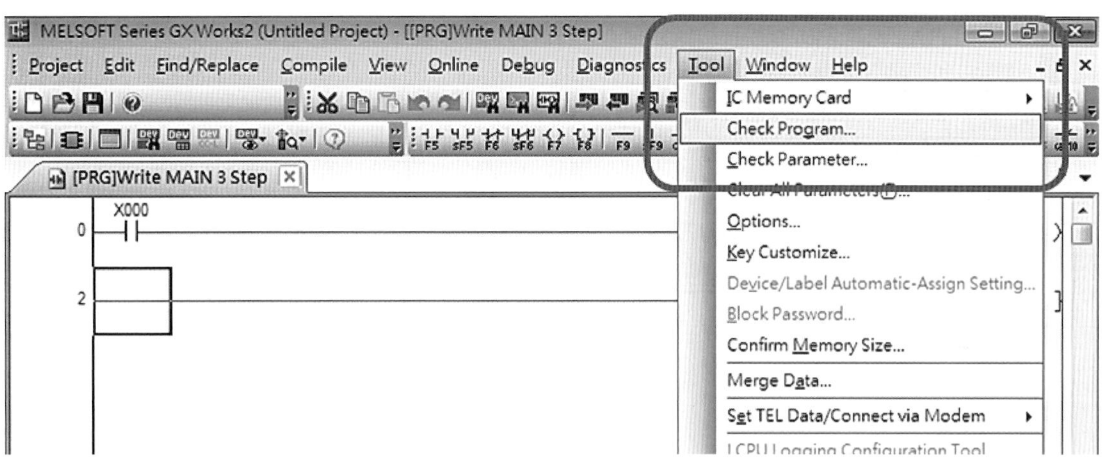

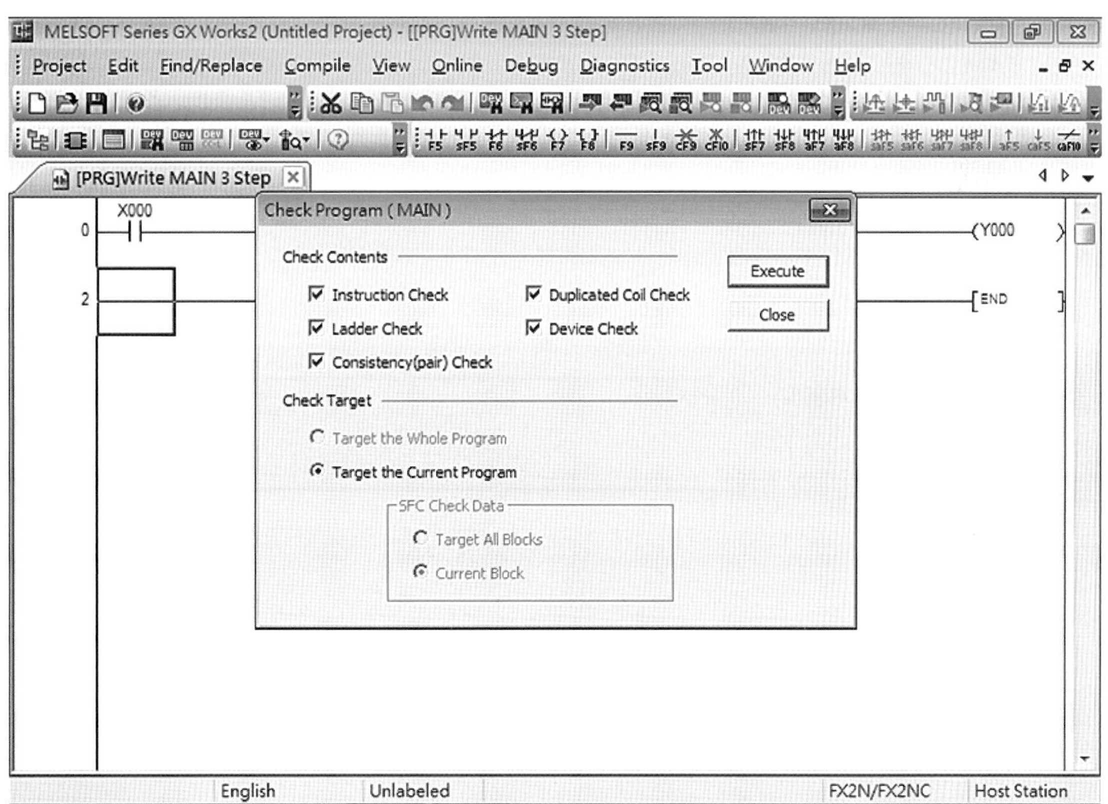

4. 全部確認無誤後，請點選 Project → Save，輸入專案名稱，點選存檔，如下圖所示。

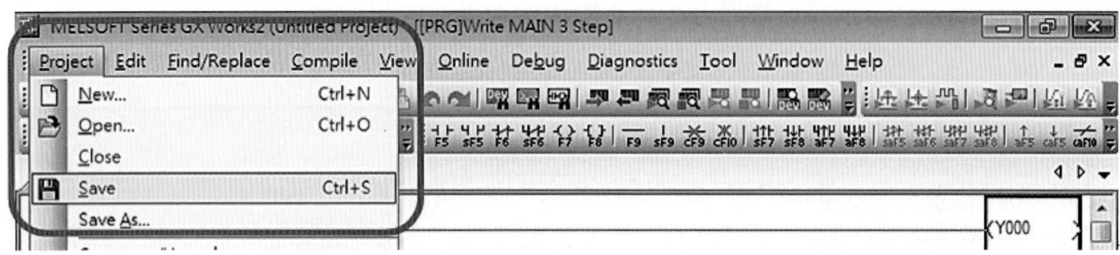

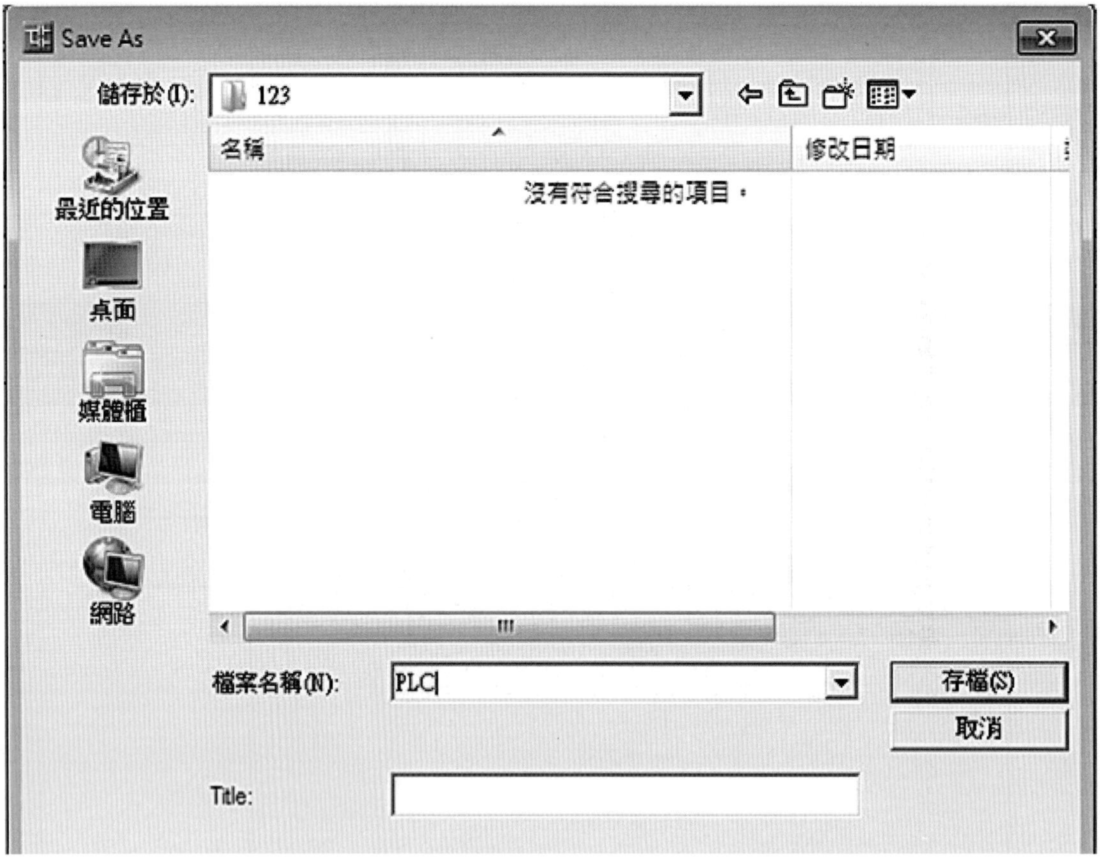

二、將程式傳送至 PLC(PC TO PLC)

1. 寫完程式之後，點選 Online → Write to PLC 或點選 [圖示] 寫入程式。

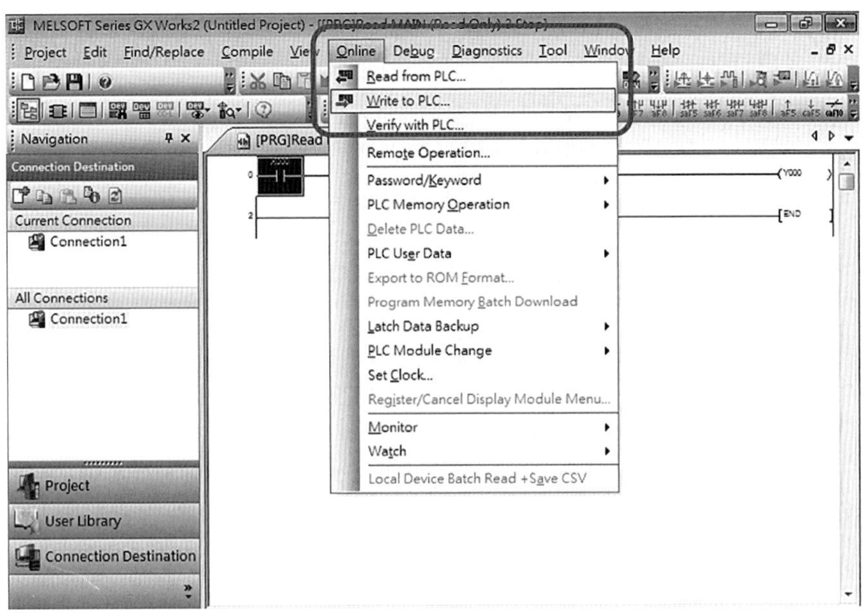

2. 點選 Parameter + Program 後，點選 Execute 執行。

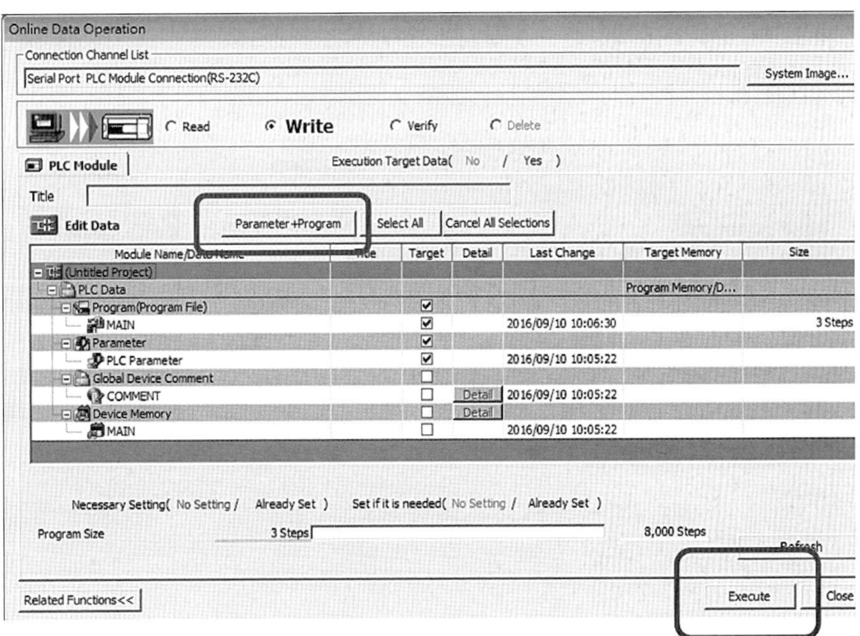

3. 若出現以下畫面，代表 PLC 運轉中，點選「是」即可繼續寫入。

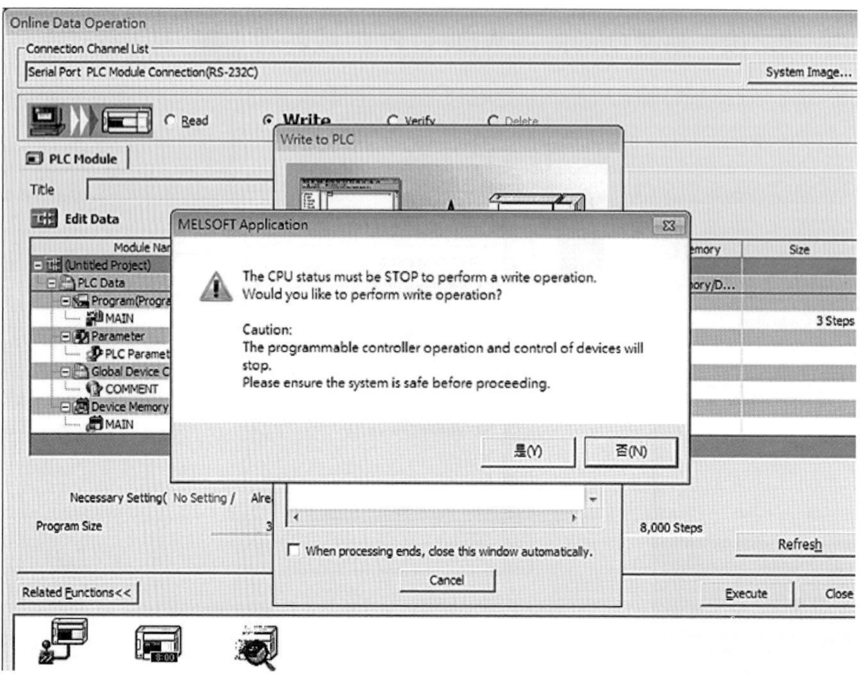

4. 如在運行中寫入程式，寫入完畢後點選「是」即完成。

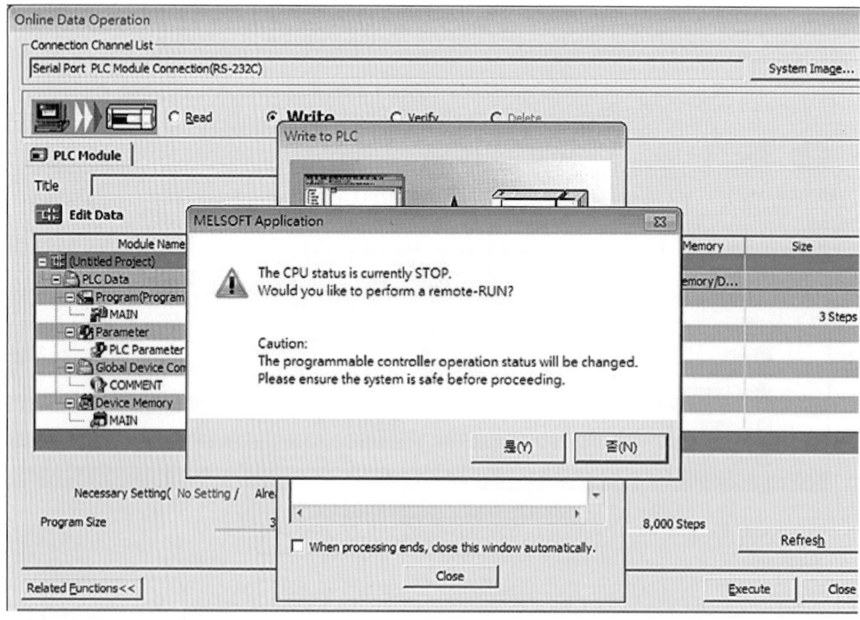

三、連線監控程式

1. 將 PLC 撥至 RUN。
2. 點選 (連線監控)。

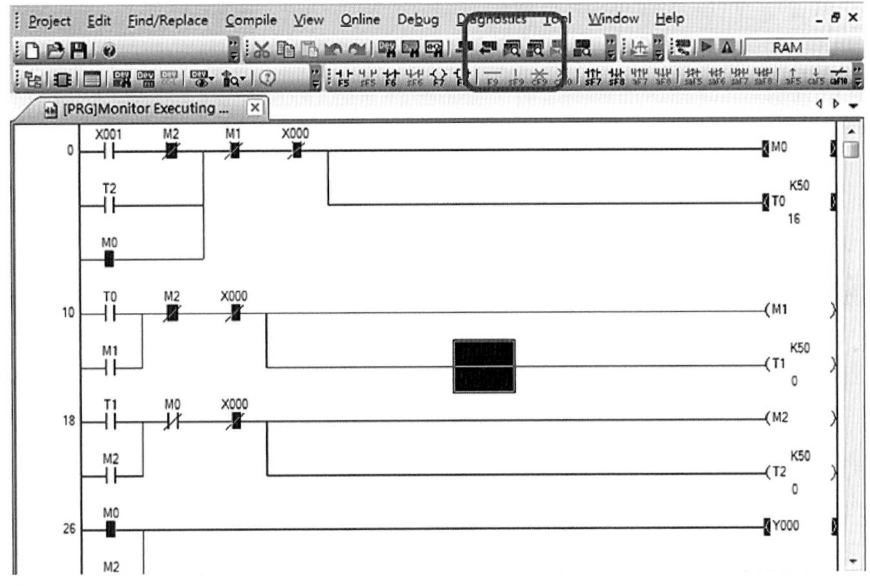

四、連線修改程式

1. 點選 Online → Monitor → Monitor(Write Mode)後，點選 OK。

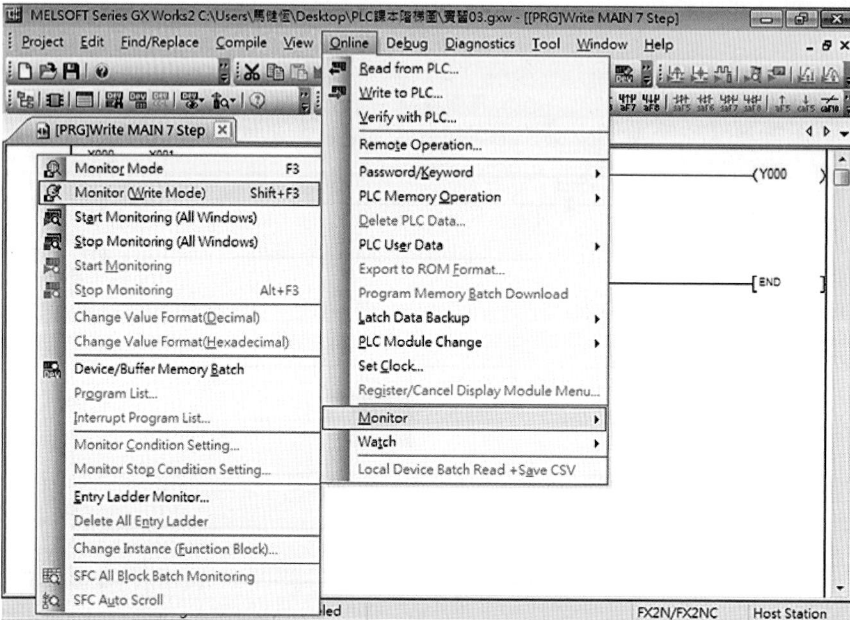

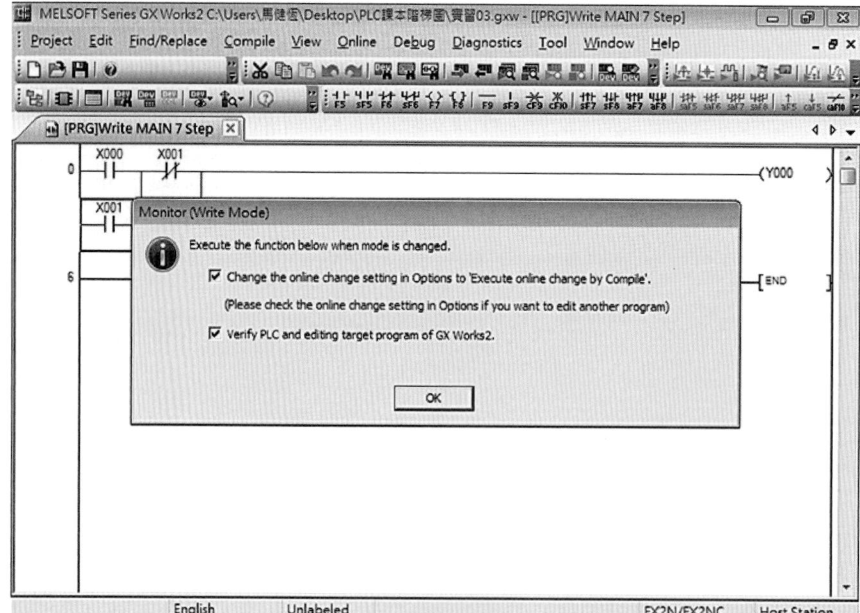

2.　修改程式完成後請重新編譯。

3.　選取「是」即完成連線修改。

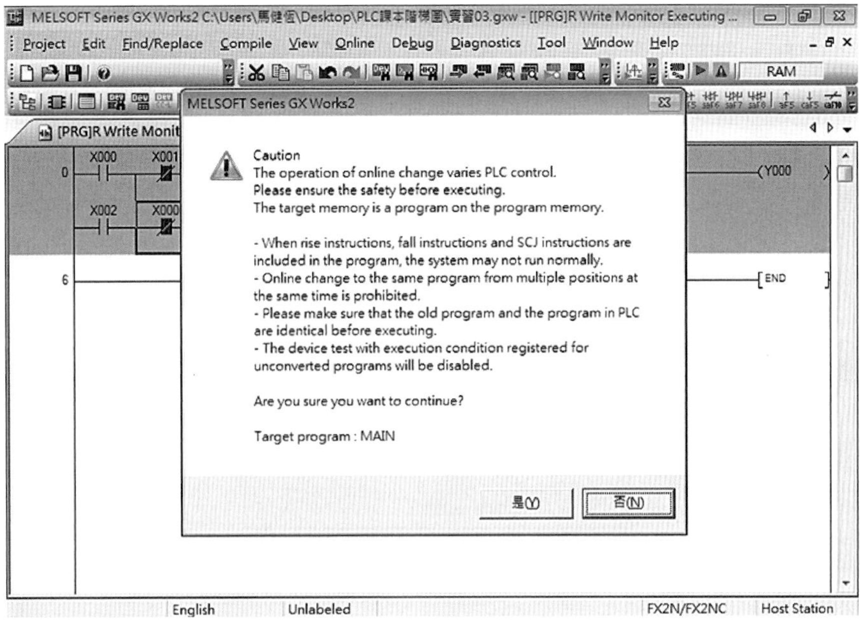

五、強制 ON/OFF

1.　點選 Debug → Modify 或點選 [icon] 。

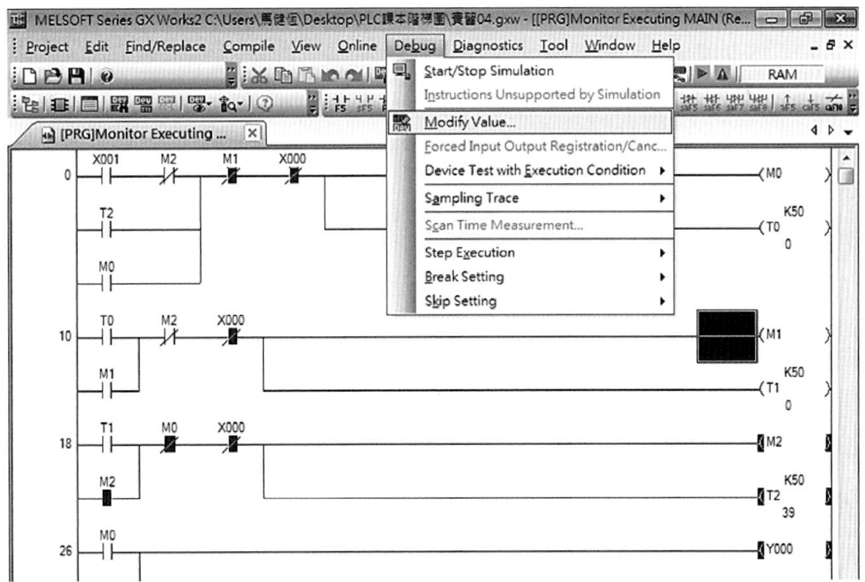

2. 在 Device/Label 中，輸入欲強制 ON /OFF 之元件(例如 Y0)，按 ON 即可強制 Y0 ON、按 OFF 即可強制 Y0 OFF。

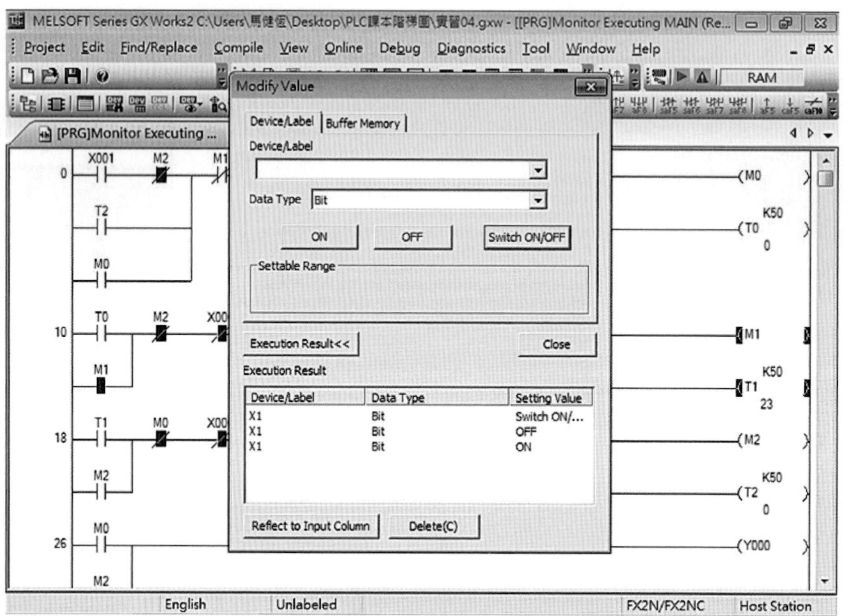

六、傳輸設定

1. 點選左邊視窗中之 Connection Destination 後，點選，Current Connection 中的 Connection1。

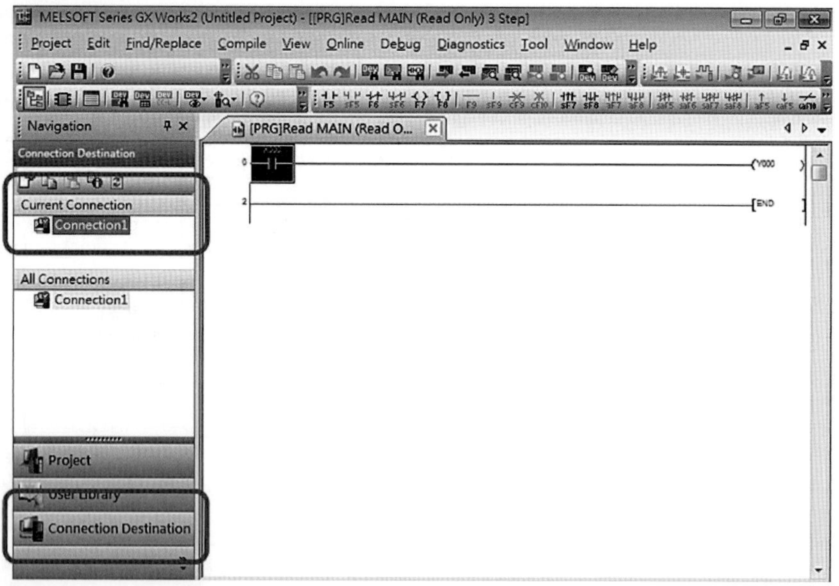

2. 點選 Serial USB。

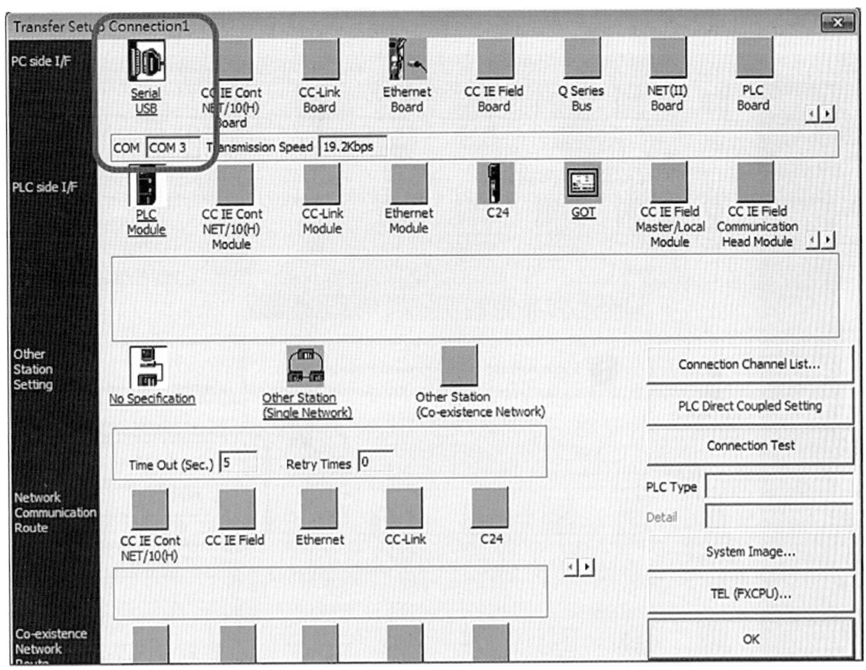

3. 選擇正確的連接埠(COM Port)，有關 COM Port 的確定，可以依序點選桌面→我的電腦(按右鍵)→管理→裝置管理員→連接埠，即可進行確定。

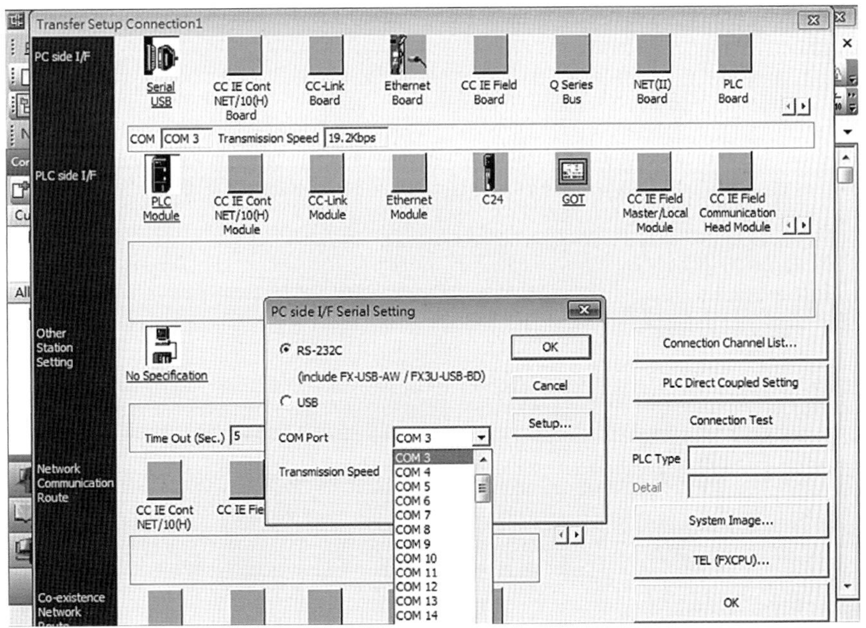

4. 點選 Connection Test，可測試通訊是否成功。若通訊無異常則會在 PLC type 顯示型號。

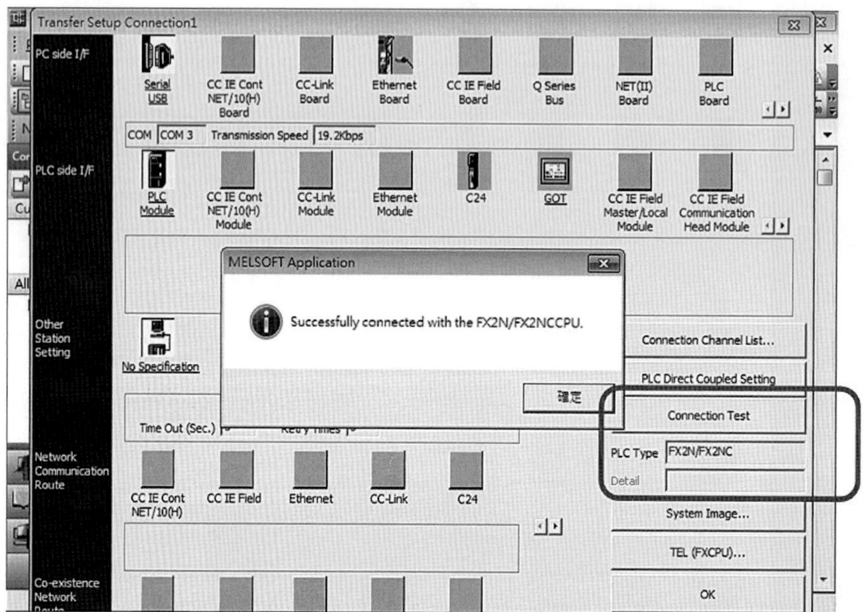

5. 上述修改完成後，點選 OK 即可完成設定。

七、讀取 PLC 內部程式(PLC TO PC)

1. 選取工具列上的 Online →Read from PLC，或者點選 。

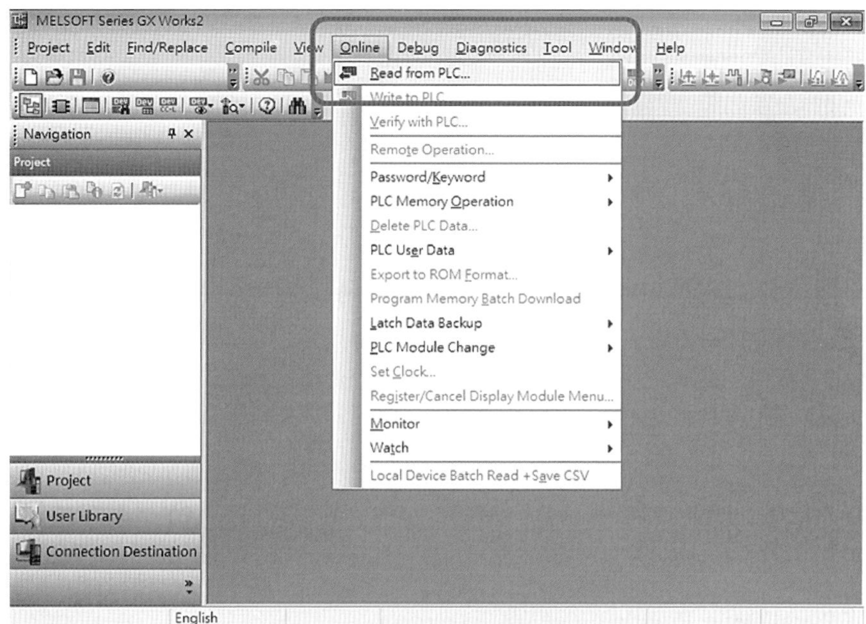

2. 執行前請先確認 PLC 型式是否正確，點選 OK。

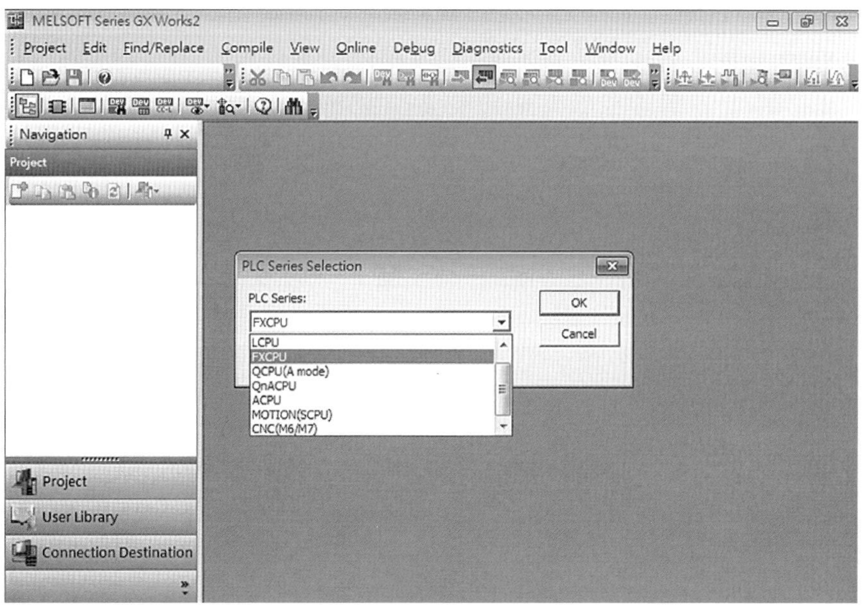

3. 點選 Serial USB 選擇正確的通訊埠後，點選 OK。

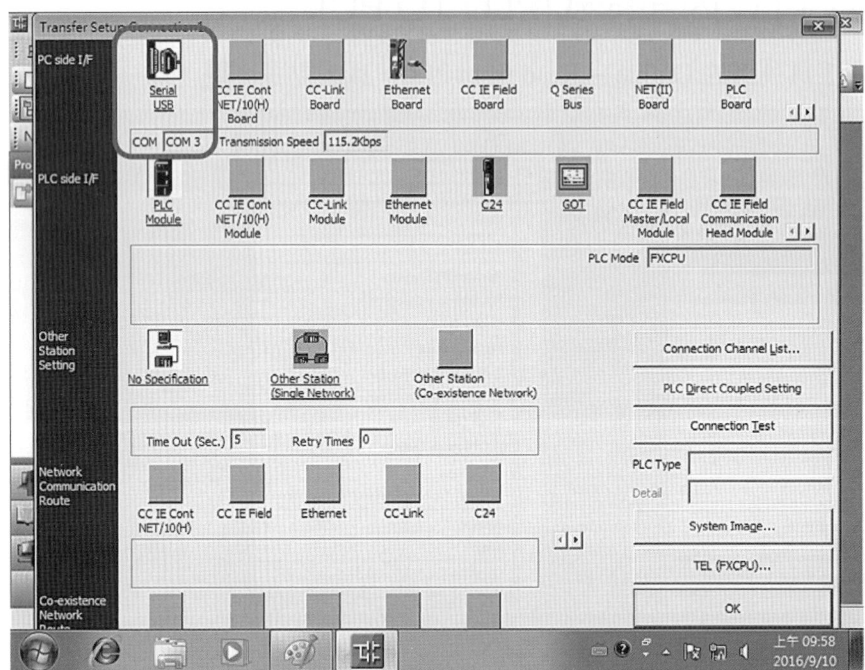

4. 點選 Parameter + Program 後點選 Execute。

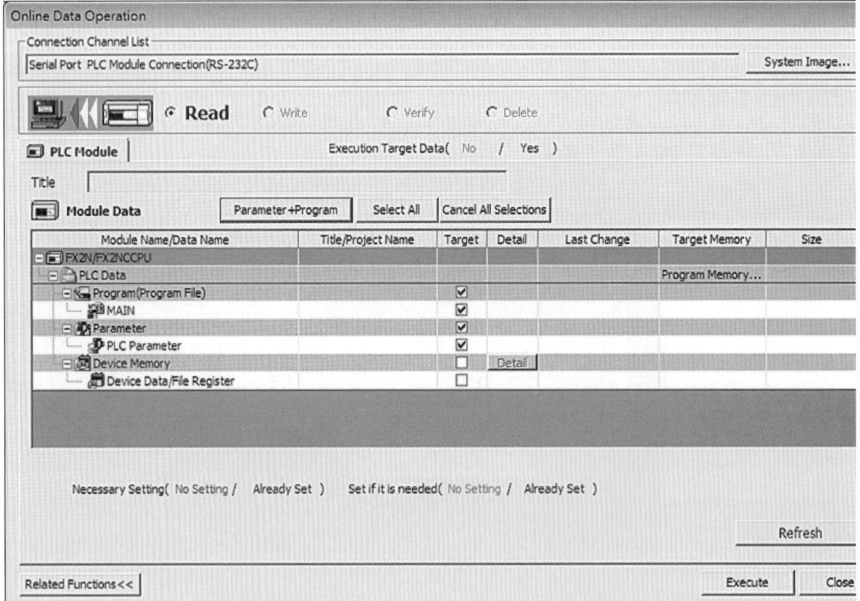

5. 讀取結束後點選 Cancel，即可完成。

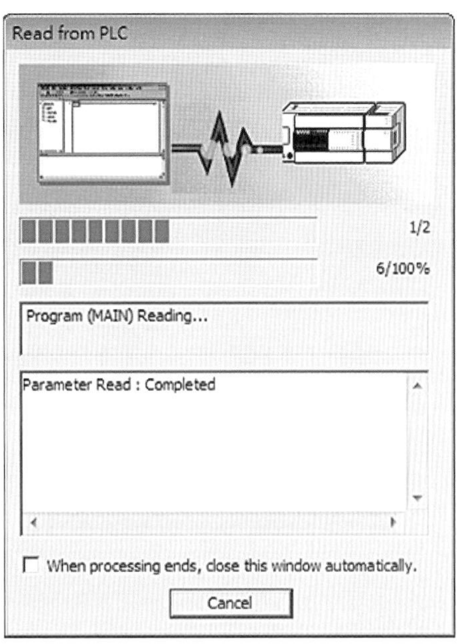

6. 點選左方子目錄 POU → Program → MAIN，即出現階梯圖。

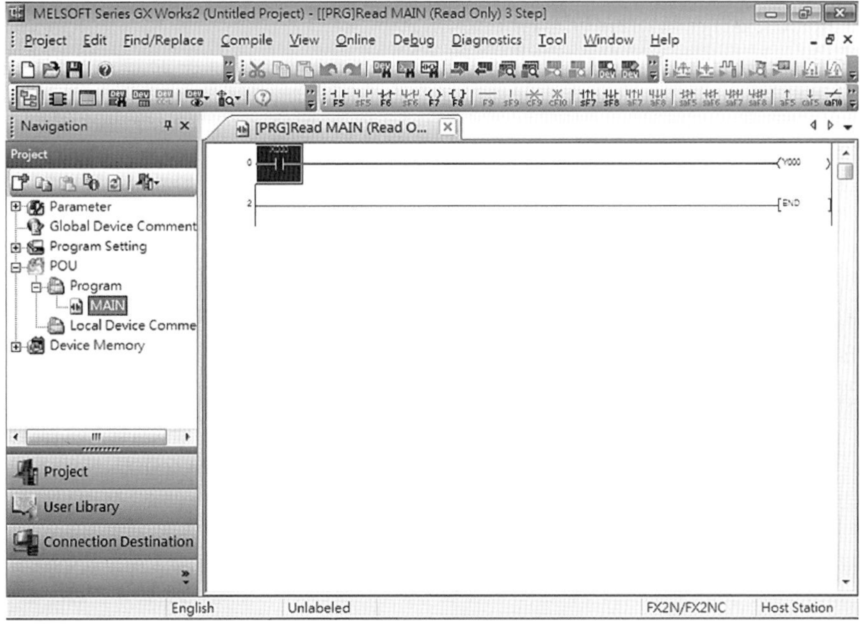

第四章

GX Works3 軟體

GX Works3 軟體 Demo 下載路徑如下：
https://www.mitsubishifa.co.th/en/Software-Detail.php?id=MQ==&vs=trial 或於網路搜尋「GX Works3」下載即可使用。

一、GX Works3 編輯軟體安裝步驟如下

1. 輸入名稱、公司資料、軟體序號。

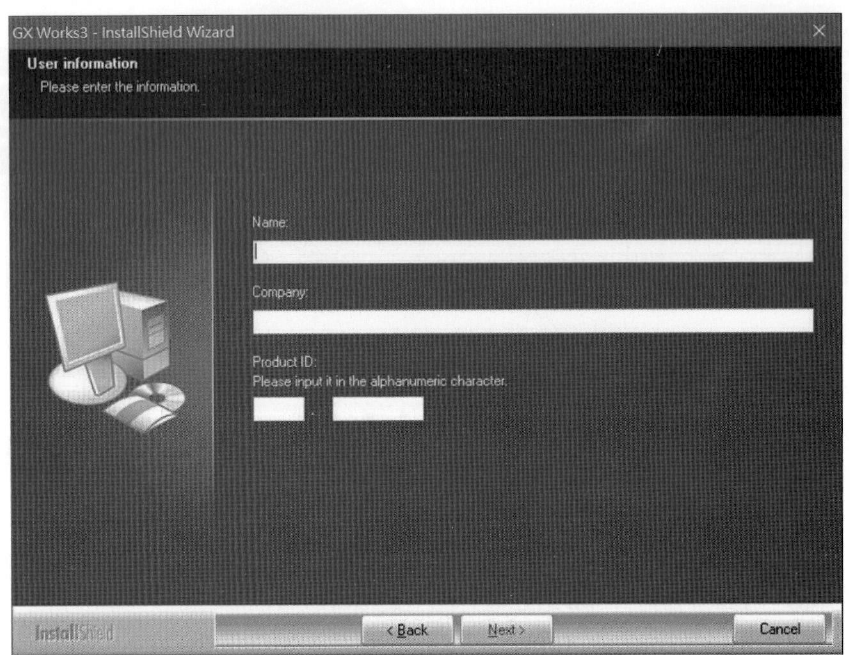

2. 選擇安裝項目，GX Works3 軟體包含第二章 GX Developer 及第三章 GX Works2 相關軟體，在此可全選進行安裝。

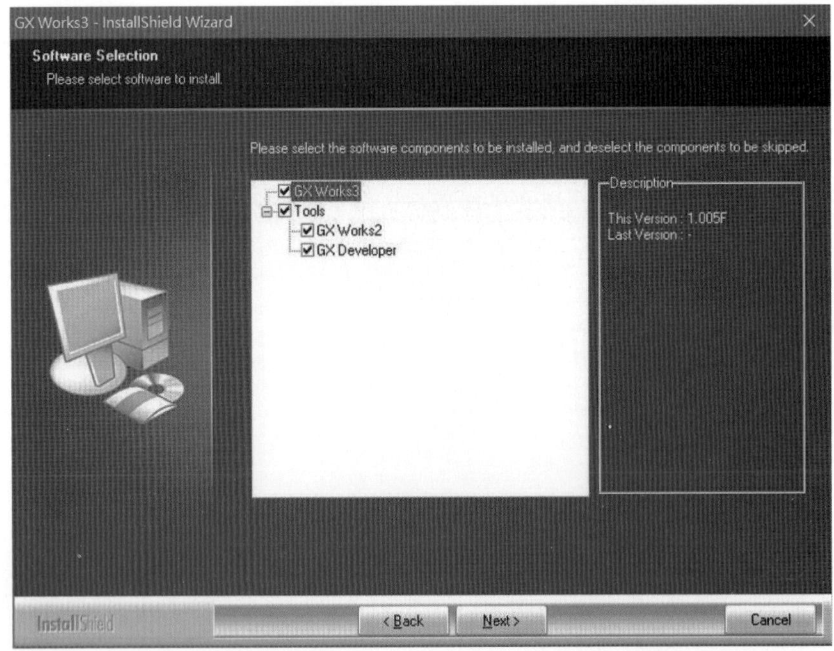

3.　安裝路徑選擇，在此預設不變更。

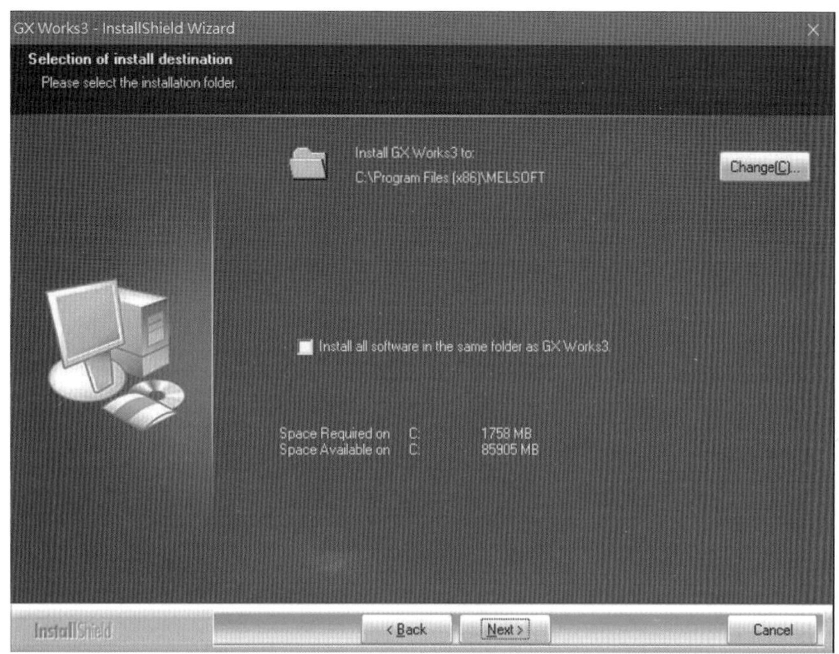

4.　確認產品安裝資訊，若無誤後進行最後安裝。

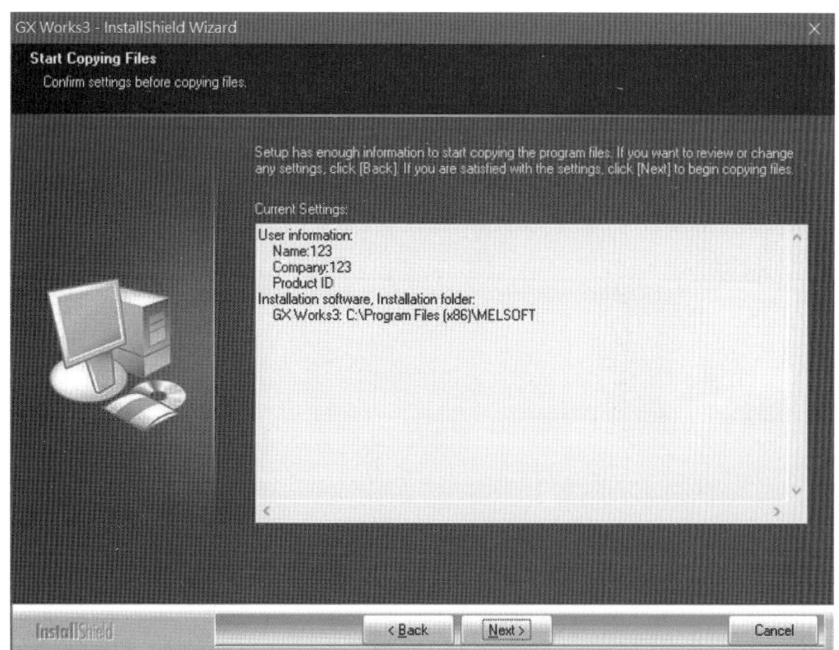

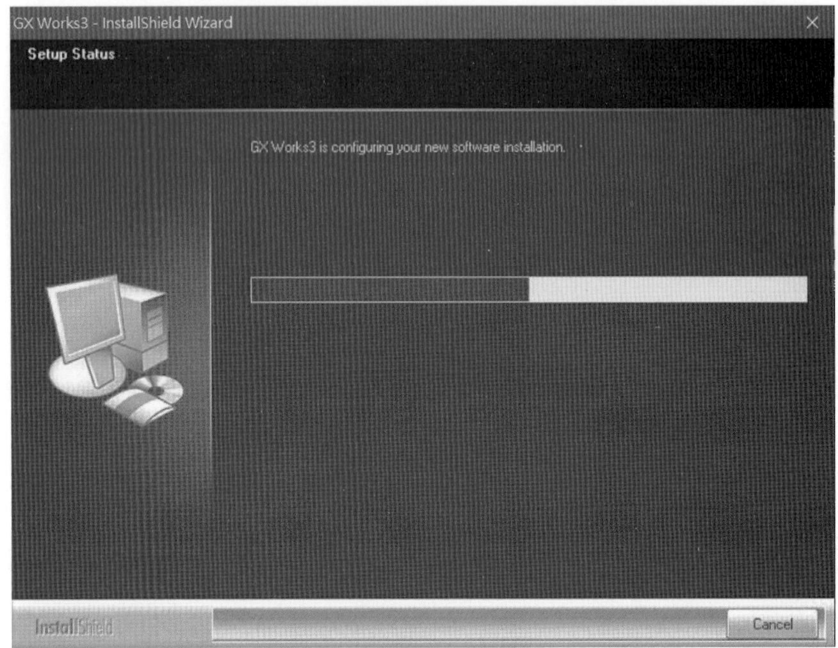
GX Works3 - InstallShield Wizard
Setup Status
GX Works3 is configuring your new software installation.
InstallShield
Cancel

5. 是否建立桌面捷徑。

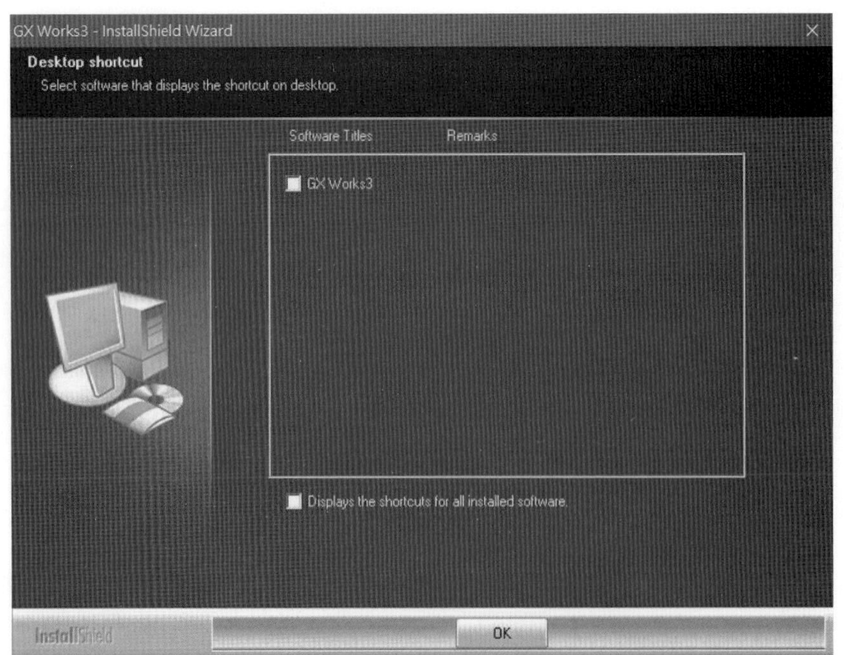
GX Works3 - InstallShield Wizard
Desktop shortcut
Select software that displays the shortcut on desktop.
Software Titles
Remarks
GX Works3
Displays the shortcuts for all installed software.
InstallShield
OK

6. 安裝完成後，請重新啓動電腦完成安裝，即可啓動 GX Works3 軟體。

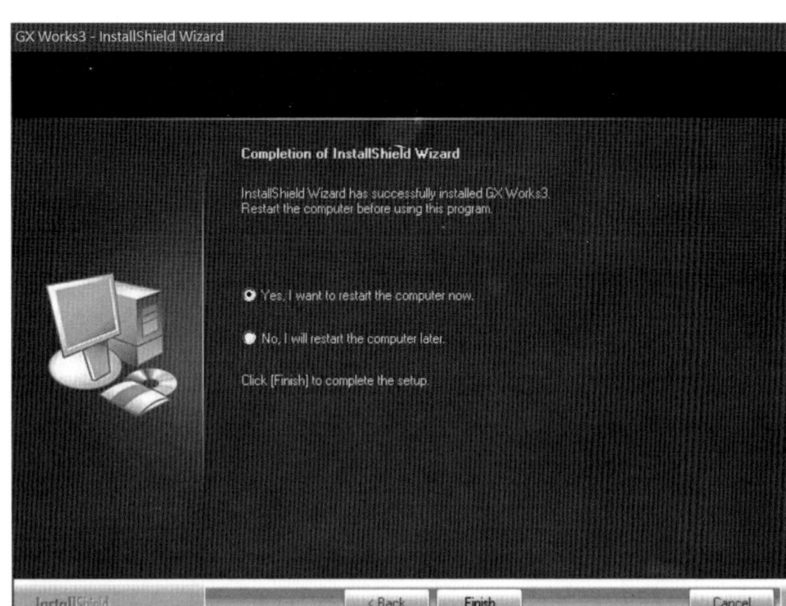

二、GX Works3 軟體操作教學如下

1. 使用三菱 FX5U 系列 PLC 或 R 系列 PLC，所需編輯軟體如下圖 1 爲 GX Works3 軟體執行畫面。

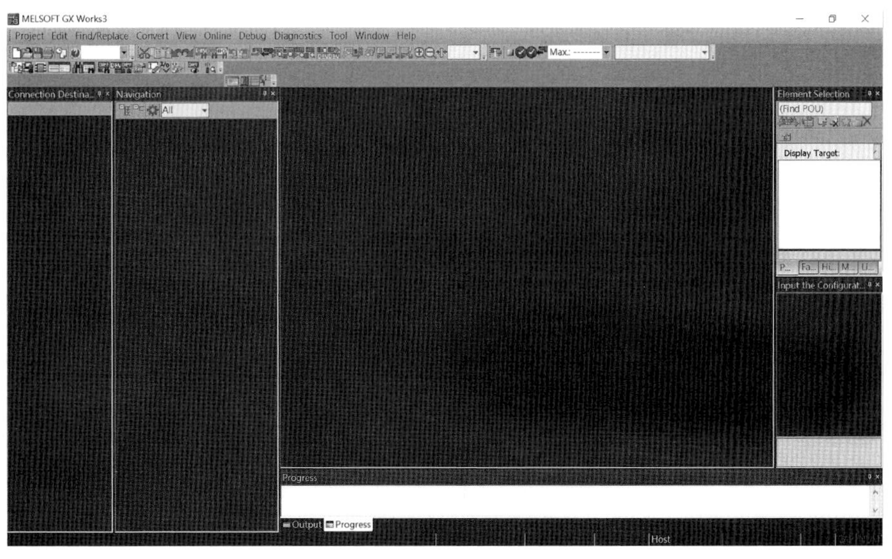

圖 1　編輯軟體執行畫面

2. 開啓新專案步驟如下圖 2，且選擇 FX5UCPU 及 Ladder 程式語言階梯圖語法來進行撰寫程式。

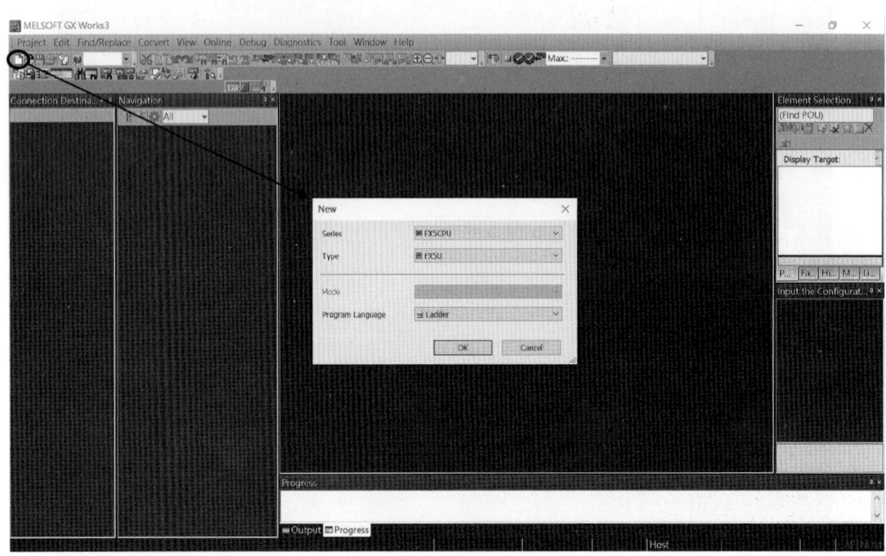

圖 2　開啓新專案視窗畫面

3. 完成新專案空白畫面如圖 3 所示，接著進行 PLC 連線設定及測試，由於 FX5U PLC 內建網路 RJ45 連接方式進行傳輸程式專案，因此，必須準備一條網路線與 PC 進行連結，連結後如圖 4 進行連線設定。

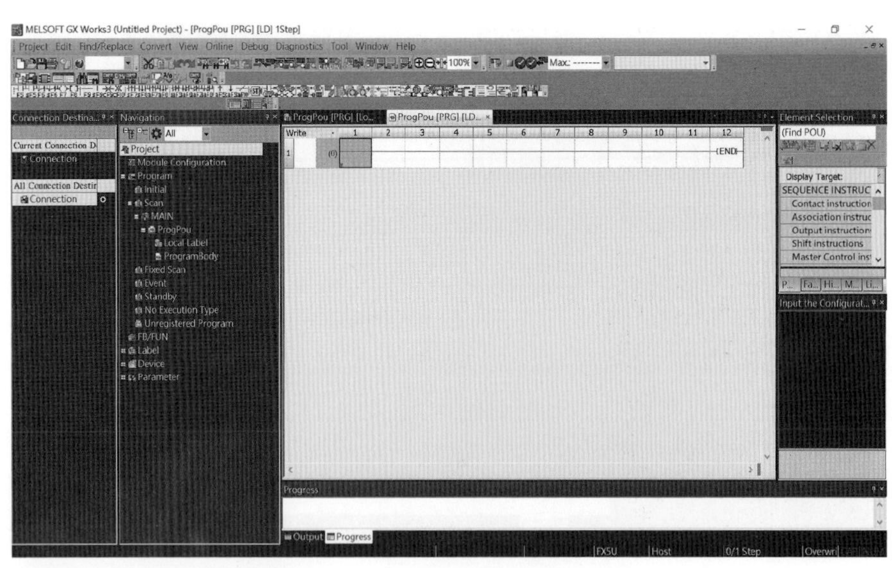

圖 3　FX5U 新建空白專案畫面

4. 點選 Communication Test 按鈕前，先將 FX5U 通電並且接上與電腦連結的網路線，完成測試將會出現 IP 位址數據即可點選 OK 完成連線設定。

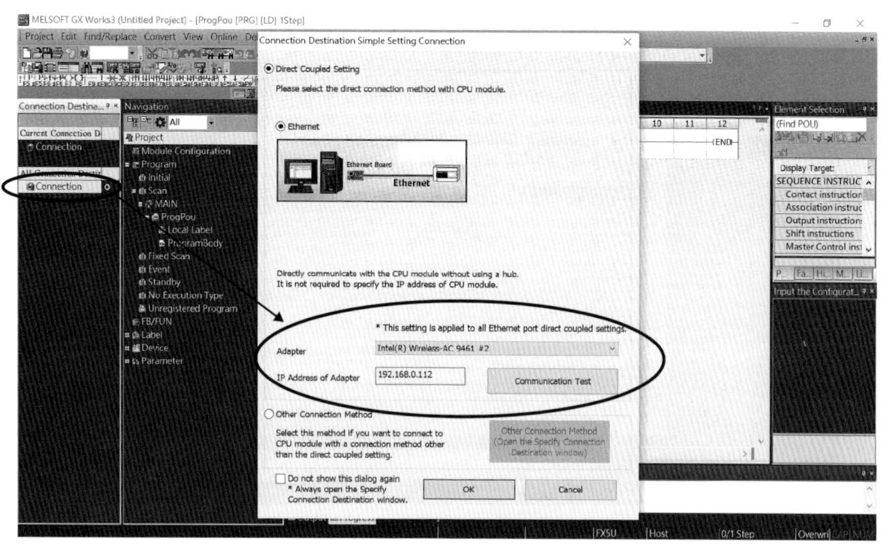

圖 4　PLC 專案連線通訊測試

5. 接著說明 PLC 程式專案下載步驟，如下圖 5 所示，點選工具列 Online 選項，並選擇 Write to PLC...項目進行專案程式寫入，程式專案寫入設定將會跳出如圖 6 專案下載設定畫面。

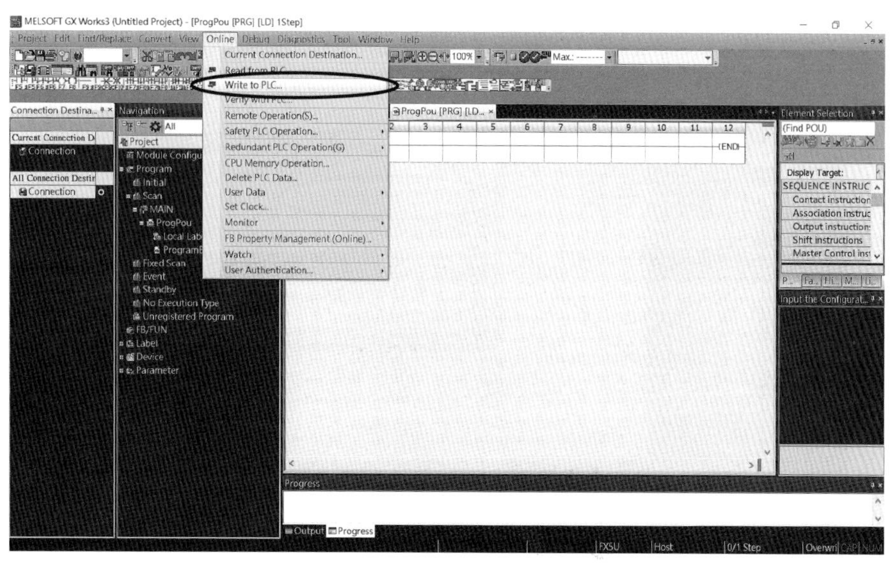

圖 5　Write to PLC 選項

專案下載設定選擇 Select All 選項，並點選最下方的 Execute 專案，將會下載到 FX5U PLC 中。

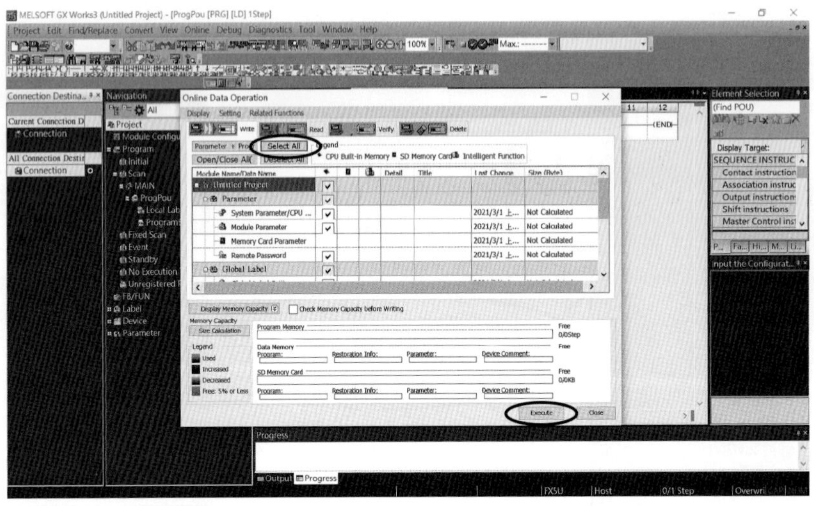

圖 6　Write to PLC 專案寫入設定畫面

三、FX5U PLC 網路 IP 設定教學如下

1. 建立 FX5U 專案後，點選左方樹狀專案列表，選擇 Ethernet Port，出現右方參數設定選項，將 IP Address 與 Subnet Mask 設定後，並將專案下載於 PLC 進行設定，完成後必須將電腦設定為同網段即可。

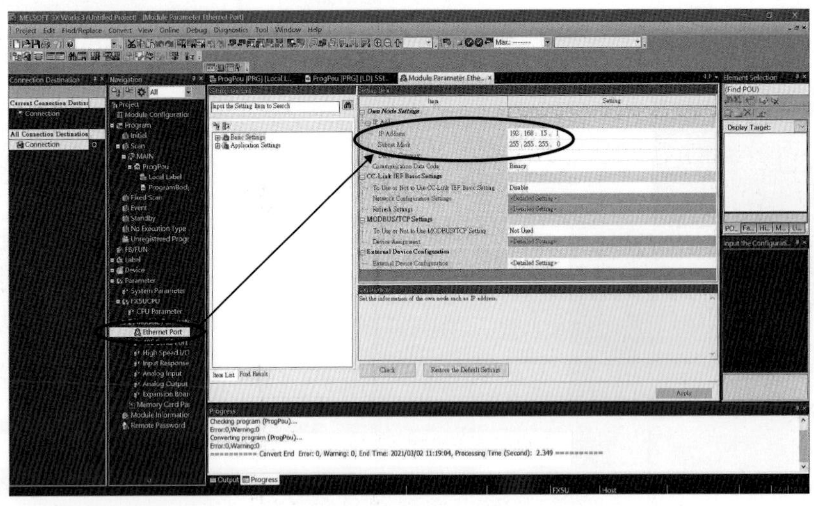

圖 7　FX5U Ethernet Port 設定畫面

2. 下圖 8 爲電腦網段設定，請與 PLC 設定爲同網段即可。

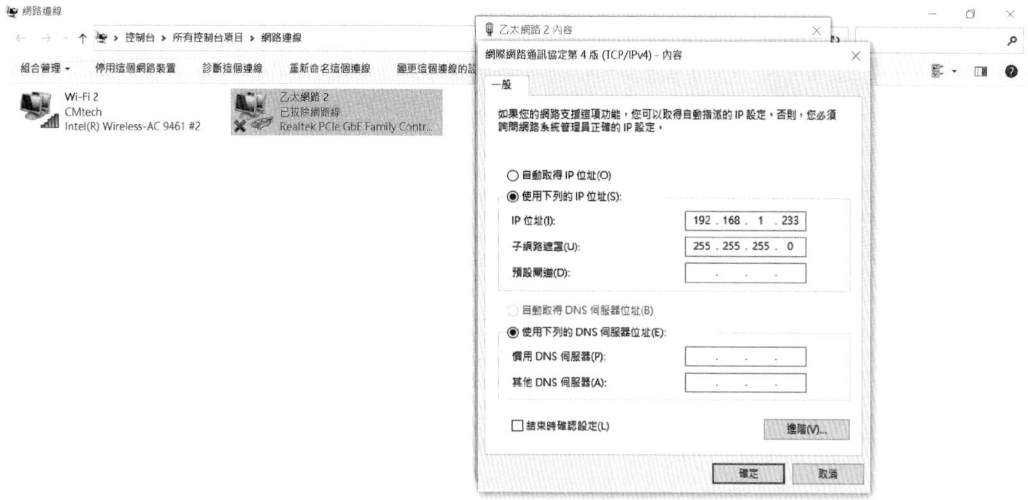

圖 8　PC 上的網路連線 IP 位址設定

四、FX5U PLC 專案讀取及監控

1. 接著說明 PLC 程式專案讀取步驟，如下圖 9、圖 10 所示，點選工具列 Online 選項，並選擇 Read from PLC…項目進行專案程式寫入，程式專案寫入設定將會跳出如圖 10 專案下載設定畫面。

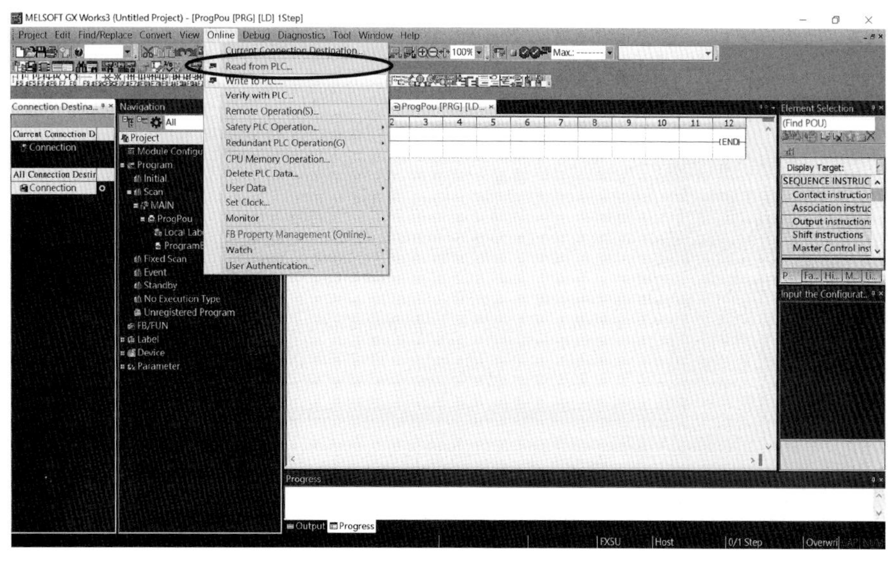

圖 9　PLC 專案讀取

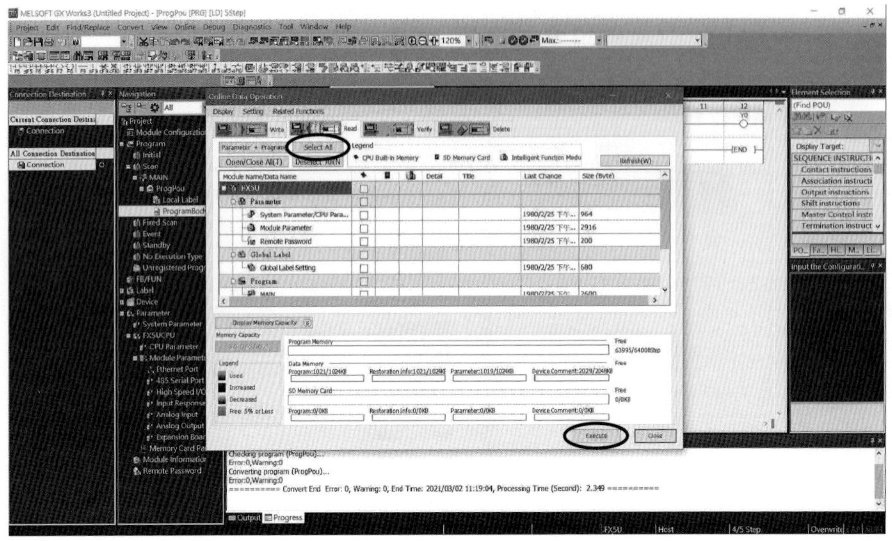

圖 10　PLC 專案讀取畫面設定

2. FX5U 專案監控方式，如下圖 11 所示，點選下圖圈選處爲線上監控模式，有鉛筆的圖案爲線上監控及修改模式。

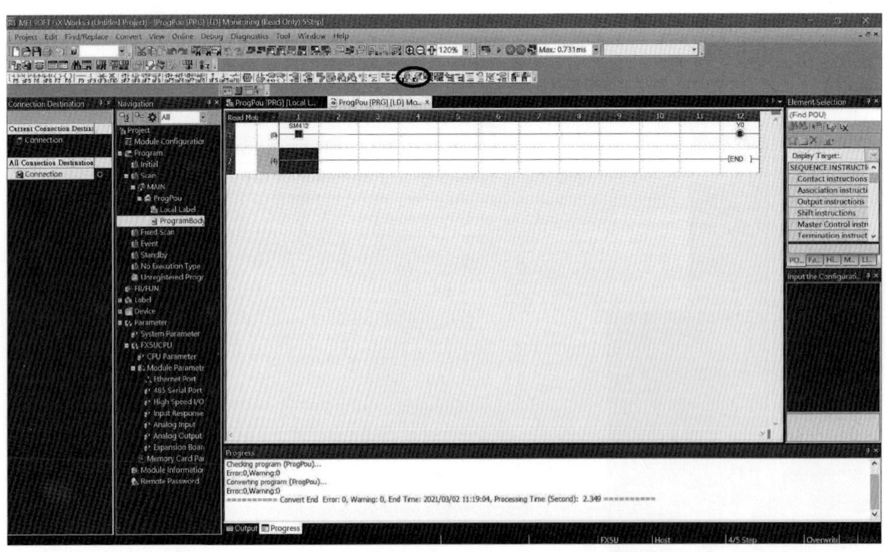

圖 11　PLC Only 監控畫面

第二篇

PLC 程式設計範例

自動感應洗手台電路

一、功能要求

1. 當手接近 X0 被感應時，X0 的 a 接點閉合成 b 接點，T1 開始計時一秒(10 × 0.1 秒 =1 秒)。
2. 計時一秒後，T1 閉合，Y0 導通使洗手台流出水來。
3. 當手離開 X0 後，X0 復歸成 a 接點，Y0 斷路，水流停止。

二、使用指令

LD、OUT、END

三、配線圖

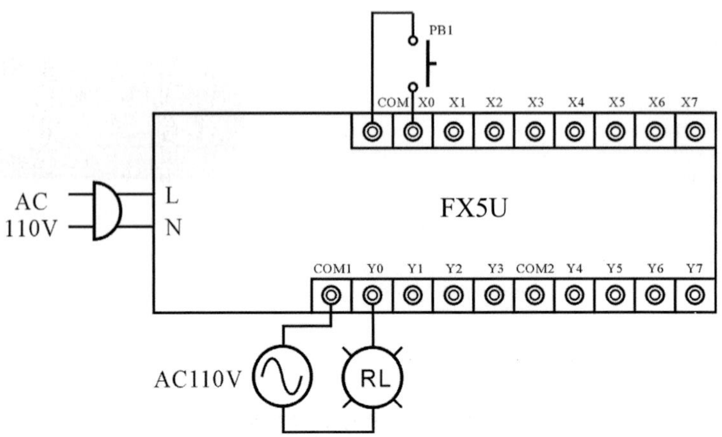

四、步進階梯圖

Write		1	2	3	4	5	6	7	8	9	10	11	12
1	(0)	X0									OUT	T1	K10
2	(7)	T1											Y0
3	(11)												END

五、指令表

LD	X0	
OUT	T1	K10
LD	T1	
OUT	Y0	
END		

實習二

馬達正反轉電路

一、功能要求

1. 送電後，Y3 亮。
2. 按下 PB2(X1)開關，輸出 Y0 動作，馬達正轉，且 Y3 熄滅。
3. 按下 PB1(X0)開關，輸出 Y0 熄滅，馬達停止運轉，Y3 亮。
4. 按下 PB3(X2)開關，輸出 Y1 動作，馬達反轉，且 Y3 熄滅。
5. 按下 PB1(X0)開關，輸出 Y1 熄滅，馬達停止運轉，Y3 亮。
6. 過載時，按下 PB4(X3)開關，蜂鳴器 BZ(Y2)響起，Y0 及 Y1 熄滅，馬達停止運轉，Y3 亮。

二、使用指令

LD、LDI、OR、ANI、OUT、END

三、配線圖

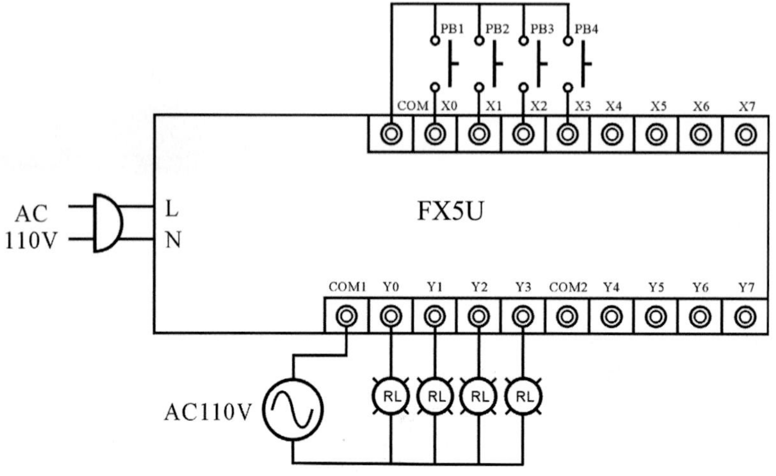
PB1
PB2
PB3
PB4
COM
X0
X1
X2
X3
X4
X5
X6
X7
AC
110V
L
N
FX5U
COM1
Y0
Y1
Y2
Y3
COM2
Y4
Y5
Y6
Y7
AC110V
RL
RL
RL
RL

四、步進階梯圖

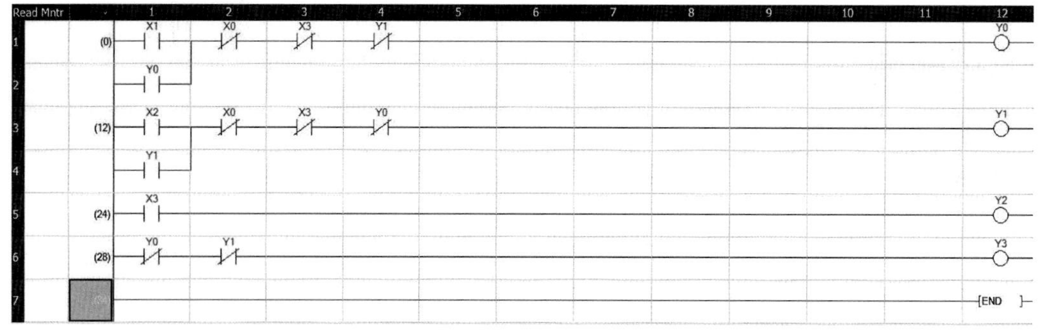
Read Mntr
(0)
X1
X0
X3
Y1
Y0
Y0
(12)
X2
X0
X3
Y0
Y1
Y1
(24)
X3
Y2
(28)
Y0
Y1
Y3
END

五、指令表

```
LD    X1
OR    Y0
ANI   X0
ANI   X3
ANI   Y1
OUT   Y0
LD    X2
OR    Y1
ANI   X0
ANI   X3
ANI   Y0
OUT   Y1
LD    X3
OUT   Y2
LDI   Y0
ANI   Y1
OUT   Y3
END
```

實習三

兩處控制一燈電路

一、功能要求

1. 當按下 PB1(X0)時，Y0 亮。
2. 再按下 PB2(X1)時，Y0 熄滅。
3. 再按下 PB2(X1)時，Y0 亮。
4. 再按下 PB1(X0)時，Y0 熄滅。

二、使用指令

LD、OR、LDI、ORI、ANB、OUT、END

三、配線圖

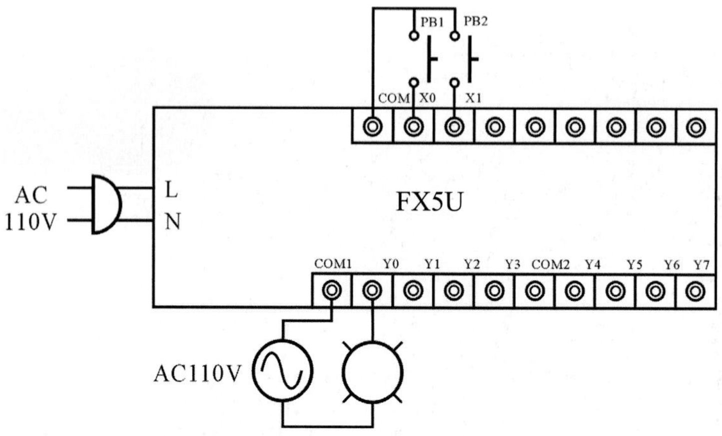

四、步進階梯圖

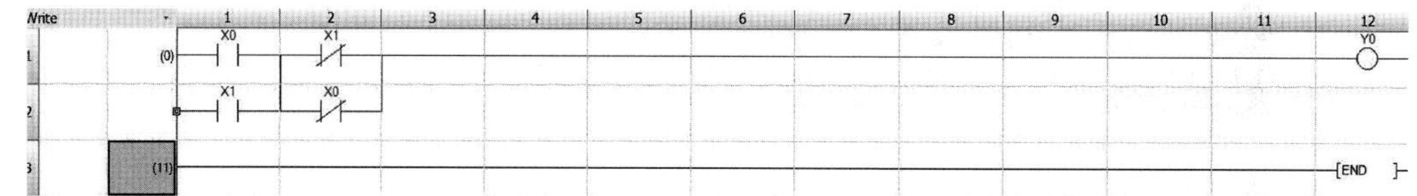

五、指令表

LD	X0
OR	X1
LDI	X1
ORI	X0
ANB	
OUT	Y0
END	

實習四

兩個燈為一組做跑馬燈電路

一、功能要求

1. 當按下 PB2(X1)時，使 Y0、Y1 動作，T0 開始計時 5 秒。
2. 計時 5 秒後，使 Y1、Y2 動作，T1 開始計時 5 秒。
3. 計時 5 秒後，使 Y2、Y0 動作，T2 開始計時 5 秒。
4. 重複動作。
5. 若欲停止動作，則按下 PB1(X0)，即可全部復歸。

二、使用指令

LD、OR、ANI、OUT、END

三、配線圖

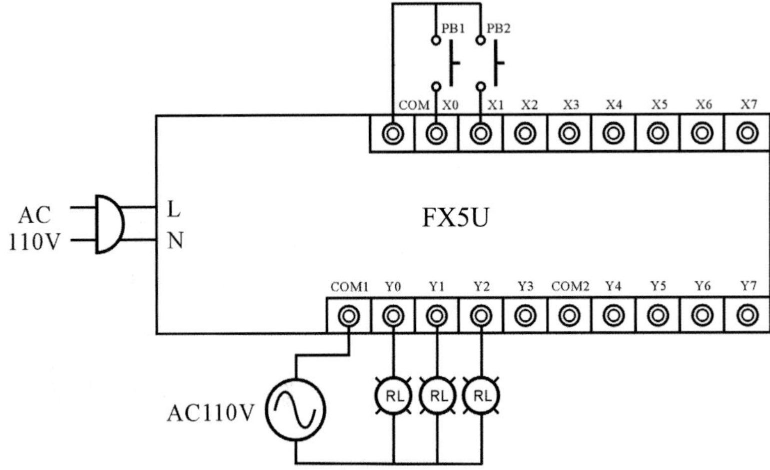

四、步進階梯圖

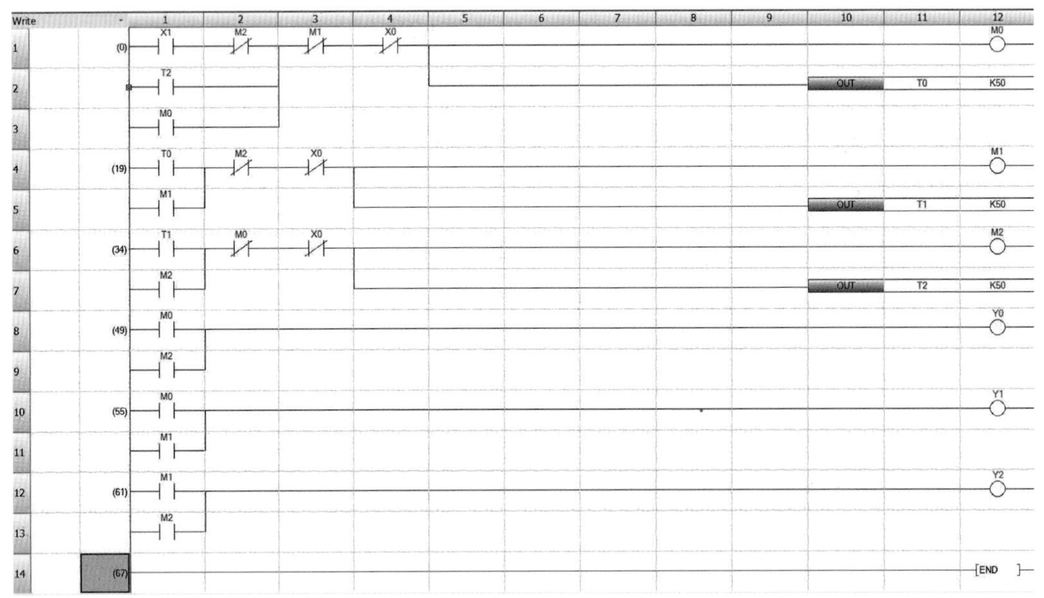

五、指令表

```
LD    X1
ANI   M2
OR    T2
OR    M0
ANI   M1
ANI   X0
OUT   M0
OUT   T0    K50
LD    T0
OR    M1
ANI   M2
ANI   X0
OUT   M1
OUT   T1    K50
LD    T1
OR    M2
ANI   M0
ANI   X0
OUT   M2
OUT   T2    K50
LD    M0
OR    M2
OUT   Y0
LD    M0
OR    M1
OUT   Y1
LD    M1
OR    M2
OUT   Y2
END
```

三處控制一燈電路

一、功能要求

1. 當 PB1 (X 0)開關按下，Y0 亮。
2. 當 PB2 (X 1)開關按下，Y0 熄滅。
3. 當 PB3 (X 2)開關按下，Y0 亮。
4. 任何一個位置之開關按下時，會改變 Y0 的狀態(由亮變熄滅、或由熄滅變亮)。

二、使用指令

LD、AND、ANI、ORB、OUT、END

三、配線圖

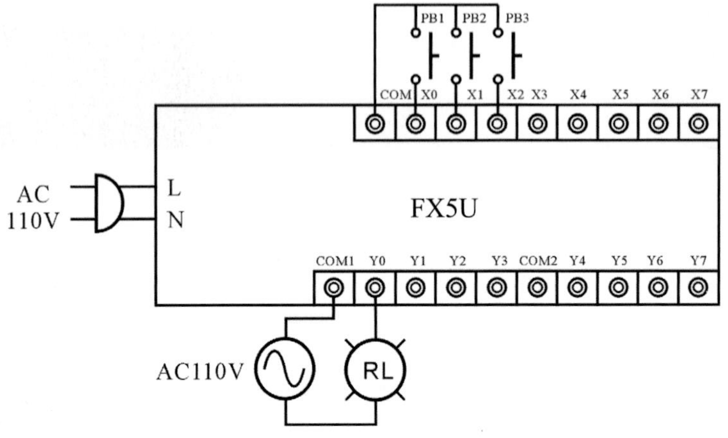

四、步進階梯圖

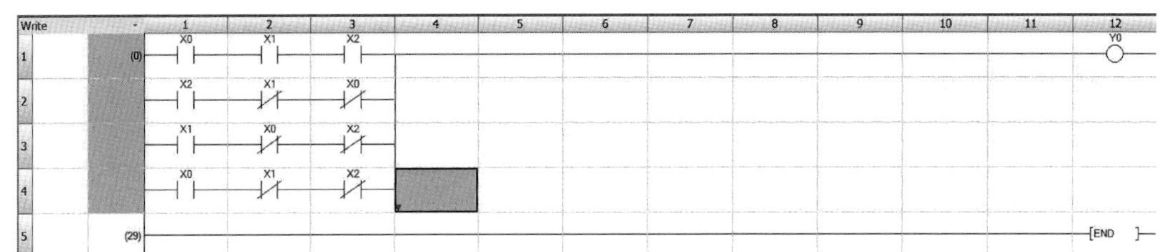

五、指令表

LD	X0
AND	X1
AND	X2
LD	X2
ANI	X1
ANI	X0
ORB	
LD	X1
ANI	X0
ANI	X2
LD	X0
ANI	X1
ANI	X2
ORB	
ORB	
OUT	Y0
END	

實習六

三段式開關電路

一、功能要求

1. 按下 PB1 (X0)開關，Y0 動作(ON)。
2. 再按一下 PB1 (X0)開關，Y0、Y1 動作(ON)。
3. 再按一下 PB1 (X0)開關，Y0、Y1、Y2 動作(ON)。
4. 脈波啓動 M1 (PLF M1)，使 C0、C1 復歸(RST C0、RST C1)。

二、使用指令

LD、SET、RST、END

三、配線圖

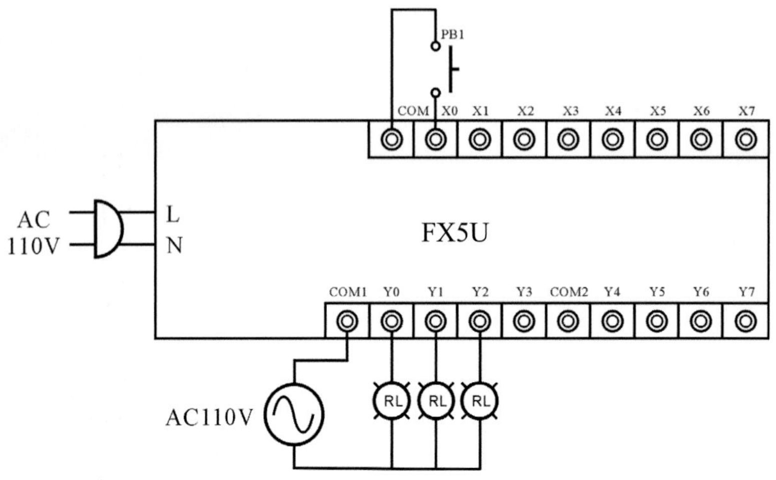
PB1
COM
X0
X1
X2
X3
X4
X5
X6
X7
AC
110V
L
N
FX5U
COM1
Y0
Y1
Y2
Y3
COM2
Y4
Y5
Y6
Y7
AC110V
RL
RL
RL

四、步進階梯圖

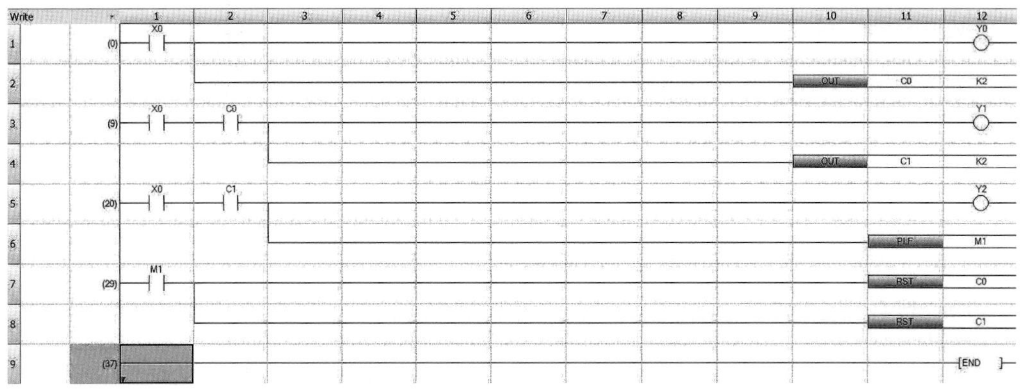
Write
(0)
X0
Y0
OUT
C0
K2
(9)
X0
C0
Y1
OUT
C1
K2
(20)
X0
C1
Y2
PLF
M1
(29)
M1
RST
C0
RST
C1
(37)
END

五、指令表

```
LD    X0
OUT   Y0
OUT   C0    K2
LD    X0
AND   C0
OUT   Y1
OUT   C1    K2
LD    X0
AND   C1
OUT   Y2
PLF   M1
LD    M1
RST   C0
RST   C1
END
```

實習七

跑馬燈電路

一、功能要求

1. 按下 PB1 (X0) 開關，T0 開始計時 1 秒、T1 開始計時 2 秒、T2 開始計時 3 秒、T3 開始計時 4 秒、T4 開始計時 5 秒。
2. 經 1 秒後，Y0 亮。
3. 經 2 秒後，Y1 亮、Y0 熄滅。
4. 經 3 秒後，Y2 亮、Y1 熄滅。
5. 經 4 秒後，Y3 亮、Y2 熄滅。
6. 重複上述動作。

二、使用指令

LD、ANI、OUT、END

三、配線圖

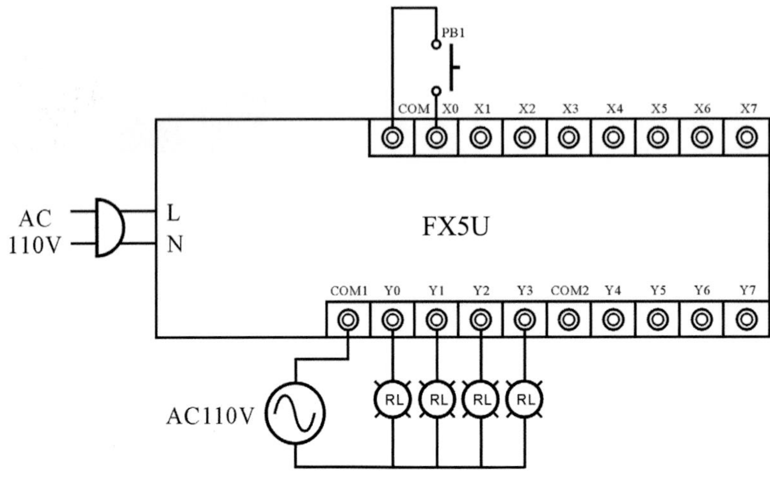
PB1
COM X0 X1 X2 X3 X4 X5 X6 X7
AC
110V
L
N
FX5U
COM1 Y0 Y1 Y2 Y3 COM2 Y4 Y5 Y6 Y7
AC110V
RL
RL
RL
RL

四、步進階梯圖

Write
(0) X0 T4 OUT T0 K10
OUT T1 K20
OUT T2 K30
OUT T3 K40
OUT T4 K50
(29) T0 T1 Y0
(35) T1 T2 Y1
(41) T2 T3 Y2
(47) T3 T4 Y3
(53) END

五、指令表

```
LD    X0
ANI   T4
OUT   T0    K10
OUT   T1    K20
OUT   T2    K30
OUT   T3    K40
OUT   T4    K50
LD    T0
ANI   T1
OUT   Y0
LD    T1
ANI   T2
OUT   Y1
LD    T2
ANI   T3
OUT   Y2
LD    T3
ANI   T4
OUT   Y3
END
```

實習八

三層升降梯電路

一、功能要求

1. 按下 PB0(X3)啓動升降梯電源。
2. 升降梯在一樓(X0)時，按下二樓按鈕開關 PB2(X5)則升降梯上升 Y0 ON(MC1 馬達正轉)，到二樓時極限開關 X1(LS2)動作，升降梯馬達(MC1)停止
3. 升降梯在一樓(X0)時，按下三樓按鈕開關 PB3(X6)則升降梯上升 Y0 ON (MC1 馬達正轉)，到三樓時極限開關 X2 (LS3)動作，升降梯馬達(MC1)停止
4. 升降梯在二樓(X1)時，按下一樓按鈕開關 PB1(X4)則升降梯下降 Y1 ON (MC2 馬達反轉)，到一樓時極限開關 X0 (LS1)動作，升降梯馬達(MC2)停止
5. 升降梯在二樓(X1)時，按下三樓按鈕開關 PB3(X6)則升降梯上升 Y0 ON (MC1 馬達正轉)，到三樓時極限開關 X2 (LS3)動作，升降梯馬達(MC1)停止
6. 升降梯在三樓(X2)時，按下一樓按鈕開關 PB1(X4)則升降梯下降 Y1 ON (MC2 馬達反轉)，到一樓時極限開關 X0 (LS1)動作，升降梯馬達(MC2)停止
7. 升降梯在三樓(X2)時，按下二樓按鈕開關 PB2(X5)則升降梯下降 Y1 ON (MC2 馬達反轉)，到二樓時極限開關 X1 (LS2)動作，升降梯馬達(MC2)停止

二、使用指令

LD、SET、AND、RST、END

三、配線圖

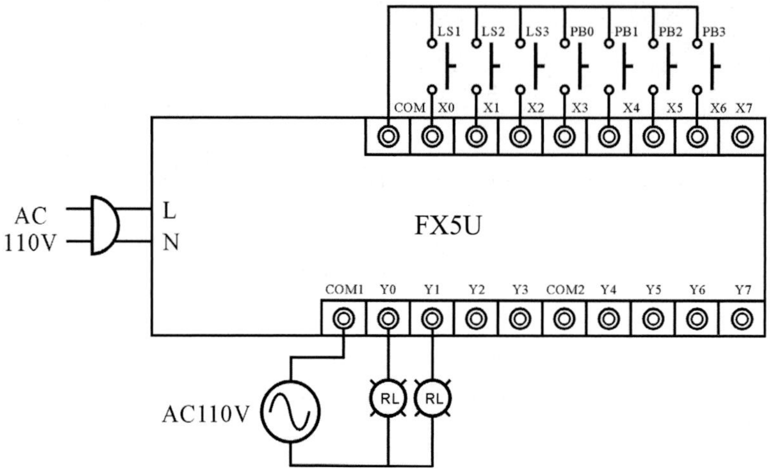

四、階梯圖

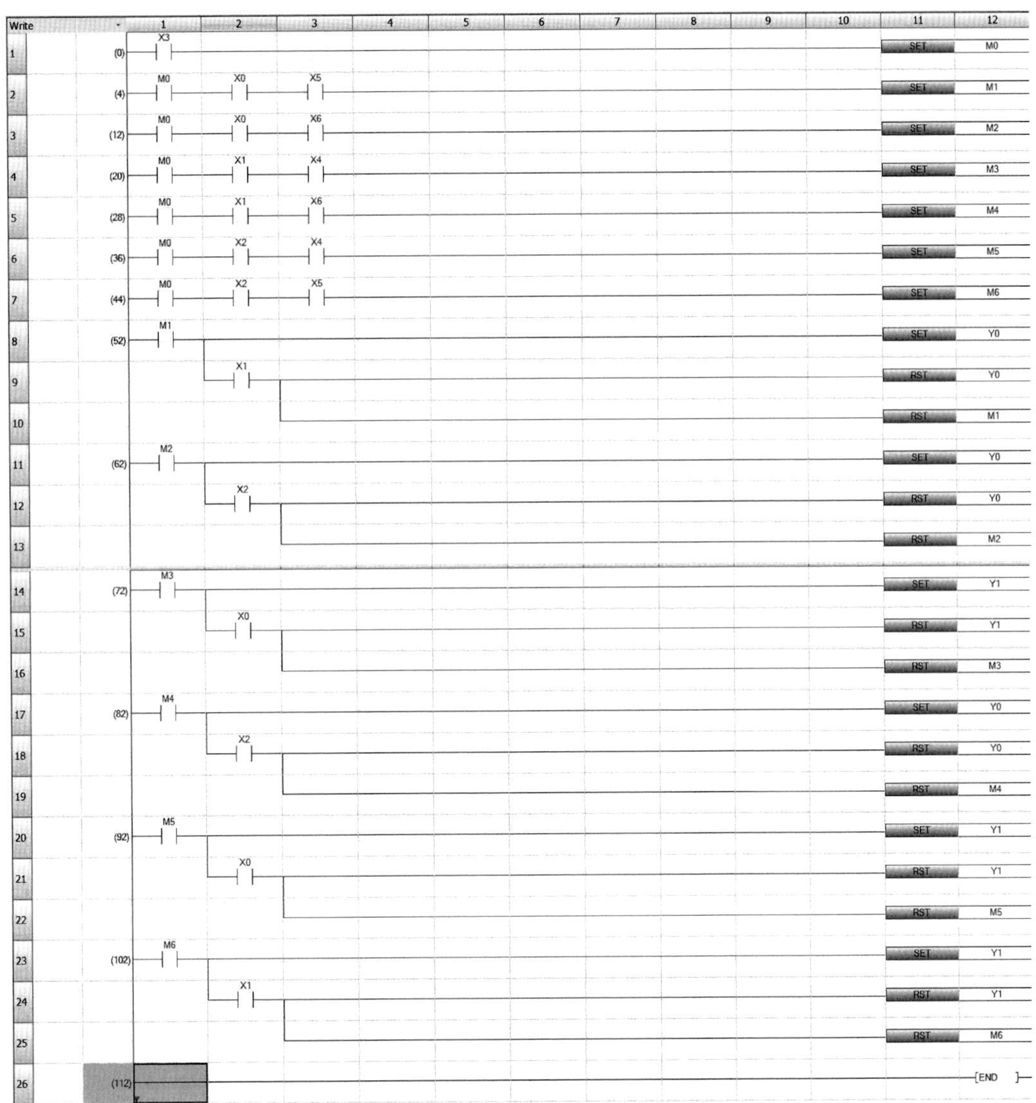
Write
1 2 3 4 5 6 7 8 9 10 11 12
(0) X3 SET M0
(4) M0 X0 X5 SET M1
(12) M0 X0 X6 SET M2
(20) M0 X1 X4 SET M3
(28) M0 X1 X6 SET M4
(36) M0 X2 X4 SET M5
(44) M0 X2 X5 SET M6
(52) M1 SET Y0
X1 RST Y0
RST M1
(62) M2 SET Y0
X2 RST Y0
RST M2
(72) M3 SET Y1
X0 RST Y1
RST M3
(82) M4 SET Y0
X2 RST Y0
RST M4
(92) M5 SET Y1
X0 RST Y1
RST M5
(102) M6 SET Y1
X1 RST Y1
RST M6
(112) END

五、指令表

```
LD   X3
SET  M0
LD   M0
AND  X0
AND  X5
SET  M1
LD   M0
AND  X0
AND  X6
SET  M2
LD   M0
AND  X1
AND  X4
SET  M3
LD   M0
AND  X1
AND  X6
SET  M4
LD   M0
AND  X2
AND  X4
SET  M5
LD   M0
AND  X2
AND  X5
SET  M6
LD   M1
SET  Y0
AND  X1
RST  Y0
RST  M1
LD   M2
SET  Y0
AND  X2
RST  Y0
RST  M2
LD   M3
SET  Y1
AND  X0
RST  Y1
RST  M3
LD   M4
SET  Y0
AND  X2
RST  Y0
RST  M4
LD   M5
SET  Y1
AND  X0
RST  Y1
RST  M5
LD   M6
SET  Y1
AND  X1
RST  Y1
RST  M6
END
```

實習九

水位監測及緊急閃爍指示燈電路

一、功能要求

1. 當水位在安全水位以下時，未碰到開關 X0 及 X1，則 Y0、Y1 熄滅。
2. 當水位碰到安全水位(X0)開關時，指示燈(Y0)亮。
3. 當水位到達危險水位(X1)開關時，指示燈(Y0)開始閃爍，同時緊急指示燈(Y1)閃爍。

二、使用指令

LD、ANI、OUT、END

三、配線圖

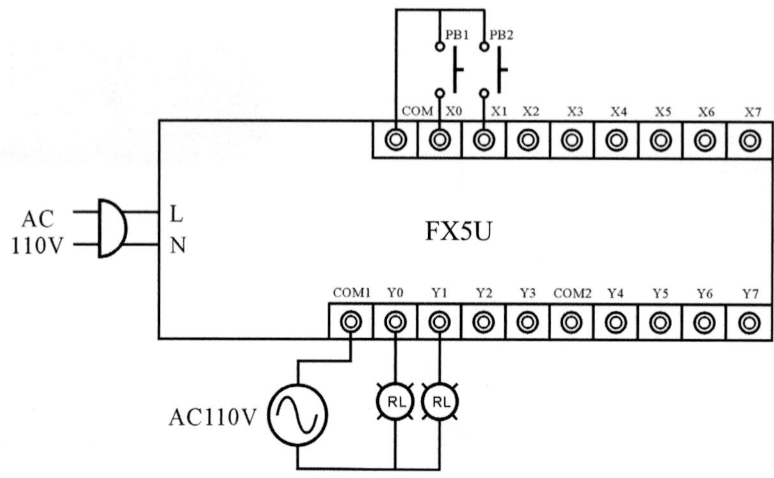

四、步進階梯圖

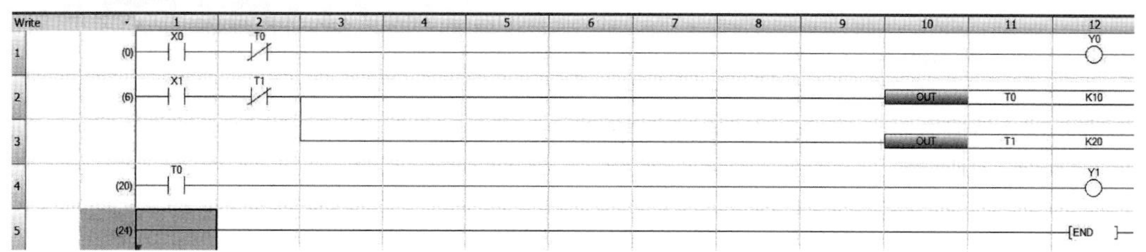

五、指令表

LD	X0	
ANI	T0	
OUT	Y0	
LD	X1	
ANI	T1	
OUT	T0	K10
OUT	T1	K20
LD	T0	
OUT	Y1	
END		

鐵捲門控制電路

一、功能要求

1. 按下 PB1 (X0)開關時，Y0 動作，使鐵捲門上升。
2. 經 T0 計時 3 秒後，Y0 停止動作。
3. 按下 PB2 (X1)開關時，Y1 動作，使鐵捲門下降。
4. 經 T1 計時 3 秒後，Y1 停止動作。
5. 註：爲保護鐵捲門之馬達，避免同時做正反轉，PB1 (X0)動作時、PB2 (X1)失效；PB2 (X1)動作時、PB1 (X0)失效。
6. 按下 PB3 (X2)開關時，一切復歸，停止動作。

二、使用指令

LD、OR、ANI、OUT、END

三、配線圖

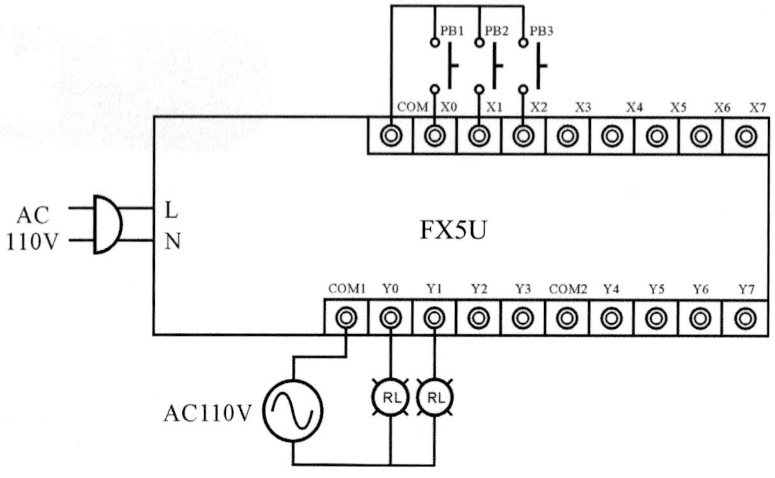

四、步進階梯圖

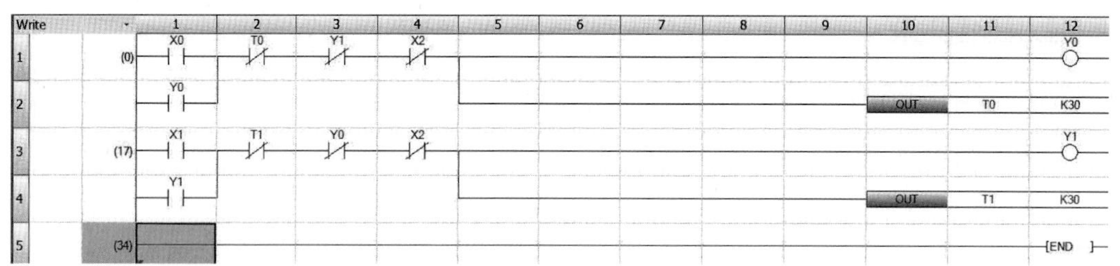

五、指令表

LD	X0	
OR	Y0	
ANI	T0	
ANI	Y1	
ANI	X2	
OUT	Y0	
OUT	T0	K30
LD	X1	
OR	Y1	
ANI	T1	
ANI	Y0	
ANI	X2	
OUT	Y1	
OUT	T1	K30
END		

実習十一

抽水馬達交替抽水控制電路

一、功能要求

1. 當第一次沒水時(X0 ON)，僅第一台抽水馬達(Y0)抽水，抽水 10 秒後，第一台馬達停止抽水，Y0 熄滅。
2. 當第二次沒水時(X0 ON)，僅第二台抽水馬達(Y1)抽水，抽水 10 秒後，第二台馬達停止抽水，Y1 熄滅。
3. 當第三次沒水時(X0 ON)，僅第三台抽水馬達(Y2)抽水，抽水 10 秒後，第三台馬達停止抽水，Y2 熄滅。
4. 以後當沒水時(X0 ON)，三台抽水馬達輪流交替抽水。

二、使用指令

LD、OUT、ANI、AND、RST、END

三、配線圖

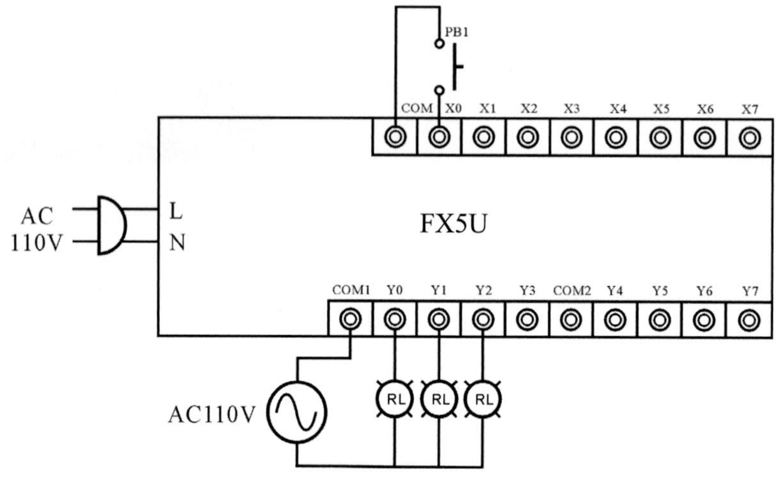

四、步進階梯圖

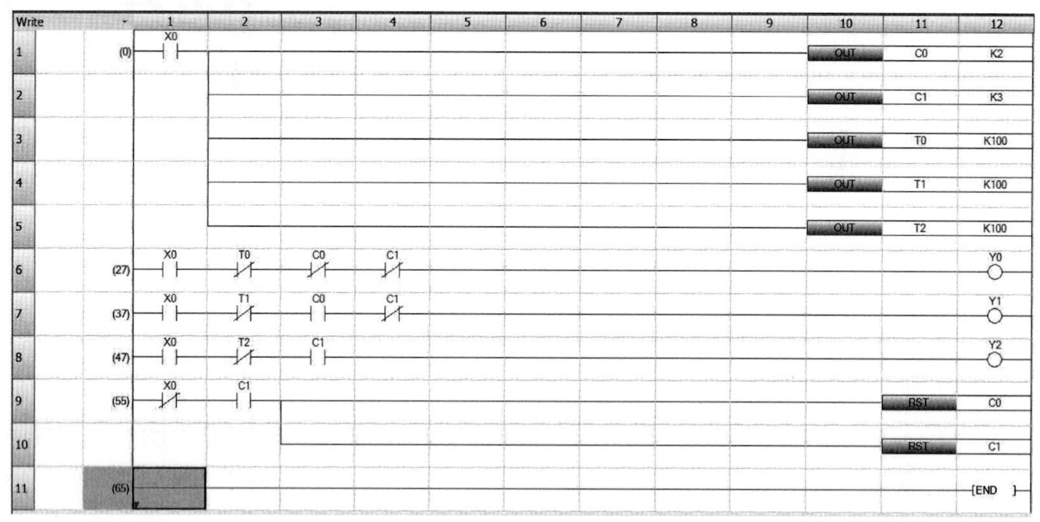

五、指令表

LD	X0	
OUT	C0	K2
OUT	C1	K3
OUT	T0	K100
OUT	T1	K100
OUT	T2	K100

```
LD    X0
ANI   T0
ANI   C0
ANI   C1
OUT   Y0
LD    X0
ANI   T1
AND   C0
ANI   C1
OUT   Y1
LD    X0
ANI   T2
AND   C1
OUT   Y2
LDI   X0
AND   C1
RST   C0
RST   C1
END
```

實習十二

小便斗沖水控制電路

一、功能要求

1. 當使用者靠近時(X0 ON)，T0、T1 開始計時，經 T0 計時 1 秒後 Y0 ON，開始沖水；經 T1 計時 2 後，Y0 OFF，停止沖水。
2. 當使用者離開後(X0 OFF)，Y0 ON 開始沖水，T2 開始計時 2 秒後，Y0 OFF，停止沖水。

二、使用指令

LD、MPS、MRD、MPP、AND、ANI、PLF、SET、RST、ORB、OUT、END

三、配線圖

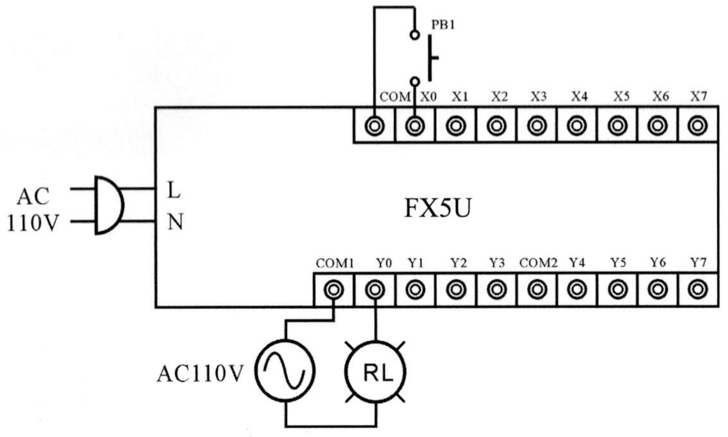
PB1
COM
X0
X1
X2
X3
X4
X5
X6
X7
AC
110V
L
N
FX5U
COM1
Y0
Y1
Y2
Y3
COM2
Y4
Y5
Y6
Y7
AC110V
RL

四、步進階梯圖

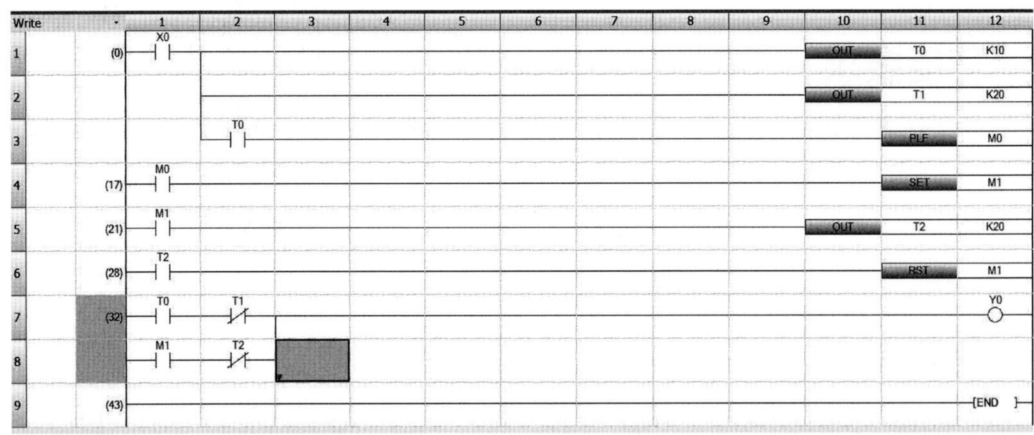
Write
(0)
X0
OUT
T0
K10
OUT
T1
K20
T0
PLF
M0
(17)
M0
SET
M1
(21)
M1
OUT
T2
K20
(28)
T2
RST
M1
(32)
T0
T1
Y0
M1
T2
(43)
END

五、指令表

```
LD     X0
MPS
OUT    T0     K10
MRD
OUT    T1     K20
MPP
AND    T0
PLF    M0
LD     M0
SET    M1
LD     M1
OUT    T2     K20
LD     T2
RST    M1
LD     T0
ANI    T1
LD     M1
ANI    T2
ORB
OUT    Y0
END
```

實習十三

聖誕樹跑馬燈電路

一、功能要求

1. 本程式採用單一順序流程設計。
2. 當按下 PB1 (X0)開關後，啓動 S0 流程，Y0 ON，T0 開始計時 2 秒。
3. 經 T0 計時 2 秒後，Y1 ON，T1 開始計時 2 秒。
4. 經 T1 計時 2 秒後，Y2 ON，T2 開始計時 3 秒。
5. 經 T2 計時 3 秒後，Y3 ON，T3 開始計時 3 秒。
6. 經 T3 計時 3 秒後，Y0 ON。
7. 重複動作。

二、使用指令

LD、SET、STL、OUT、END

三、配線圖

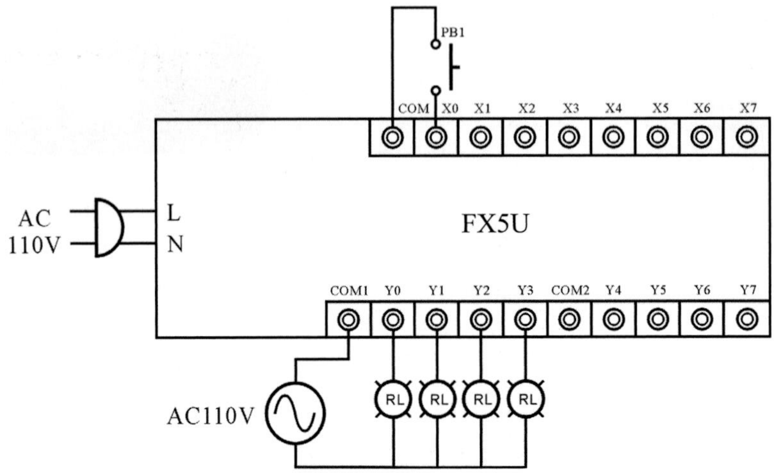

四、狀態流程圖(SFC)

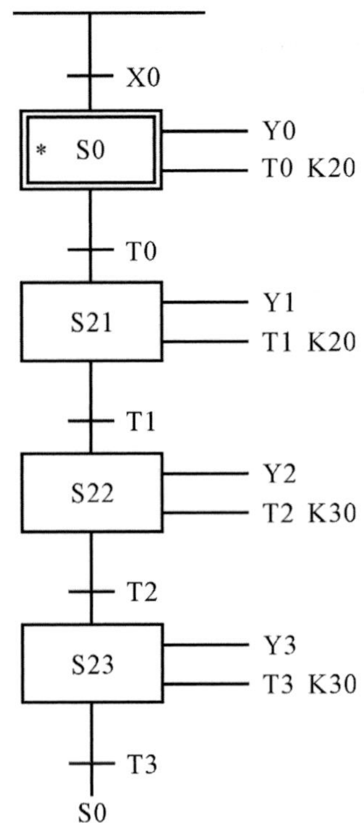

五、步進階梯圖

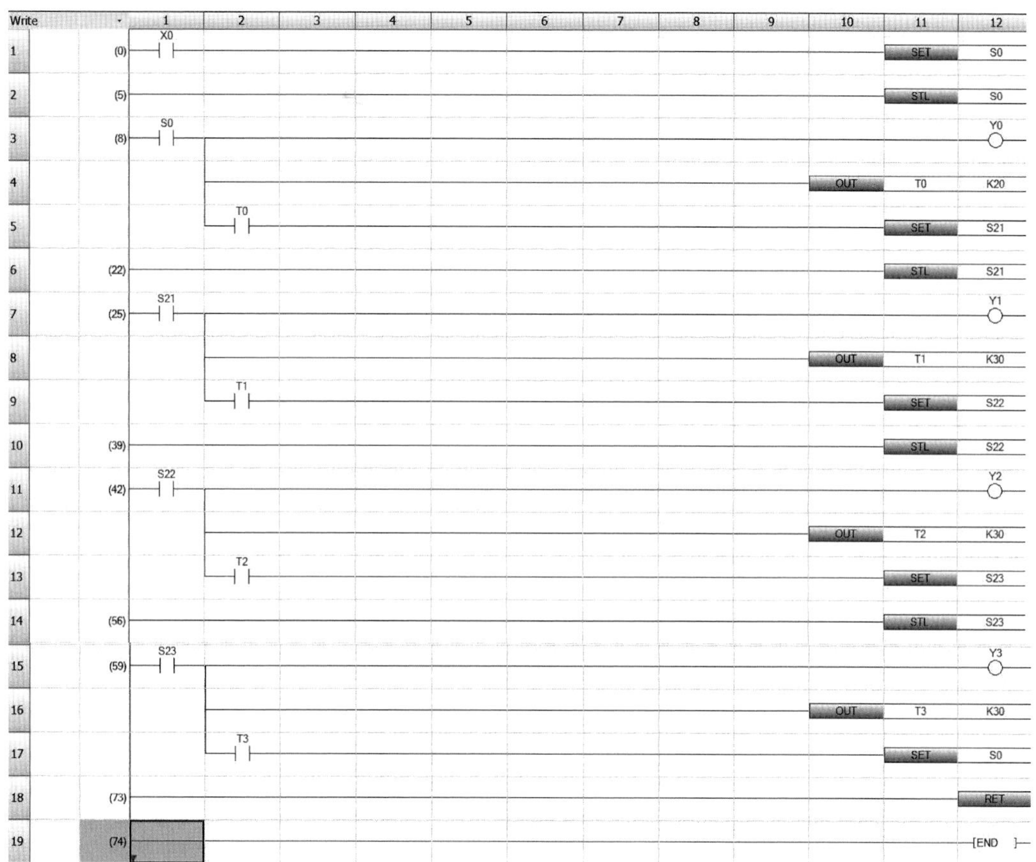
Write
1 2 3 4 5 6 7 8 9 10 11 12
(0) X0 SET S0
(5) STL S0
(8) S0 Y0
OUT T0 K20
T0 SET S21
(22) STL S21
(25) S21 Y1
OUT T1 K30
T1 SET S22
(39) STL S22
(42) S22 Y2
OUT T2 K30
T2 SET S23
(56) STL S23
(59) S23 Y3
OUT T3 K30
T3 SET S0
(73) RET
(74) END

六、指令表

```
LD    X0
SET   S0
STL   S0
OUT   Y0
OUT   T0    K20
LD    T0
SET   S21
STL   S21
OUT   Y1
OUT   T1    K20
LD    T1
SET   S22
STL   S22
OUT   Y2
OUT   T2    K30
LD    T2
SET   S23
STL   S23
OUT   Y3
OUT   T3    K30
LD    T3
SET   S0
RET
END
```

實習十四

地下停車場之出口顯示燈電路

一、功能要求

1. 本程式採用單一順序流程設計。
2. 按下 PB1(X0)開關，啓動 S0 流程，綠燈(Y0)亮。
3. 當有車子要從地下室出去時，會先經過感測器(X1)，啓動 S20 流程，T0 開始計時，使綠燈(Y0)閃爍 3 秒後熄滅。
4. 經 T0 計時 3 秒後，啓動 S21 流程，黃燈(Y1)亮，T1 開始計時 2 秒後，黃燈(Y1)熄滅，啓動 S22 動作，紅燈(Y2)亮。
5. 車子來到出口時，經過感測器(X2)時，會讓 T2 開始計時。經 T2 計時 5 秒後，紅燈(Y2)熄滅。

二、使用指令

LD、SET、STL、LDI、OUT、ANI、OR、RST、RET、END
M8013：1 秒時鐘脈波電驛編號

三、配線圖

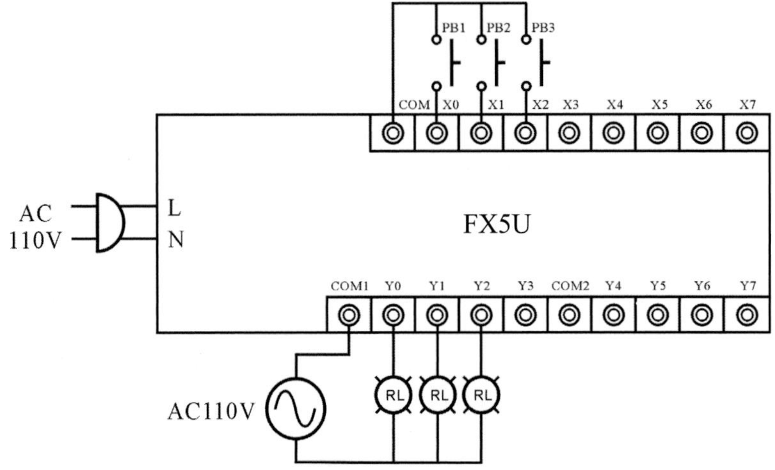

四、狀態流程圖(SFC)

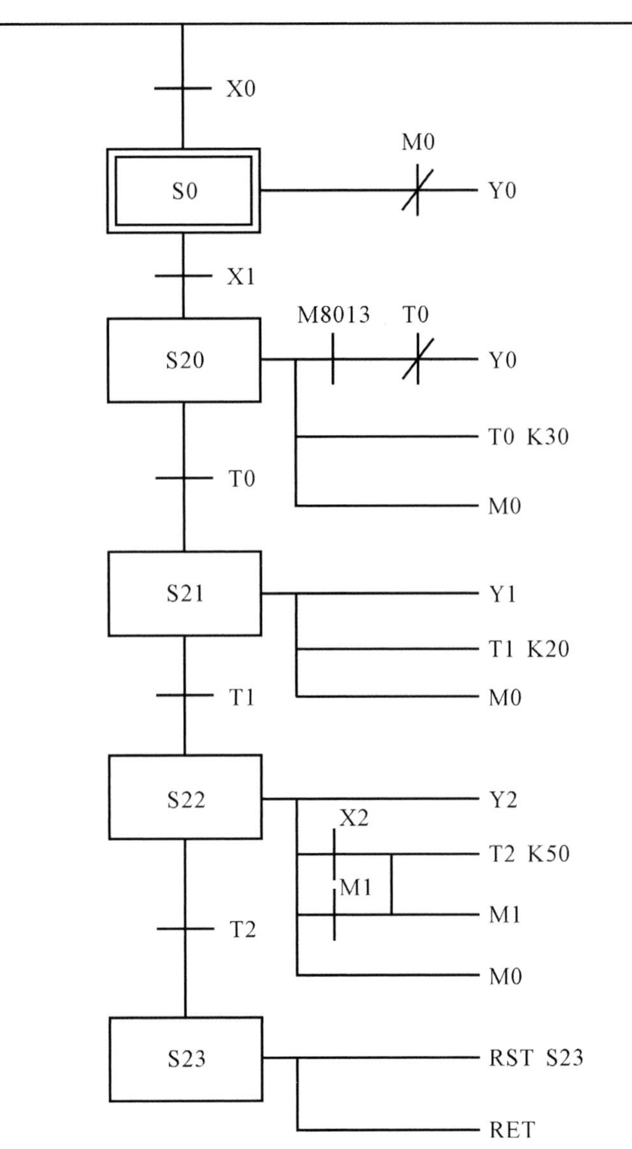
X0
M0
S0
Y0
X1
M8013
T0
S20
Y0
T0 K30
T0
M0
S21
Y1
T1 K20
T1
M0
S22
Y2
X2
T2 K50
M1
M1
T2
M0
S23
RST S23
RET

五、步進階梯圖

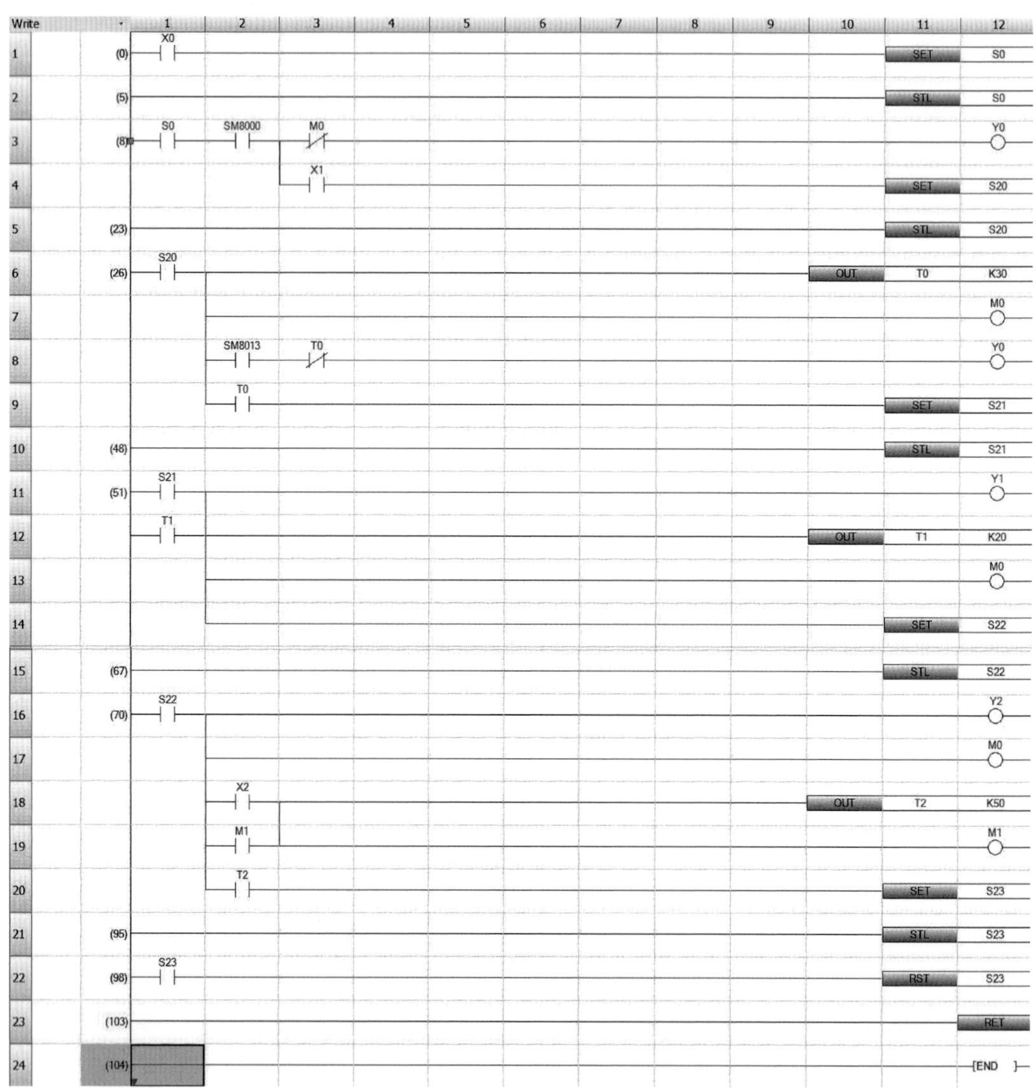
Write
1
2
3
4
5
6
7
8
9
10
11
12
(0)
X0
SET
S0
(5)
STL
S0
(8)
S0
SM8000
M0
Y0
X1
SET
S20
(23)
STL
S20
(26)
S20
OUT
T0
K30
M0
SM8013
T0
Y0
T0
SET
S21
(48)
STL
S21
(51)
S21
Y1
T1
OUT
T1
K20
M0
SET
S22
(67)
STL
S22
(70)
S22
Y2
M0
X2
OUT
T2
K50
M1
M1
T2
SET
S23
(95)
STL
S23
(98)
S23
RST
S23
(103)
RET
(104)
END

六、指令表

```
LD    X0
SET   S0
STL   S0
LD    M8000
MPS
ANI   M0
OUT   Y0
MPP
AND   X1
SET   S20
STL   S20
OUT   M0
OUT   T0     K30
LD    M8013
ANI   T0
OUT   Y0
LD    T0
SET   S21
STL   S21
OUT   Y1
OUT   M0
OUT   T1     K20
LD    T1
SET   S22
STL   S22
OUT   Y2
OUT   M0
LD    X2
OR    M1
OUT   T2     K50
OUT   M1
LD    T2
SET   S23
```

```
STL     S23
RST     S23
RET
END
```

平交道號誌控制電路

一、功能要求

1. 本程式採用並進分歧、合流流程設計。
2. 按下 PB1 (X0)開關後，啓動 S21、S22、S23 流程。
3. 啓動 S21 流程後，黃燈(Y1)和紅燈(Y2)開始交互閃爍。
4. 啓動 S22 流程後，警告鈴聲(Y0)開始動作，T1 開始計時 5 秒。
5. 啓動 S23 流程後，T2 計時 2 秒後，柵欄開始下降(Y3 ON)，T3 開始計時 3 秒。
6. 流程 S25 被啓動後，柵欄(Y4)上升，T4 開始計時 2 秒後，全部復歸。

二、使用指令

LD、ANI、SET、STL、OUT、LDI、RST、RET、END

三、配線圖

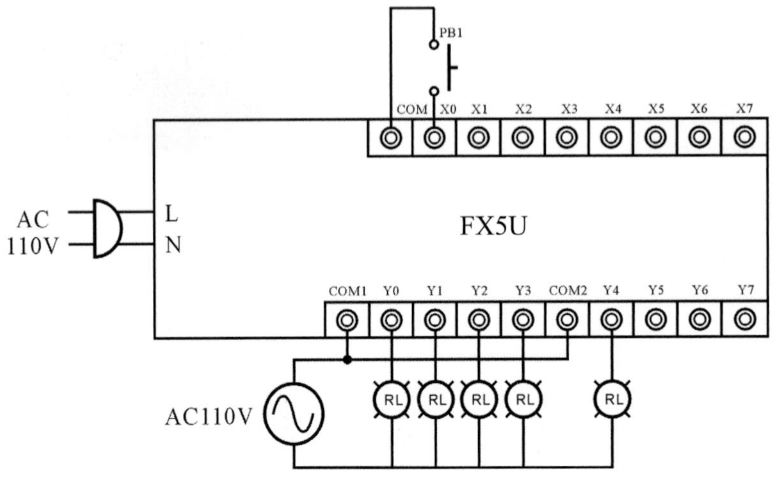

四、狀態流程圖(SFC)

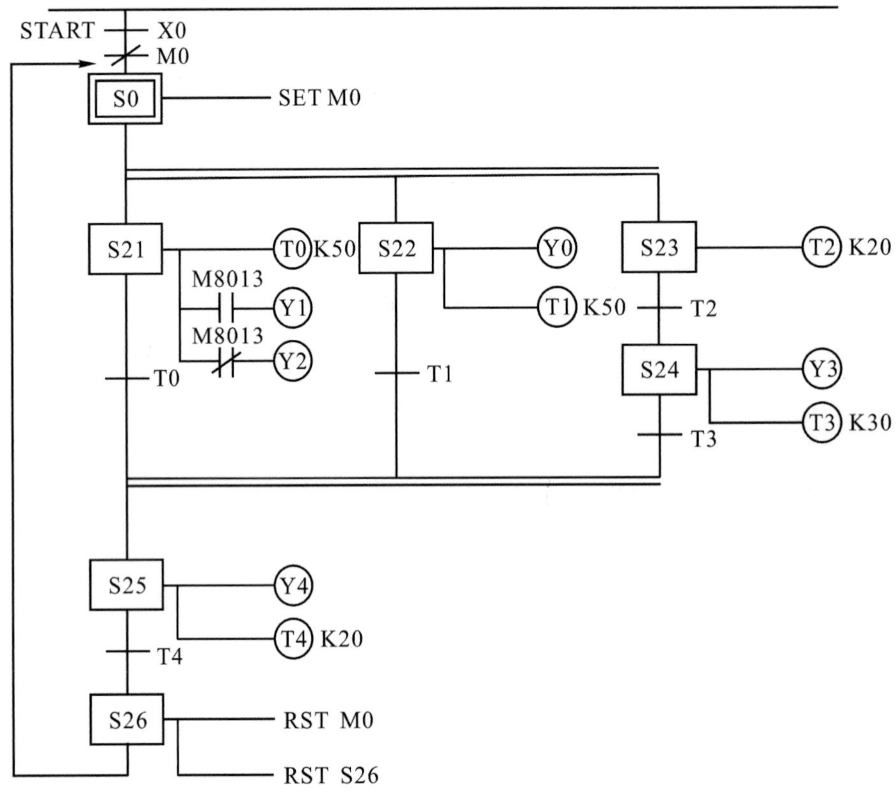

五、步進階梯圖

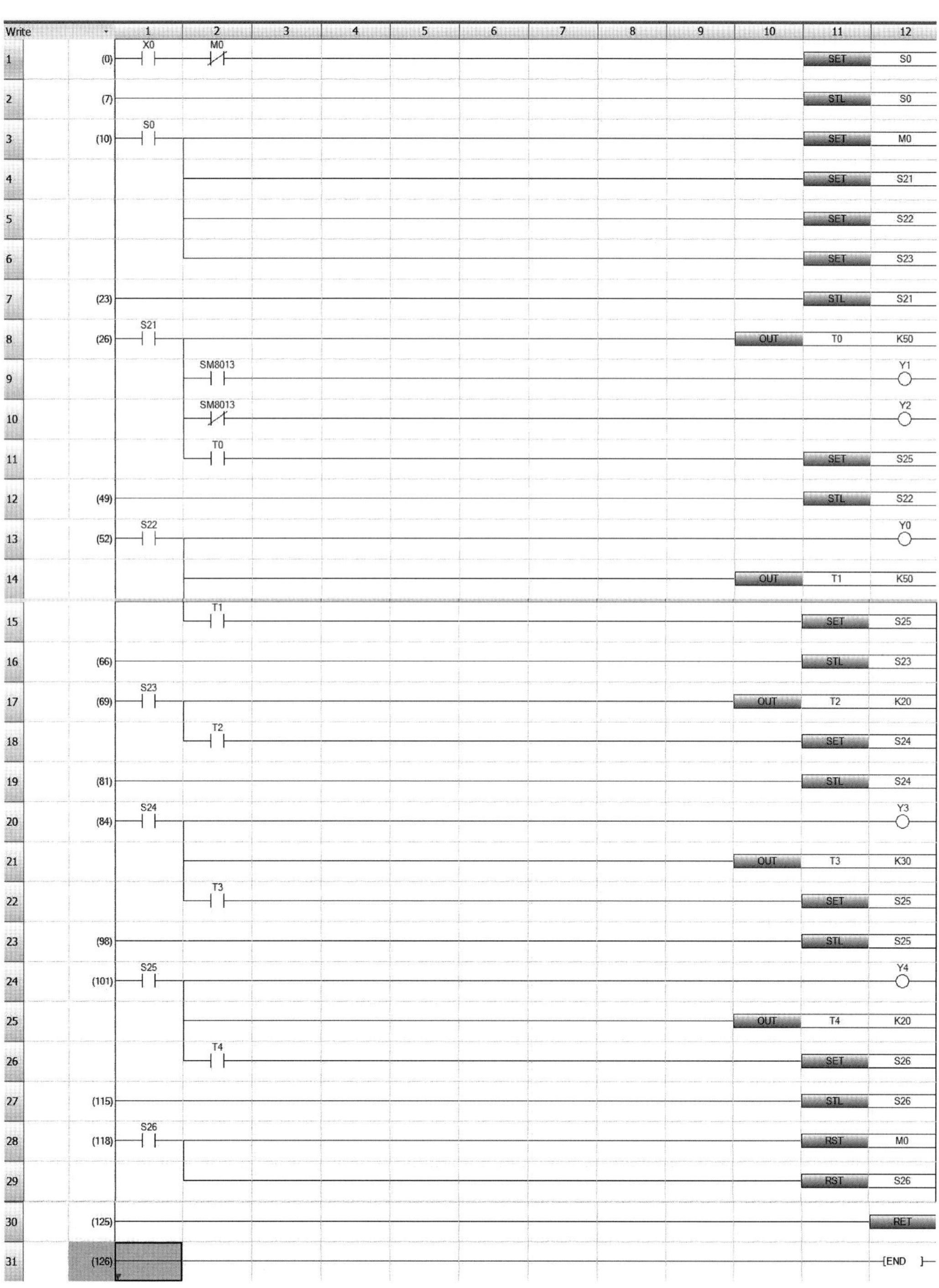
Write
1 2 3 4 5 6 7 8 9 10 11 12
1 (0) X0 M0 SET S0
2 (7) STL S0
3 (10) S0 SET M0
4 SET S21
5 SET S22
6 SET S23
7 (23) STL S21
8 (26) S21 OUT T0 K50
9 SM8013 Y1
10 SM8013 Y2
11 T0 SET S25
12 (49) STL S22
13 (52) S22 Y0
14 OUT T1 K50
15 T1 SET S25
16 (66) STL S23
17 (69) S23 OUT T2 K20
18 T2 SET S24
19 (81) STL S24
20 (84) S24 Y3
21 OUT T3 K30
22 T3 SET S25
23 (98) STL S25
24 (101) S25 Y4
25 OUT T4 K20
26 T4 SET S26
27 (115) STL S26
28 (118) S26 RST M0
29 RST S26
30 (125) RET
31 (126) END

六、指令表

```
LD    X0
ANI   M0
SET   S0
STL   S0
SET   M0
SET   S21
SET   S22
SET   S23
STL   S21
OUT   T0     K50
LD    M8013
OUT   Y1
LDI   M8013
OUT   Y2
LD    T0
SET   S25
STL   S22
OUT   Y0
OUT   T1     K50
LD    T1
SET   S25
STL   S23
OUT   T2     K20
LD    T2
SET   S24
STL   S24
OUT   Y3
OUT   T3     K30
LD    T3
SET   S25
STL   S25
OUT   Y4
OUT   T4     K20
LD    T4
SET   S26
STL   S26
RST   M0
RST   S26
RET
END
```

感應式自動門電路

一、功能要求

1. 本程式採用並進分歧、合流流程設計。
2. PLC 撥至 RUN 時動作開始。
3. 當 X1 開關感應到有人靠近時，Y0 亮(可設計為發出「歡迎光臨」的聲音)，同時自動門打開(Y1 亮)，T1 開始計時 5 秒後，Y2 ON，使自動門關閉。
4. 以後只要有人靠近 X1 開關時，動作便會重複。

二、使用指令

LD、ANI、ZRST、SET、STL、OUT、RST、RET、END
M8002：第一次掃描動作電驛編號

三、配線圖

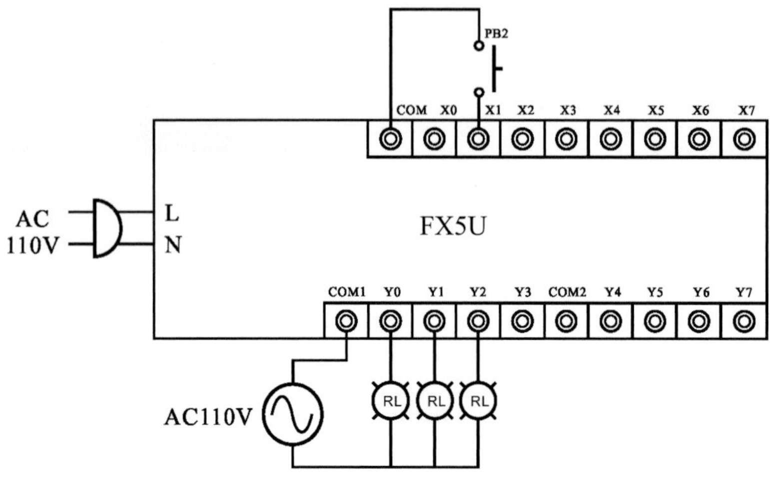

四、狀態流程圖(SFC)

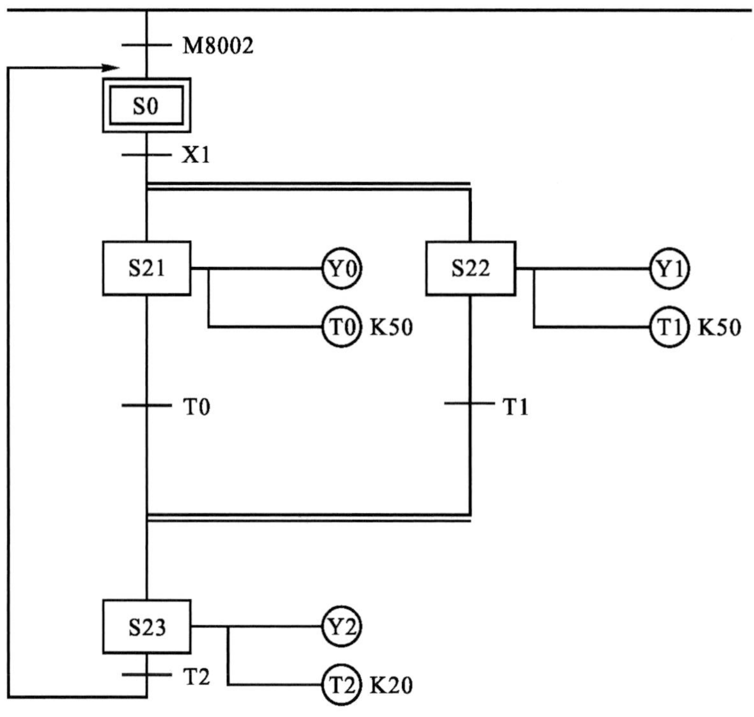

五、步進階梯圖

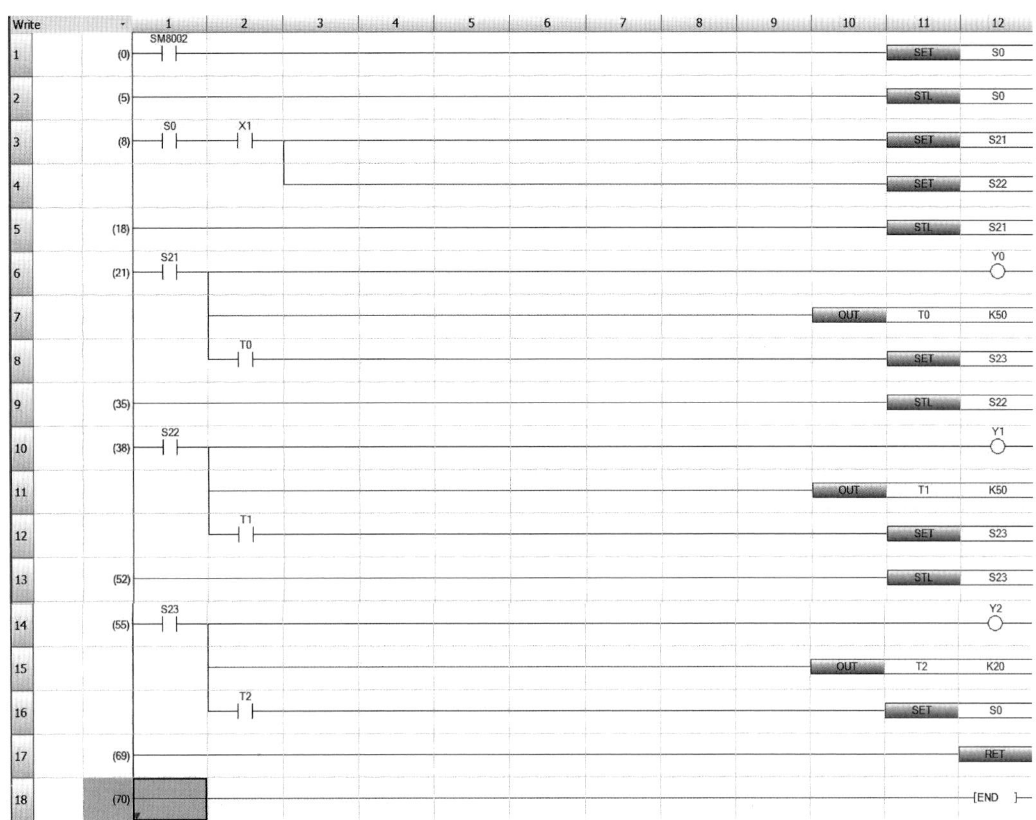
Write
1
2
3
4
5
6
7
8
9
10
11
12
SM8002
(0)
SET
S0
(5)
STL
S0
S0
X1
(8)
SET
S21
SET
S22
(18)
STL
S21
S21
(21)
Y0
OUT
T0
K50
T0
SET
S23
(35)
STL
S22
S22
(38)
Y1
OUT
T1
K50
T1
SET
S23
(52)
STL
S23
S23
(55)
Y2
OUT
T2
K20
T2
SET
S0
(69)
RET
(70)
END

六、指令表

```
LD      M8002
SET     S0
STL     S0
LD      X1
SET     S21
SET     S22
STL     S21
OUT     Y0
OUT     T0      K50
LD      T0
SET     S23
STL     S22
OUT     Y1
OUT     T1      K50
LD      T1
SET     S23
STL     S23
OUT     Y2
OUT     T2      K20
LD      T2
SET     S0
RET
END
```

紅綠燈電路

一、功能要求

1. 本程式採用選擇分歧流程設計。
2. 當按下 PB2 (X5)按鈕後，程式開始動作，南北向綠燈(Y3)亮，東西向紅燈(Y2)亮，Y3 經過 8 秒後開始閃爍，Y3 閃爍 3 秒後 Y3 熄滅，換由黃燈(Y4)亮，黃燈亮 3 秒後黃燈(Y4)熄滅，換由南北向紅燈(Y5)亮。
3. 另外，東西向紅燈(Y2)亮 14 秒後，紅燈(Y2)熄滅，換由東西向綠燈(Y0)亮，Y0 經過 8 秒後開始閃爍，Y0 閃爍 3 秒後 Y0 熄滅，換由黃燈(Y1)亮，黃燈亮 3 秒後黃燈(Y1)熄滅，換由東西向紅燈(Y2)亮，持續循環。
4. 當按下 PB1(X4)按鈕後，則南北向黃燈(Y4)和東西向黃燈(Y1)持續閃爍。

二、使用指令

LD、SET、STL、ANI、RST、ZRST、RET、OUT、END
ZRST：FNC 40 全部清除

三、配線圖

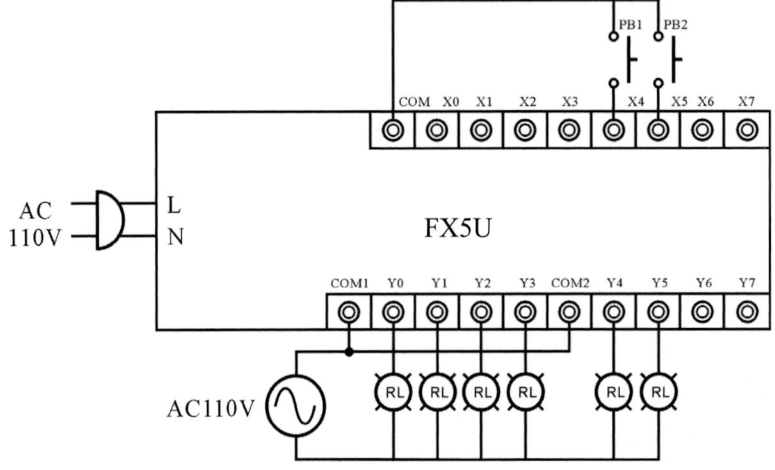

四、狀態流程圖(SFC)

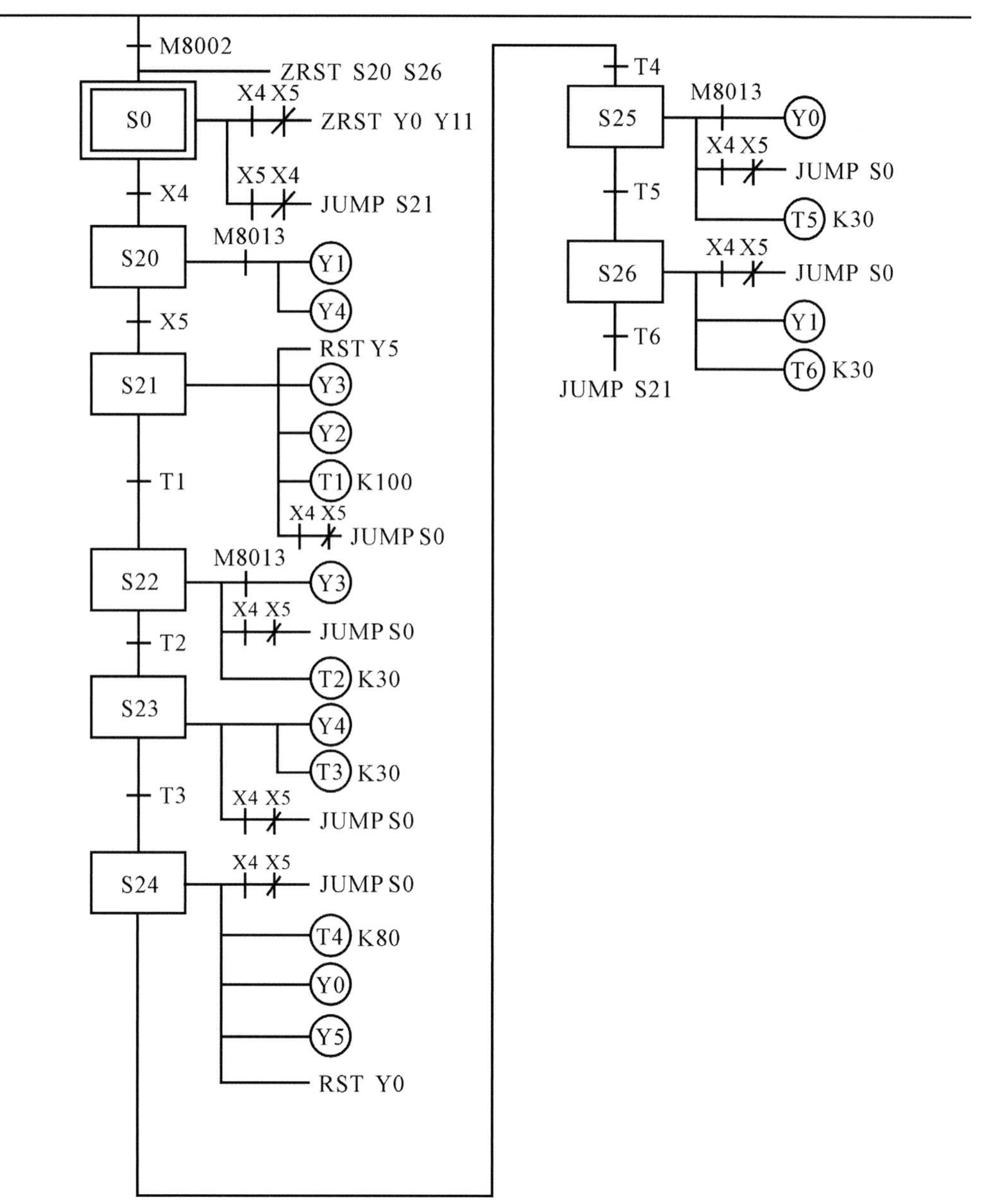
M8002
ZRST S20 S26
S0
X4 X5
ZRST Y0 Y11
X5 X4
JUMP S21
X4
S20
M8013
Y1
Y4
X5
S21
RST Y5
Y3
Y2
T1 K100
X4 X5
JUMP S0
T1
S22
M8013
Y3
X4 X5
JUMP S0
T2 K30
T2
S23
Y4
T3 K30
X4 X5
JUMP S0
T3
S24
X4 X5
JUMP S0
T4 K80
Y0
Y5
RST Y0
T4
S25
M8013
Y0
X4 X5
JUMP S0
T5 K30
T5
S26
X4 X5
JUMP S0
Y1
T6 K30
T6
JUMP S21

五、步進階梯圖

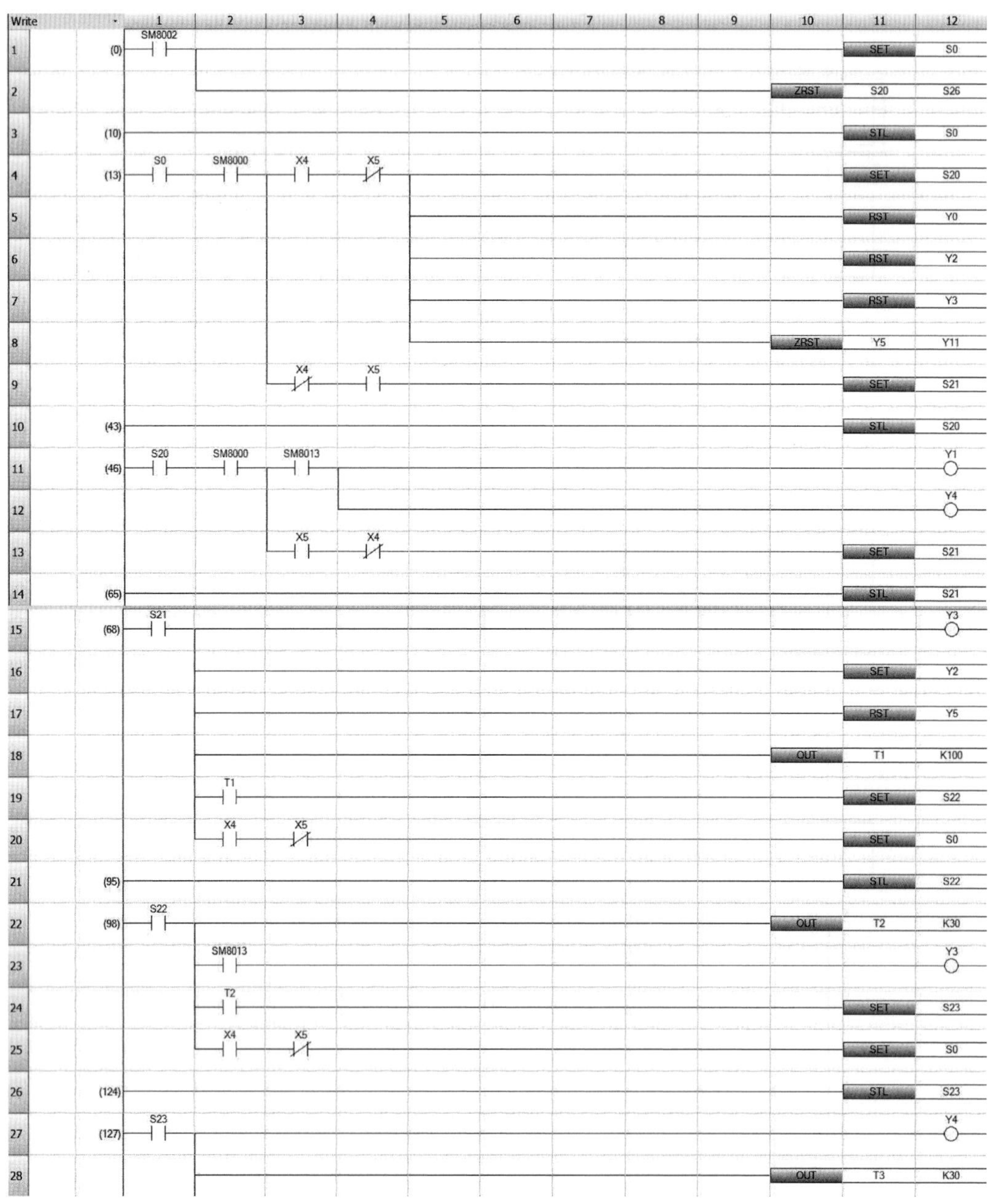

Write
SM8002
SET S0
ZRST S20 S26
STL S0
S0 SM8000 X4 X5
SET S20
RST Y0
RST Y2
RST Y3
ZRST Y5 Y11
X4 X5
SET S21
STL S20
S20 SM8000 SM8013
Y1
Y4
X5 X4
SET S21
STL S21
S21
Y3
SET Y2
RST Y5
OUT T1 K100
T1
SET S22
X4 X5
SET S0
STL S22
S22
OUT T2 K30
SM8013
Y3
T2
SET S23
X4 X5
SET S0
STL S23
S23
Y4
OUT T3 K30

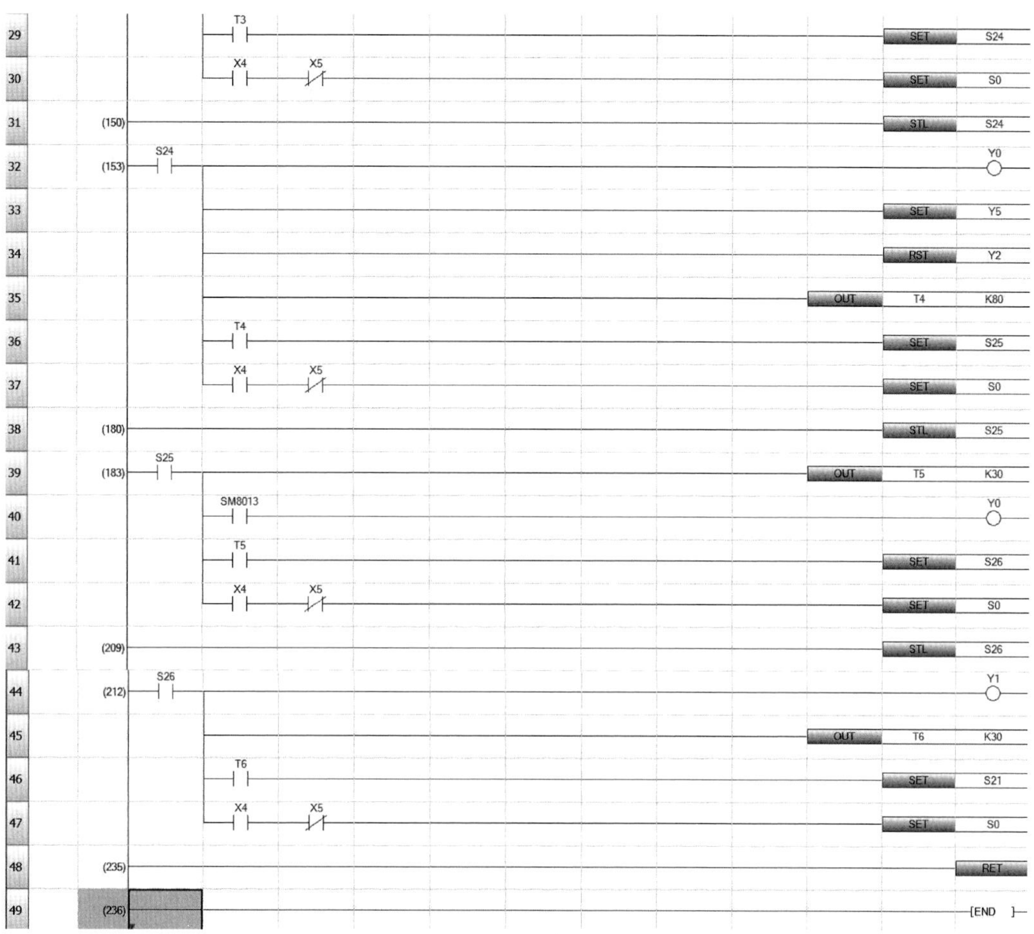
29
T3
SET S24
30
X4 X5
SET S0
31 (150)
STL S24
32 (153)
S24
Y0
33
SET Y5
34
RST Y2
35
OUT T4 K80
36
T4
SET S25
37
X4 X5
SET S0
38 (180)
STL S25
39 (183)
S25
OUT T5 K30
40
SM8013
Y0
41
T5
SET S26
42
X4 X5
SET S0
43 (209)
STL S26
44 (212)
S26
Y1
45
OUT T6 K30
46
T6
SET S21
47
X4 X5
SET S0
48 (235)
RET
49 (236)
END

六、指令表

```
LD      M8002
SET     S0
ZRST    S20     S26
STL     S0
LD      M8000
MPS
AND     X4
ANI     X5
SET     S20
RST     Y0
RST     Y2
RST     Y3
ZRST    Y5      Y11
MPP
LD      X5
ANI     X4
SET     S21
STL     S20
LD      M8000
MPS
AND     M8013
OUT     Y1
OUT     Y4
MPP
AND     X5
ANI     X4
SET     S21
STL     S21
OUT     Y3
SET     Y2
RST     Y5
OUT     T1      K100
LD      T1
SET     S22
LD      X4
ANI     X5
SET     S0
STL     S22
OUT     T2      K30
LD      M8013
OUT     Y3
LD      T2
SET     S23
LD      X4
ANI     X5
SET     S0
STL     S23
OUT     Y4
OUT     T3      K30
LD      T3
SET     S24
LD      X4
ANI     X5
SET     S0
STL     S24
OUT     Y0
SET     Y5
RST     Y2
OUT     T4      K80
LD      T4
SET     S25
LD      X4
ANI     X5
SET     S0
STL     S25
OUT     T5      K30
LD      M8013
OUT     Y0
LD      T5
SET     S26
LD      X4
ANI     X5
SET     S0
STL     S26
OUT     Y1
OUT     T6      K30
LD      T6
SET     S21
LD      X4
ANI     X5
SET     S0
RET
END
```

燈炮閃爍電路

一、功能要求

1. 本程式採用狀態跳躍流程設計。
2. 當開關切到 RUN 位置時，Y0 閃爍 3 秒，之後換 Y1 閃爍 3 秒，之後再換 Y3 閃爍 3 秒，然後重複動作。
3. 當按下 PB1 (X0)開關時，直接跳躍到 S21，執行 Y3 閃爍 3 秒。如果 PB1 (X0)未切斷時，則電路會一直執行相同動作。

二、使用指令

LD、SET、STL、OUT、RET、END

三、配線圖

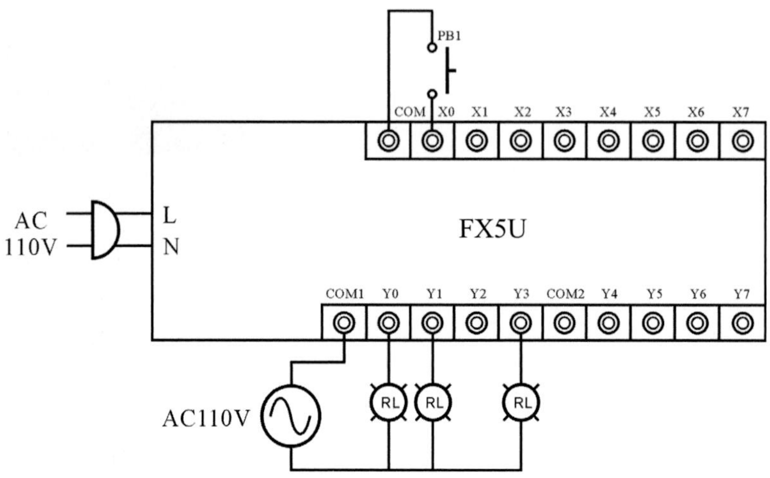

四、狀態流程圖(SFC)

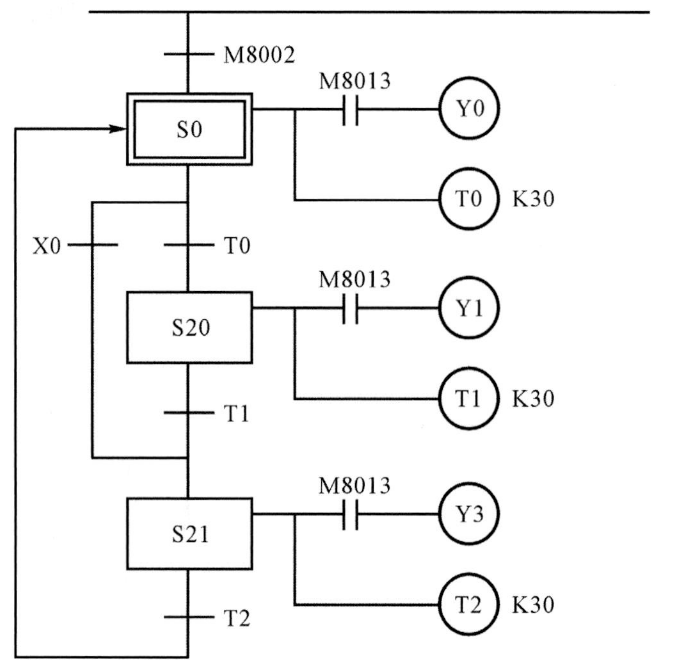

五、步進階梯圖

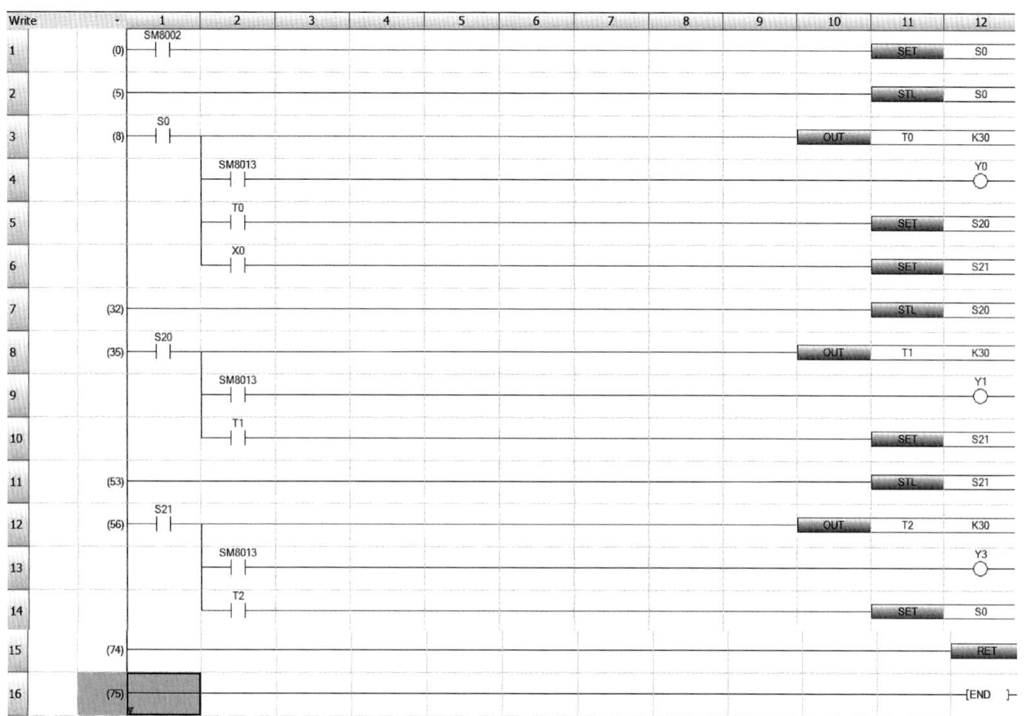
Write
SM8002
SET S0
STL S0
S0
OUT T0 K30
SM8013
Y0
T0
SET S20
X0
SET S21
STL S20
S20
OUT T1 K30
SM8013
Y1
T1
SET S21
STL S21
S21
OUT T2 K30
SM8013
Y3
T2
SET S0
RET
END

六、指令表

```
LD    M8002
SET   S0
STL   S0
OUT   T0     K30
LD    M8013
OUT   Y0
LD    X0
SET   S21
LD    T0
SET   S20
STL   S20
OUT   T1     K30
LD    M8013
OUT   Y1
LD    T1
SET   S21
STL   S21
OUT   T2     K30
LD    M8013
OUT   Y3
LD    T2
SET   S0
RET
END
```

實習十九

隧道式自動洗車系統電路

一、功能要求

1. 本程式採用狀態跳躍流程設計。
2. 當按下啓動開關(X1)時，系統開始啓動，傳輸帶驅動馬達(Y0)前進，傳輸帶前進時，可選擇全自動(X3)或是只烘乾(X2)。
3. 若選擇 X3，車子行進到感測器 X4 時(泡沫定點感測開關裝置)，傳輸帶停止，這時啓動泡沫噴灑機(Y1)，經過泡沫噴灑 5 秒後，傳輸帶繼續前進。當車子行進到感測器 X5 時(洗淨定點感測開關裝置)，傳輸帶停止，執行強力噴水機(Y2)噴水洗淨，經過 15 秒後，傳輸帶繼續前進。當車子行進到感測器 X6 時(烘乾定點感測開關裝置)，傳輸帶停止，開始進行烘乾(Y3 ON)，經過 20 秒後，完成洗車流程。當按下停止鈕 X7 時，可以停止動作。
4. 若選擇只烘乾 X2，這時傳輸帶會將車子傳送到烘乾點 X6，碰到感測器 X6 (烘乾定點感測開關裝置)時，傳輸帶停止，開始烘乾 20 秒。當烘乾完成時，可按下停止鈕 X7，停止動作。
5. 洗車途中遇到緊急事件時，可按下緊急開關(X0)，所有設備停止動作。

二、使用指令

LD、ZRST、RST、ANI、SET、STL、T0、T1、MPS、MPP、OUT、AND、RET、END

三、配線圖

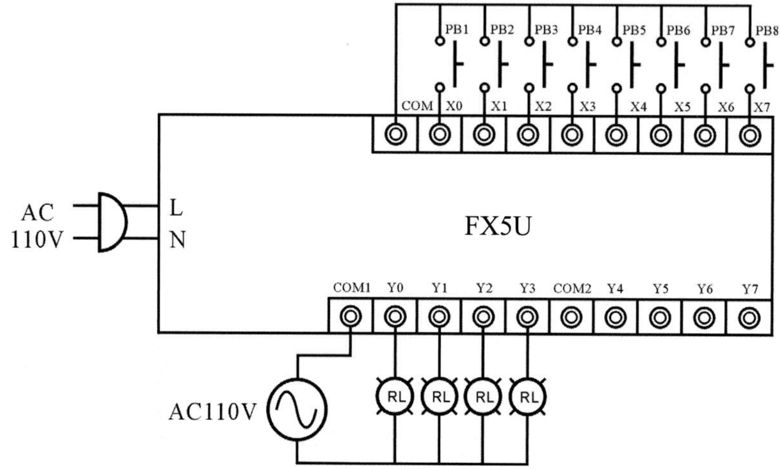

四、狀態流程圖(SFC)

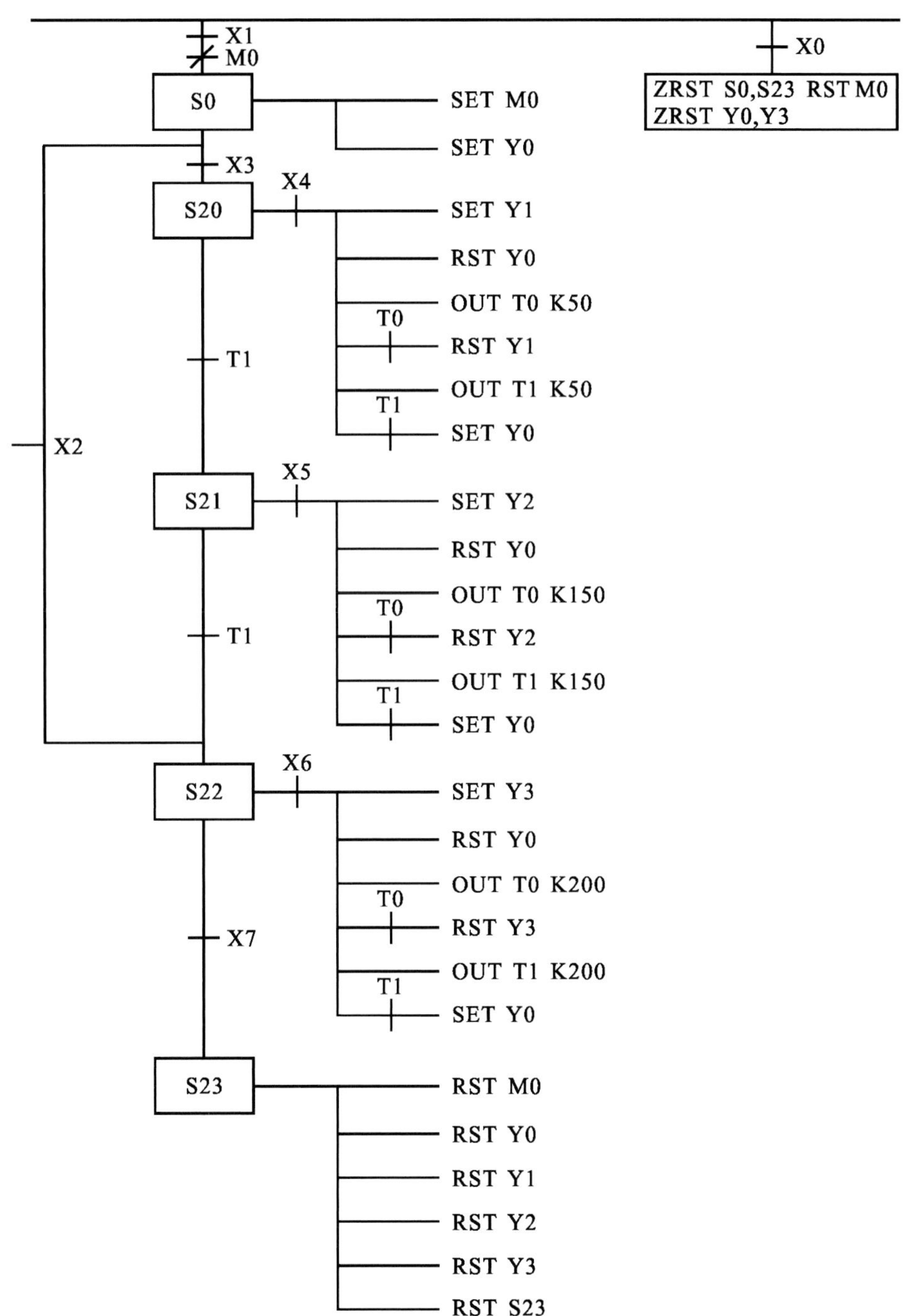
X1
M0
X0
S0
SET M0
SET Y0
ZRST S0,S23 RST M0
ZRST Y0,Y3
X3
X4
S20
SET Y1
RST Y0
OUT T0 K50
T0
RST Y1
T1
OUT T1 K50
T1
SET Y0
X2
X5
S21
SET Y2
RST Y0
OUT T0 K150
T0
RST Y2
T1
OUT T1 K150
T1
SET Y0
X6
S22
SET Y3
RST Y0
OUT T0 K200
T0
RST Y3
X7
OUT T1 K200
T1
SET Y0
S23
RST M0
RST Y0
RST Y1
RST Y2
RST Y3
RST S23

五、步進階梯圖

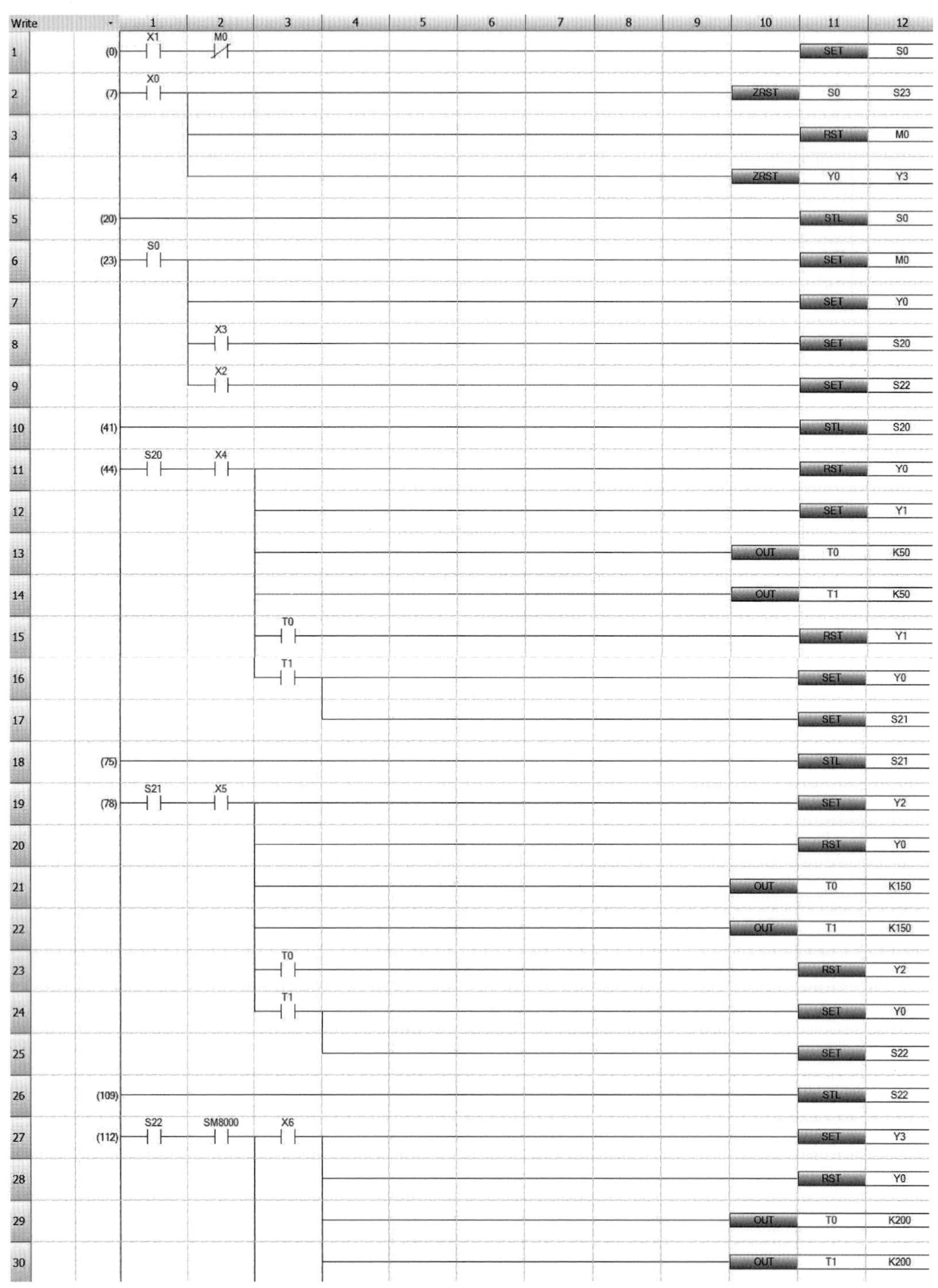

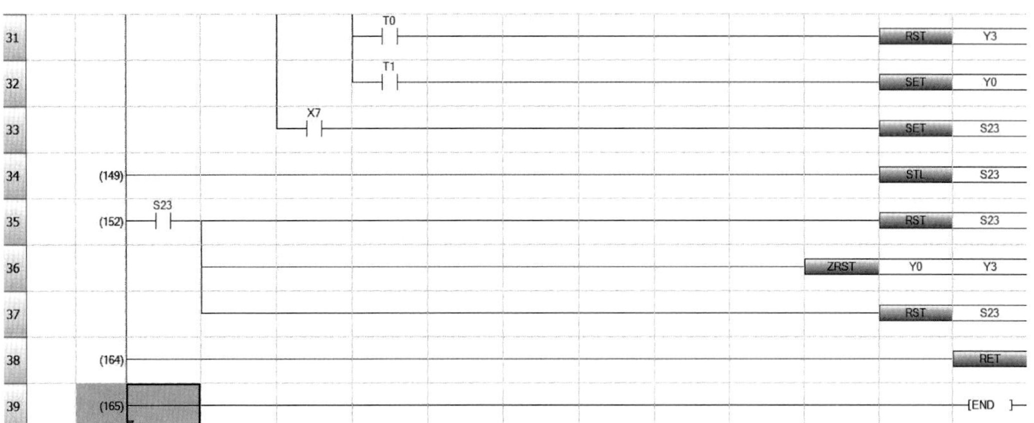
31
T0
RST
Y3
32
T1
SET
Y0
33
X7
SET
S23
34
(149)
STL
S23
35
(152)
S23
RST
S23
36
ZRST
Y0
Y3
37
RST
S23
38
(164)
RET
39
(165)
END

六、指令表

```
LD     X1
ANI    M0
SET    S0
LD     X0
ZRST   S0     S23
ZRST   Y0     Y3
RST    M0
STL    S0
SET    M0
SET    Y0
LD     X3
SET    S20
LD     X2
SET    S22
STL    S20
LD     X4
SET    Y1
RST    Y0
OUT    T0     K50
OUT    T1     K50
MPS
AND    T0
RST    Y1
MPP
AND    T1
SET    Y0
SET    S21
STL    S21
LD     X5
SET    Y2
RST    Y0
OUT    T0     K150
OUT    T1     K150
MPS
AND    T0
RST    Y2
MPP
AND    T1
SET    Y0
SET    S22
STL    S22
LD     M8000
MPS
AND    X6
SET    Y3
RST    Y0
OUT    T0     K200
OUT    T1     K200
MPS
AND    T0
RST    Y3
MPP
AND    T1
SET    Y0
MPP
AND    X7
SET    S23
STL    S23
RST    M0
ZRST   Y0     Y3
RST    S23
RET
END
```

自動販賣機電路

一、功能要求

1. 本程式採用選擇分歧流程設計。
2. 當投入十元硬幣時 LS1 (X0)動作，啓動狀態點(S20)讓咖啡指示燈(Y3)亮及汽水指示燈(Y4)亮。
3. 當按下汽水選擇按鈕(X2)時，則汽水出口(Y2)送出汽水，經 5 秒後自動停止。當按下汽水選擇按鈕之同時，汽水指示燈(Y4)會閃爍。
4. 當按下咖啡選擇按鈕(X1)時，則咖啡出口(Y1)送出咖啡，經 5 秒後自動停止。當按下咖啡選擇按鈕之同時，咖啡指示燈(Y3)會閃爍。

二、使用指令

LD、LDI、SET、STL、OUT、AND、ANI、MPS、MPP

三、配線圖

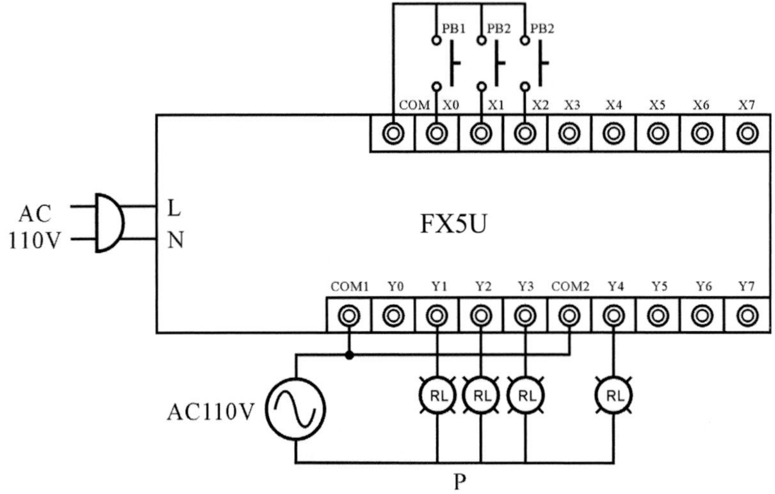

四、狀態流程圖(SFC)

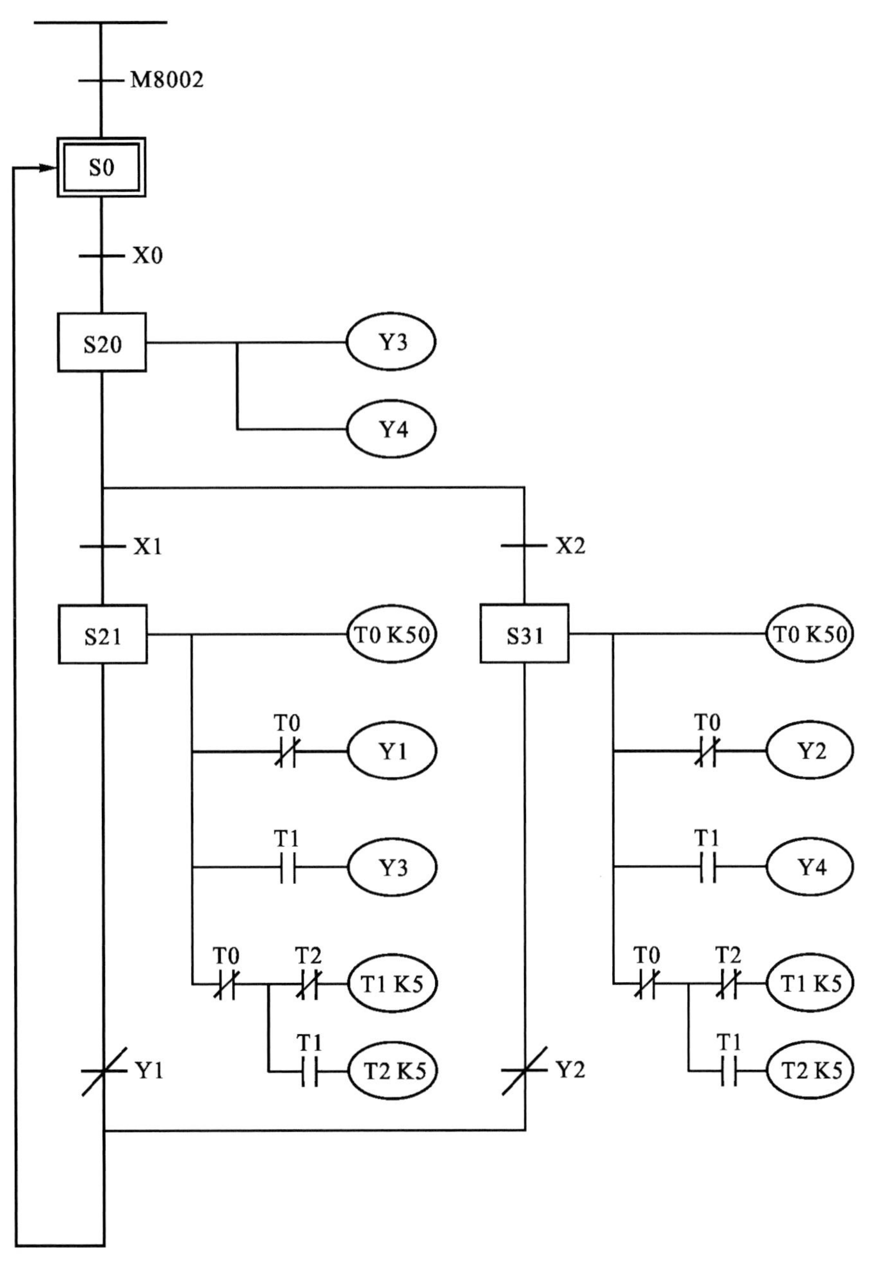
M8002
S0
X0
S20
Y3
Y4
X1
X2
S21
T0 K50
T0
Y1
T1
Y3
T0
T2
T1 K5
T1
T2 K5
Y1
S31
T0 K50
T0
Y2
T1
Y4
T0
T2
T1 K5
T1
T2 K5
Y2

五、步進階梯圖

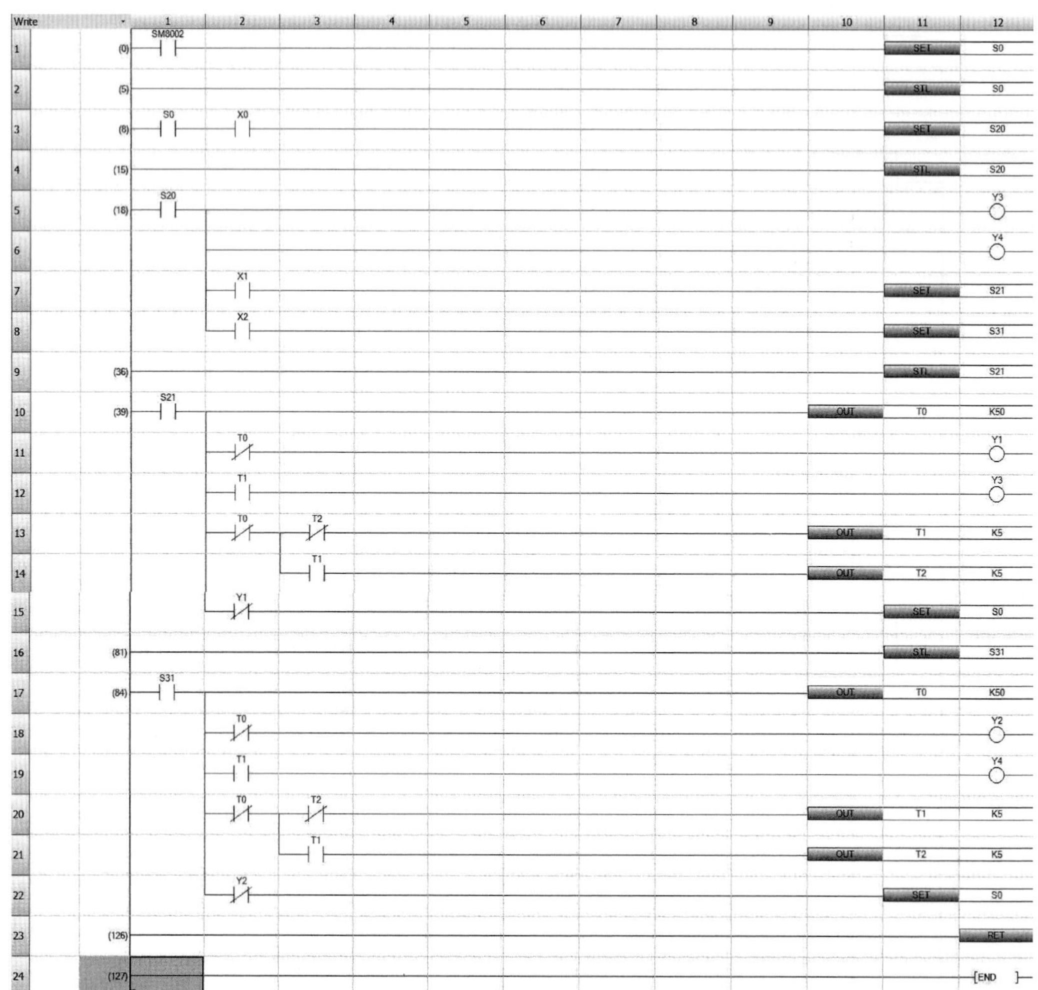
Write
1 2 3 4 5 6 7 8 9 10 11 12
1 (0) SM8002 SET S0
2 (5) STL S0
3 (8) S0 X0 SET S20
4 (15) STL S20
5 (18) S20 Y3
6 Y4
7 X1 SET S21
8 X2 SET S31
9 (36) STL S21
10 (39) S21 OUT T0 K50
11 T0 Y1
12 T1 Y3
13 T0 T2 OUT T1 K5
14 T1 OUT T2 K5
15 Y1 SET S0
16 (81) STL S31
17 (84) S31 OUT T0 K50
18 T0 Y2
19 T1 Y4
20 T0 T2 OUT T1 K5
21 T1 OUT T2 K5
22 Y2 SET S0
23 (126) RET
24 (127) END

六、指令表

```
LD    M8002
SET   S0
STL   S0
LD    X0
SET   S20
STL   S20
OUT   Y3
OUT   Y4
LD    X1
SET   S21
LD    X2
SET   S31
STL   S21
OUT   T0    K50
LDI   T0
OUT   Y1
LD    T1
OUT   Y3
LDI   T0
MPS
ANI   T2
OUT   T1    K5
MPP
AND   T1
OUT   T2    K5
LDI   Y1
SET   S0
STL   S31
OUT   T0    K50
LDI   T0
OUT   Y2
LD    T1
OUT   Y4
LDI   T0
```

```
MPS
ANI     T2
OUT     T1      K5
MPP
AND     T1
OUT     T2      K5
LDI     Y2
SET     S0
RET
END
```

變速跑馬燈電路

一、功能要求

1. 當按下 PB1(X0)開關，跑馬燈 Y0 亮，0.5 秒後，Y0 熄滅，Y1 亮；再 0.5 秒後，Y2 亮，Y1 熄滅；再 0.5 秒後，Y3 亮，Y2 熄滅；再 0.5 秒後，回到 Y0 亮，Y3 熄滅，如此循環。
2. 當按下 PB2(X1)開關，跑馬燈 Y0 亮，1 秒後，Y0 熄滅，Y1 亮；再 1 秒後，Y2 亮，Y1 熄滅；再 1 秒後，Y3 亮，Y2 熄滅；再 1 秒後，回到 Y0 亮，Y3 熄滅，如此循環。
3. 當按下 PB3(X2)開關，跑馬燈 Y0 亮，1.5 秒後，Y0 熄滅，Y1 亮；再 1.5 秒後，Y2 亮，Y1 熄滅；再 1.5 秒後，Y3 亮，Y2 熄滅；再 1.5 秒後，回到 Y0 亮，Y3 熄滅，如此循環。

二、使用指令

LD、OUT、MOV、SET、STL
MOV：FNC 12

三、配線圖

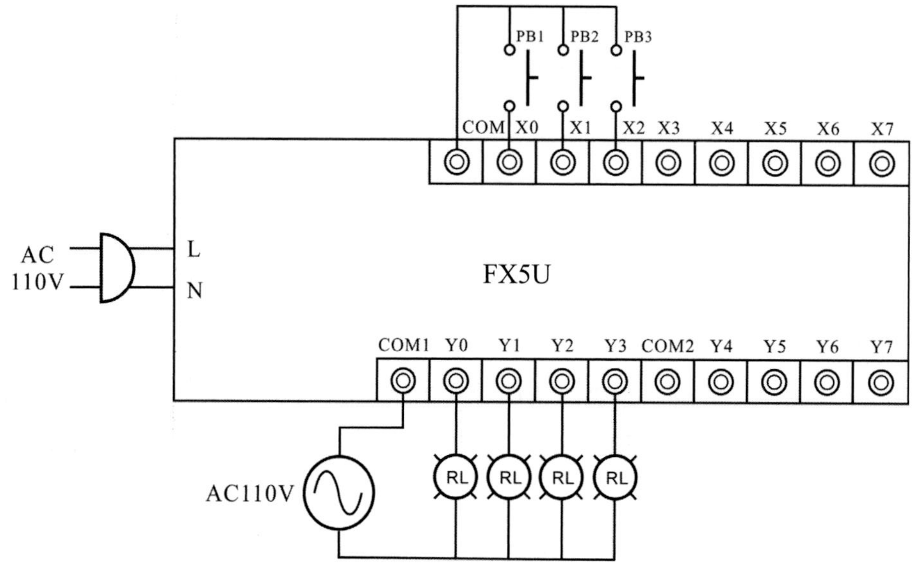

四、步進階梯圖

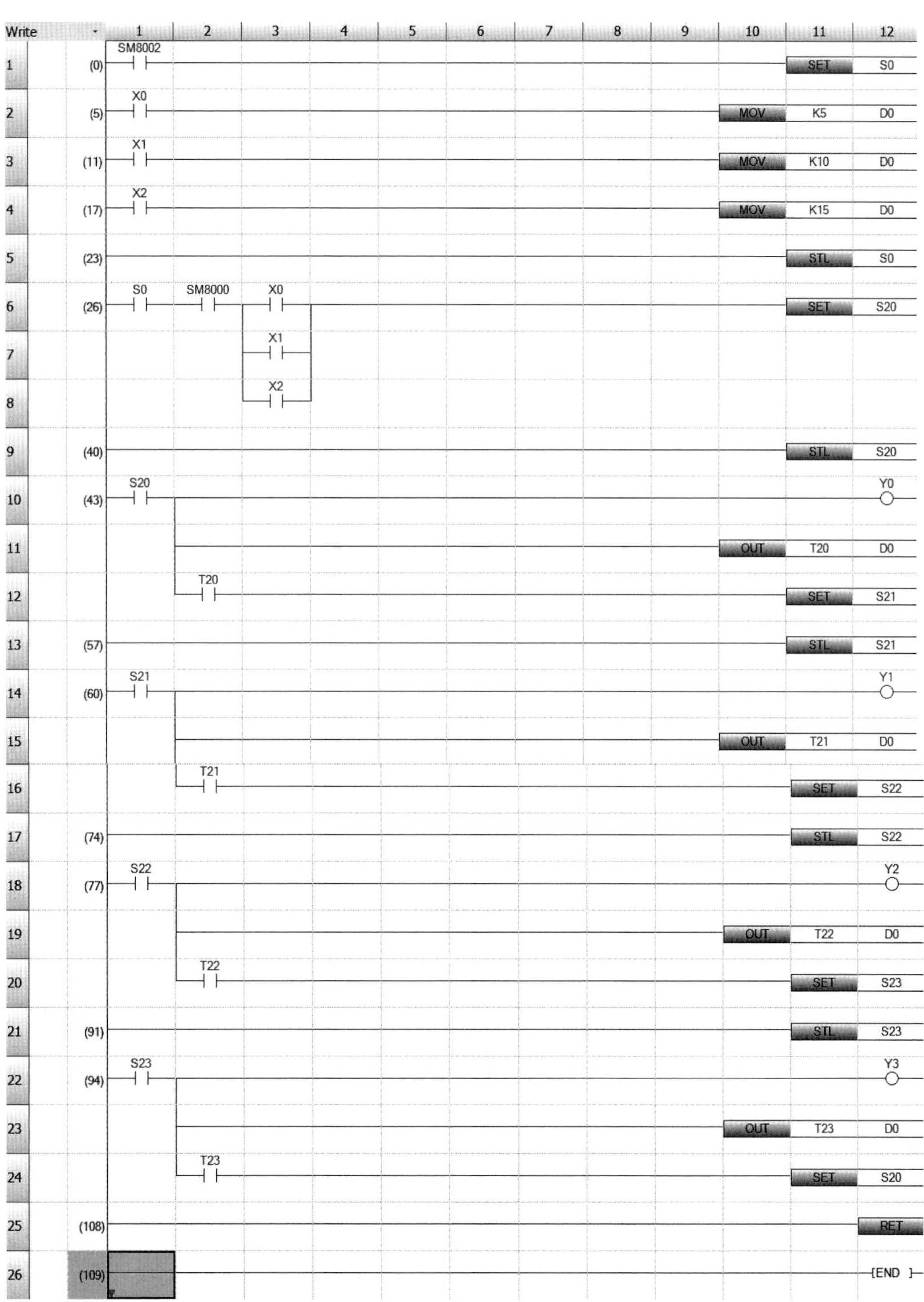
Write
SM8002 (0) SET S0
X0 (5) MOV K5 D0
X1 (11) MOV K10 D0
X2 (17) MOV K15 D0
(23) STL S0
S0 SM8000 X0 X1 X2 (26) SET S20
(40) STL S20
S20 (43) Y0
OUT T20 D0
T20 SET S21
(57) STL S21
S21 (60) Y1
OUT T21 D0
T21 SET S22
(74) STL S22
S22 (77) Y2
OUT T22 D0
T22 SET S23
(91) STL S23
S23 (94) Y3
OUT T23 D0
T23 SET S20
(108) RET
(109) END

五、指令表

```
LD      M8002
SET     S0
LD      X0
MOV     K5      D0
LD      X1
MOV     K10     D0
LD      X2
MOV     K15     D0
STL     S0
LD      M8000
MPS
AND     X0
SET     S20
MRD
AND     X1
SET     S20
MPP
AND     X2
SET     S20
STL     S20
OUT     Y0
OUT     T20     D0
LD      T20
SET     S21
STL     S21
OUT     Y1
OUT     T21     D0
LD      T21
SET     S22
STL     S22
OUT     Y2
OUT     T22     D0
LD      T22
SET     S23
STL     S23
OUT     Y3
OUT     T23     D0
LD      T23
SET     S20
RET
END
```

實習二十二

自動洗衣機電路

一、功能要求

1. 選擇正常清洗 PB1(X1) ON，洗衣機開始注水(Y1) ON，計時 10 秒後停止注水(Y1 OFF)；進入洗衣模式(Y2)ON，計時 10 秒後，停止洗衣(Y2 OFF)；接著進入洗清模式(Y3) ON 計時 10 秒後，Y3 OFF 停止洗清；再來 Y4 ON 進入脫水模式，計時 10 秒後停止脫水(Y4 OFF)，完成洗衣流程。
2. 選擇只脫水 PB2(X2) ON，洗衣機進入脫水模式(Y4) ON ，計時 10 秒後停止脫水 Y4 OFF，完成脫水流程。
3. 選擇快洗模式 PB3(X3) ON，進入正常洗衣流程，但洗衣流程時間皆縮短一半。

二、使用指令

LD、SET、OUT、RET、END

三、配線圖

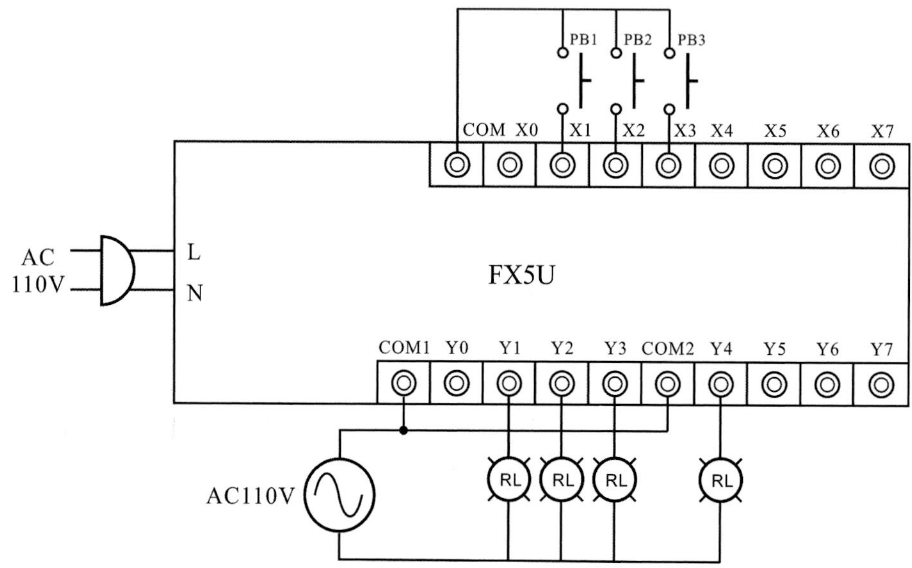

四、步進階梯圖

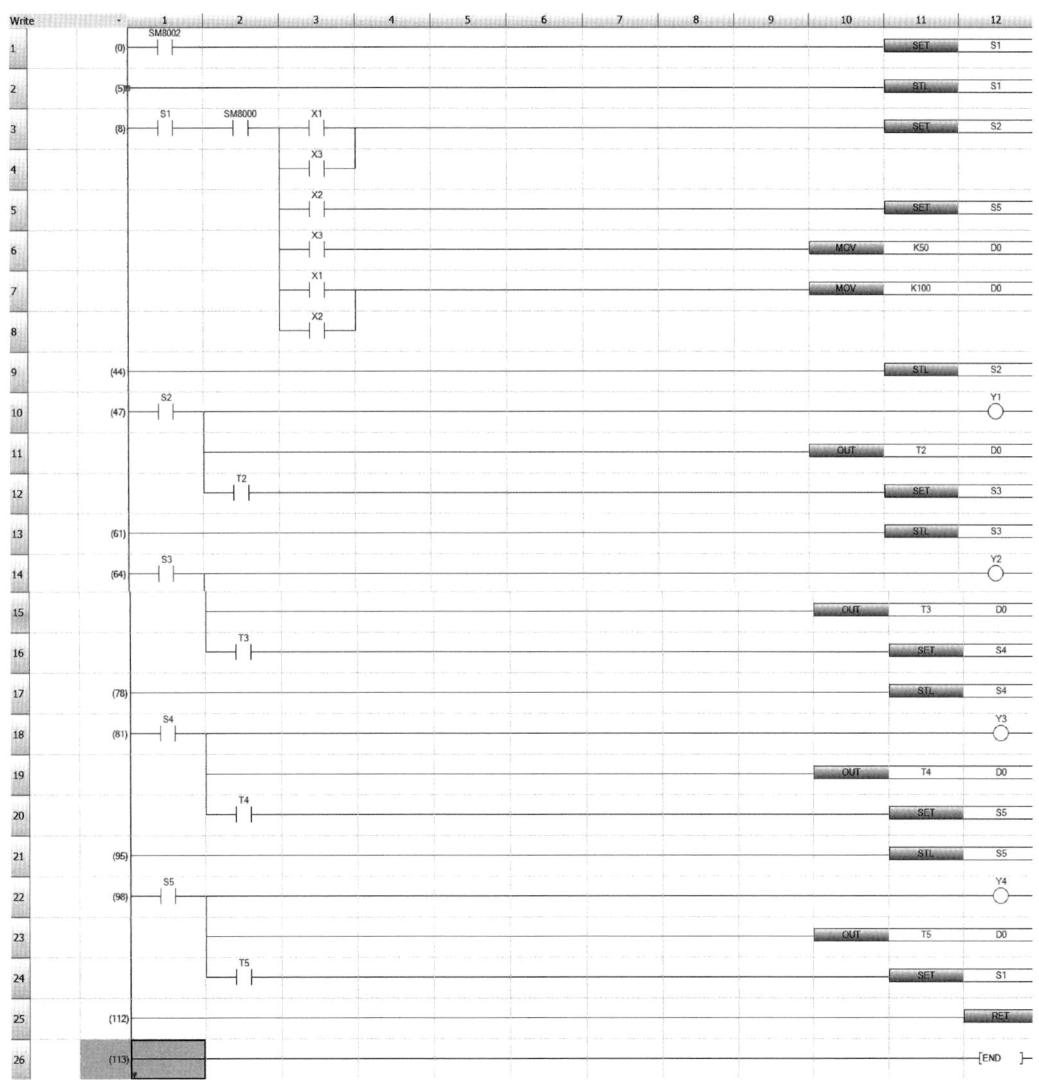

Write
(0) SM8002 SET S1
(5) STL S1
(8) S1 SM8000 X1 X3 SET S2
X2 SET S5
X3 MOV K50 D0
X1 X2 MOV K100 D0
(44) STL S2
(47) S2 Y1
OUT T2 D0
T2 SET S3
(61) STL S3
(64) S3 Y2
OUT T3 D0
T3 SET S4
(78) STL S4
(81) S4 Y3
OUT T4 D0
T4 SET S5
(95) STL S5
(98) S5 Y4
OUT T5 D0
T5 SET S1
(112) RET
(113) END

五、指令表

```
SET   S1
STL   S1
LD    M8000
MPS
AND   X1
OR    X3
SET   S2
MRD
AND   X2
SET   S5
MRD
AND   X3
MOV   K50    D0
MPS
AND   X1
OR    X2
MOV   K100   D0
STL   S2
OUT   Y1
OUT   T2     D0
LD    T2
SET   S3
STL   S3
OUT   Y2
OUT   T3     D0
LD    T3
SET   S4
STL   S4
OUT   Y3
OUT   T4     D0
LD    T4
SET   S5
STL   S5
OUT   Y4
OUT   T5     D0
LD    T5
SET   S1
RET
END
```

實習二十三

煙霧警報電路

一、功能要求

1. 當煙霧感測器 PB1(X1)ON，發現煙霧時，啓動警報廣告器(Y0 ON)與警示燈(Y1 ON)，5 秒後警報狀態尚未解除，將啓動自動灑水系統(Y2 ON)。
2. 10 秒後警報狀態 PB1(X1)尚未解除，即發送遠端訊號(Y3 ON)至消防局
3. 當煙霧感測器 PB1(X1)沒有感測到煙霧時(X1 OFF)，即恢復正常動作。

二、使用指令

LD、SET、OUT、RET、END

三、配線圖

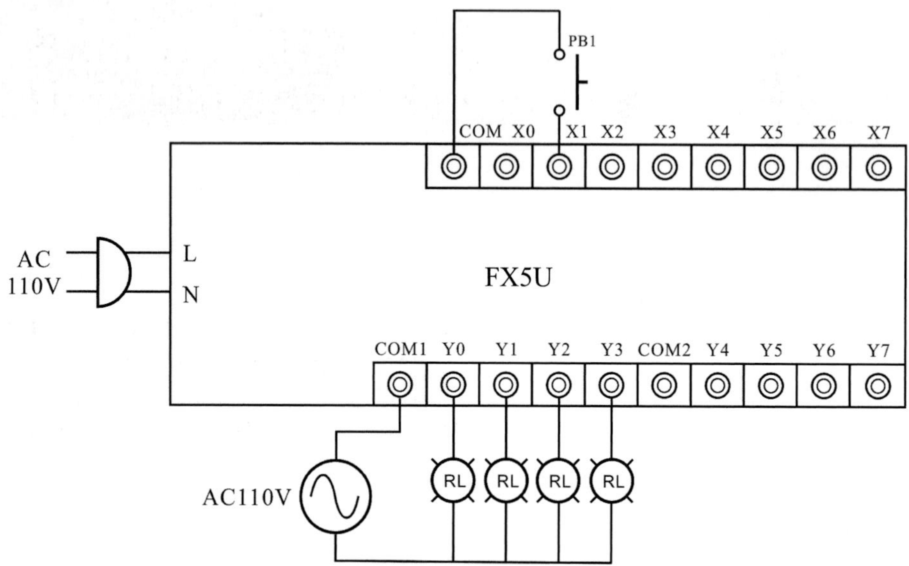
PB1
COM X0 X1 X2 X3 X4 X5 X6 X7
AC
110V
L
N
FX5U
COM1 Y0 Y1 Y2 Y3 COM2 Y4 Y5 Y6 Y7
AC110V
RL
RL
RL
RL

四、步進階梯圖

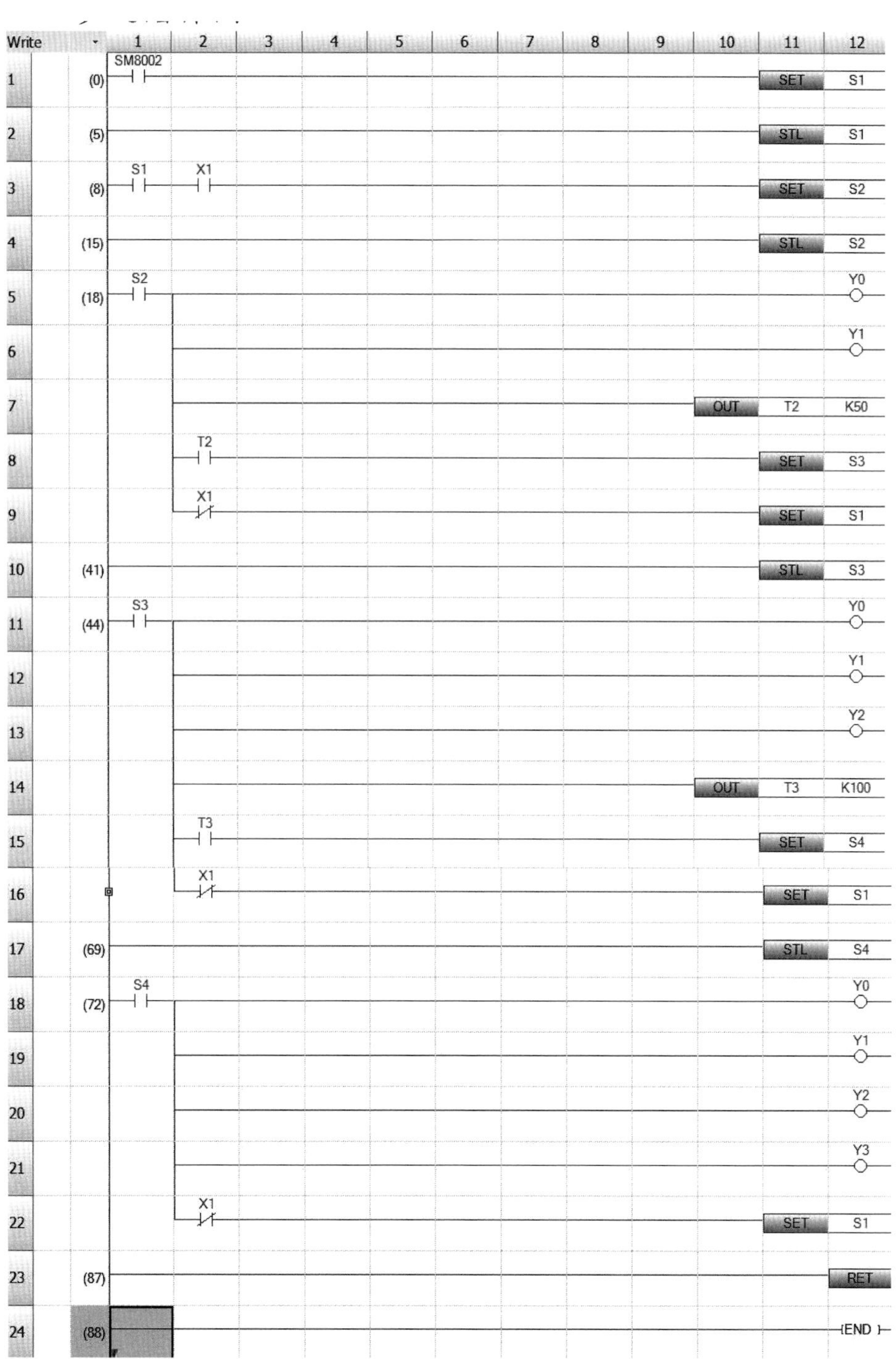
Write
1 2 3 4 5 6 7 8 9 10 11 12
1 (0) SM8002 SET S1
2 (5) STL S1
3 (8) S1 X1 SET S2
4 (15) STL S2
5 (18) S2 Y0
6 Y1
7 OUT T2 K50
8 T2 SET S3
9 X1 SET S1
10 (41) STL S3
11 (44) S3 Y0
12 Y1
13 Y2
14 OUT T3 K100
15 T3 SET S4
16 X1 SET S1
17 (69) STL S4
18 (72) S4 Y0
19 Y1
20 Y2
21 Y3
22 X1 SET S1
23 (87) RET
24 (88) END

五、指令表

```
LD    M8002
SET   S1
STL   S1
LD    X1
SET   S2
STL   S2
OUT   Y0
OUT   Y1
OUT   T2    K50
LD    T2
SET   S3
LDI   X1
SET   S1
STL   S3
OUT   Y0
OUT   Y1
OUT   Y2
OUT   T3    K100
LD    T3
SET   S4
LDI   X1
SET   S1
STL   S4
OUT   Y0
OUT   Y1
OUT   Y2
OUT   Y3
LDI   X1
SET   S1
RET
END
```

實習二十四

水族箱餵食系統

一、功能要求

1. 按下跑馬燈按鈕 PB1(X1)，水裡面的跑馬燈開始動作，Y0、Y1、Y2 照順序循環亮(0.5 秒變換一次)，等大部分魚群都被吸引過來。
2. 按餵食按鈕 PB2(X2)時，裝在水面上的飼料機向下灑出飼料，此時飼料開始施放(Y3)ON，計時 5 秒後飼料機停止動作 Y3 熄滅。

二、使用指令

LD、SET、OUT、RET、END

三、配線圖

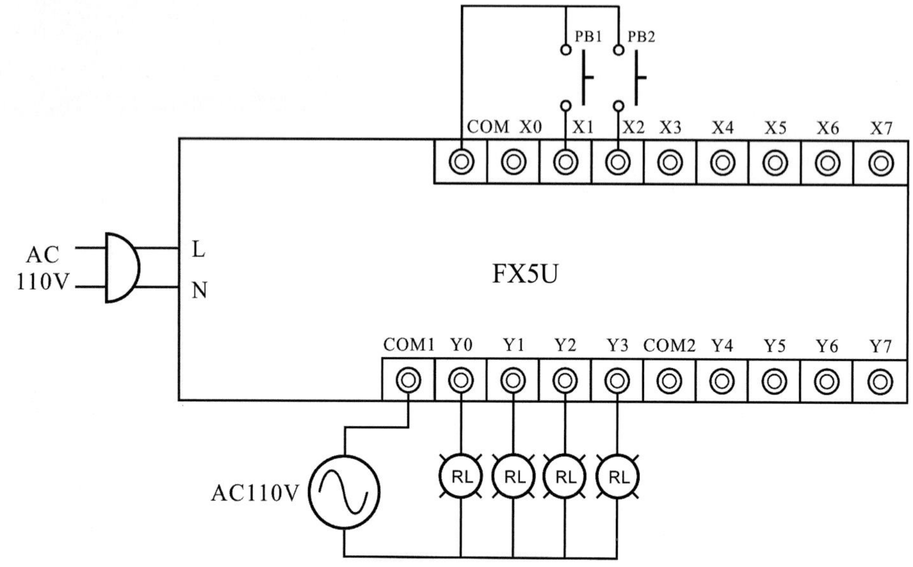
PB1
PB2
COM X0 X1 X2 X3 X4 X5 X6 X7
AC
110V
L
N
FX5U
COM1 Y0 Y1 Y2 Y3 COM2 Y4 Y5 Y6 Y7
AC110V
RL
RL
RL
RL

四、步進階梯圖

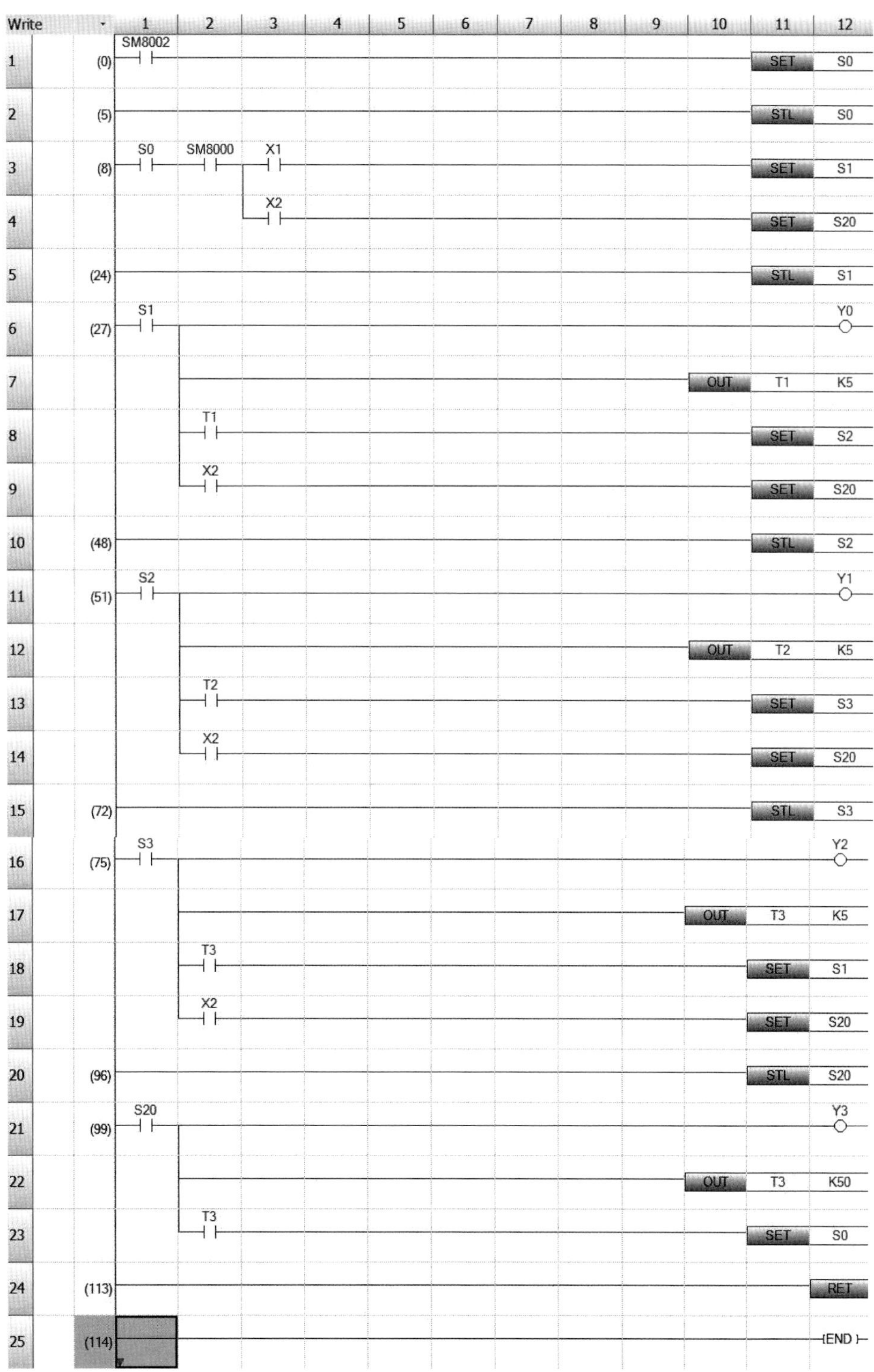
Write
1 2 3 4 5 6 7 8 9 10 11 12
1 (0) SM8002 SET S0
2 (5) STL S0
3 (8) S0 SM8000 X1 SET S1
4 X2 SET S20
5 (24) STL S1
6 (27) S1 Y0
7 OUT T1 K5
8 T1 SET S2
9 X2 SET S20
10 (48) STL S2
11 (51) S2 Y1
12 OUT T2 K5
13 T2 SET S3
14 X2 SET S20
15 (72) STL S3
16 (75) S3 Y2
17 OUT T3 K5
18 T3 SET S1
19 X2 SET S20
20 (96) STL S20
21 (99) S20 Y3
22 OUT T3 K50
23 T3 SET S0
24 (113) RET
25 (114) END

五、指令表

```
LD      M8002
SET     S0
STL     S0
LD      M8000
MPS
AND     X1
SET     S1
MPP
AND     X2
SET     S20
STL     S1
OUT     Y0
OUT     T1      K5
LD      T1
SET     S2
LD      X2
SET     S20
STL     S2
OUT     Y1
OUT     T2      K5
LD      T2
SET     S3
LD      X2
SET     S20
STL     S3
OUT     Y2
OUT     T3      K5
LD      T3
SET     S1
LD      X2
SET     S20
STL     S20
OUT     Y3
OUT     T3      K50
LD      T3
SET     S0
RET
END
```

實習二十五

立體停車場電路

一、功能要求

1. 本立體停車場爲 2×2(可停三台車)。
2. 上層的 1、2 號車位僅可上下移動，下層的 3 號車位只能左右移動。
3. 按下 PB1(X0)呼叫 1 號車位，此時 3 號車位向右移(Y5) ON，5 秒後，Y5 熄滅，1 號車位開始下降(Y1)ON，5 秒後 Y1 熄滅。完成後，將 PB1(X0)復歸，此時 1 號車位上升(Y0)ON，5 秒後熄滅。
4. 按下 PB2(X1)呼叫 2 號車位，此時 3 號車位向左移(Y4)ON，5 秒後，Y4 熄滅，2 號車位開始下降(Y3)ON，5 秒後 Y3 熄滅。完成後，將 PB2(X1)復歸，此時 2 號車位上升(Y2)ON，5 秒後熄滅。
5. 1 號車位及 2 號車位馬達互鎖，不能同時呼叫，否則會壓壞車子。
6. 按下 PB3(X2)緊急開關，則所有馬達停止運轉。

二、使用指令

LD、LDI、OUT、ZRST、STL、END

三、配線圖

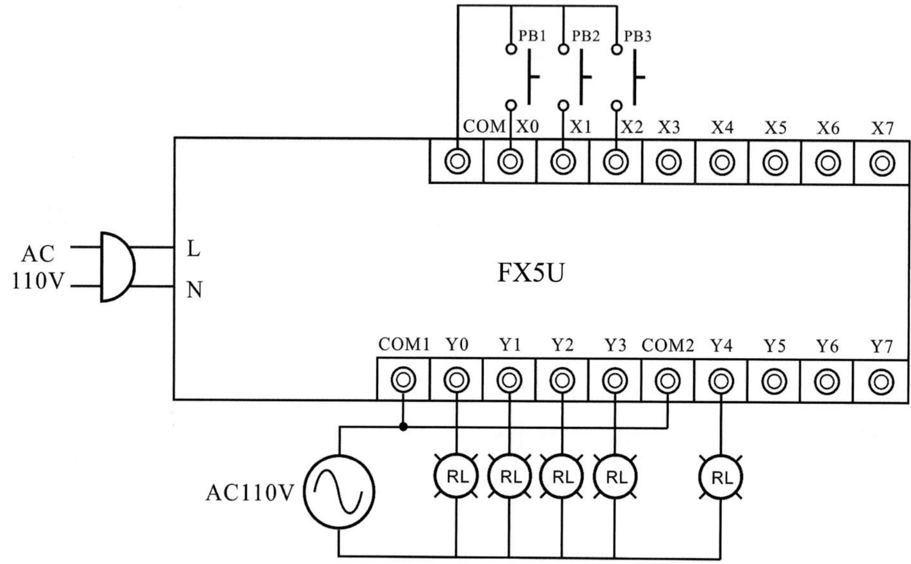

四、步進階梯圖

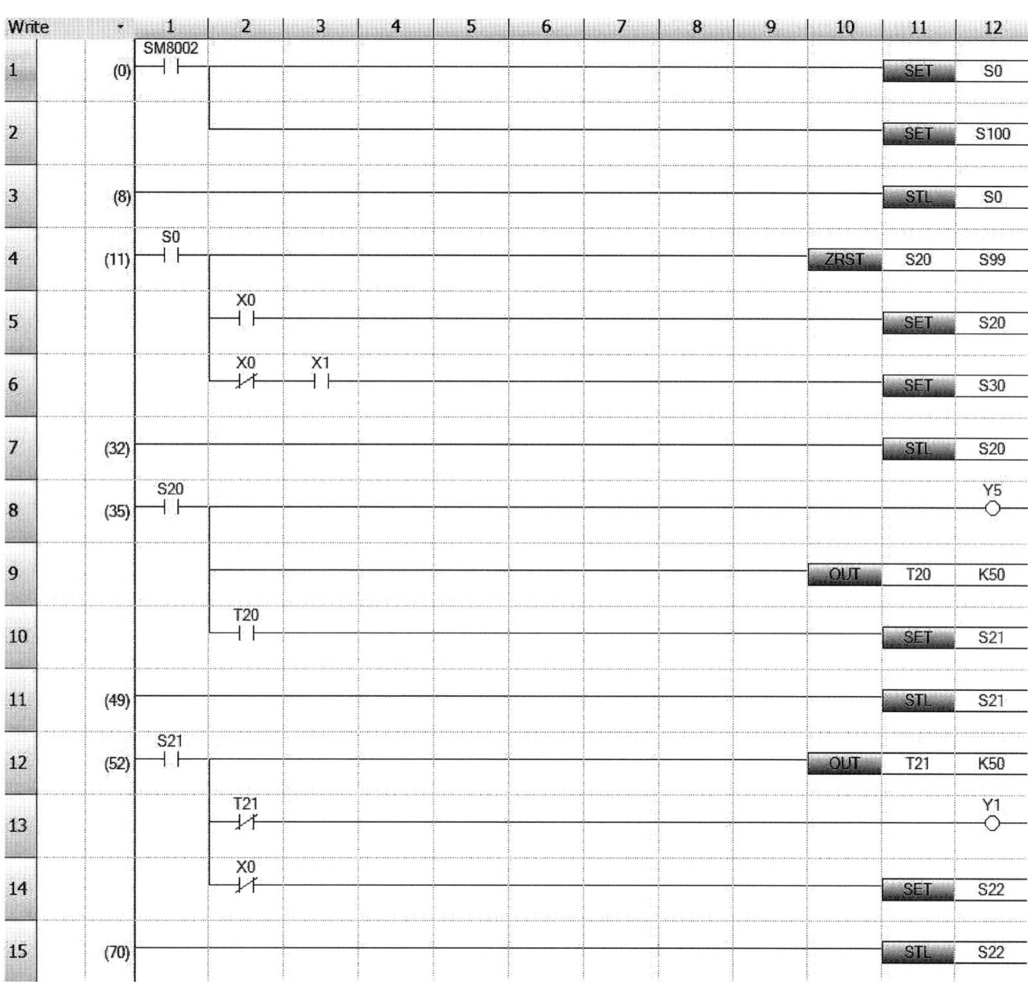
Write
1 2 3 4 5 6 7 8 9 10 11 12
(0) SM8002 SET S0
SET S100
(8) STL S0
(11) S0 ZRST S20 S99
X0 SET S20
X0 X1 SET S30
(32) STL S20
(35) S20 Y5
OUT T20 K50
T20 SET S21
(49) STL S21
(52) S21 OUT T21 K50
T21 Y1
X0 SET S22
(70) STL S22

列	步序	接點	輸出／指令
16	(73)	S22 ─┤├─	Y0 ─○─
17			OUT T22 K50
18		T22 ─┤├─	SET S0
19	(87)		STL S30
20	(90)	S30 ─┤├─	Y4 ─○─
21			OUT T30 K50
22		T30 ─┤├─	SET S31
23	(104)		STL S31
24	(107)	S31 ─┤├─	OUT T31 K50
25		T31 ─┤/├─	Y3 ─○─
26		X1 ─┤/├─	SET S32
27	(125)		STL S32
28	(128)	S32 ─┤├─	Y2 ─○─
29			OUT T32 K50
30		T32 ─┤├─	SET S0
31	(142)		STL S100
32	(145)	S100 ─┤├─ X2 ─┤├─	SET S101
33	(152)		STL S101
34	(155)	S101 ─┤├─	ZRST Y0 Y17
35		X2 ─┤/├─	SET S0
36			SET S100
37	(169)		RET
38	(170)		END

五、指令表

```
LD      M8002
SET     S0
SET     S100
STL     S0
ZRST    S20     S99
LD      X0
SET     S20
LDI     X0
AND     X1
SET     S30
STL     S20
OUT     Y5
OUT     T20     K50
LD      T20
SET     S21
STL     S21
OUT     T21     K50
LDI     T21
OUT     Y1
LDI     X0
SET     S22
STL     S22
OUT     Y0
OUT     T22     K50
LD      T22
SET     S0
STL     S30
OUT     Y4
OUT     T30     K50
LD      T30
SET     S31
STL     S31
```

```
OUT     T31     K50
LDI     T31
OUT     Y3
LDI     X1
SET     S32
STL     S32
OUT     Y2
OUT     T32     K50
LD      T32
SET     S0
STL     S100
LD      X2
SET     S101
STL     S101
ZRST    Y0      Y17
LDI     X2
SET     S0
SET     S100
RET
END
```

實習二十六

投幣式自助清潔裝置

一、功能要求

1. 首先，投入硬幣 PB6(X6) ON，選擇手動清潔 PB4(X4)或自動清潔 PB5(X5)。
2. 選擇手動清潔 PB4(X4) ON，手動指示燈(Y6)亮，再來按下啓動開關 PB1(X0) ON，T0 開始計時 20 秒，在 20 秒時間內可以按下泡沫開關 PB2(X2)或沖水開關 PB3(X3)，分別進行泡沫(Y0)和沖水(Y1)動作，20 秒後時間到，停止動作。
3. 選擇自動清潔 PB5(X5) ON，自動指示燈(Y5)亮，再來按下啓動開關 PB1(X0) ON，自動開始清潔，首先泡沫(Y2)動作，5 秒後，泡沫停止(Y2 OFF)，換沖洗(Y3) 動作，5 秒後，沖洗結束(Y3 OFF)，接著開始烘乾(Y4 ON)， T3 計時 10 秒，10 秒後烘乾停止(Y4 OFF)。

二、使用指令

LD、SET、STL、OUT、END

三、配線圖

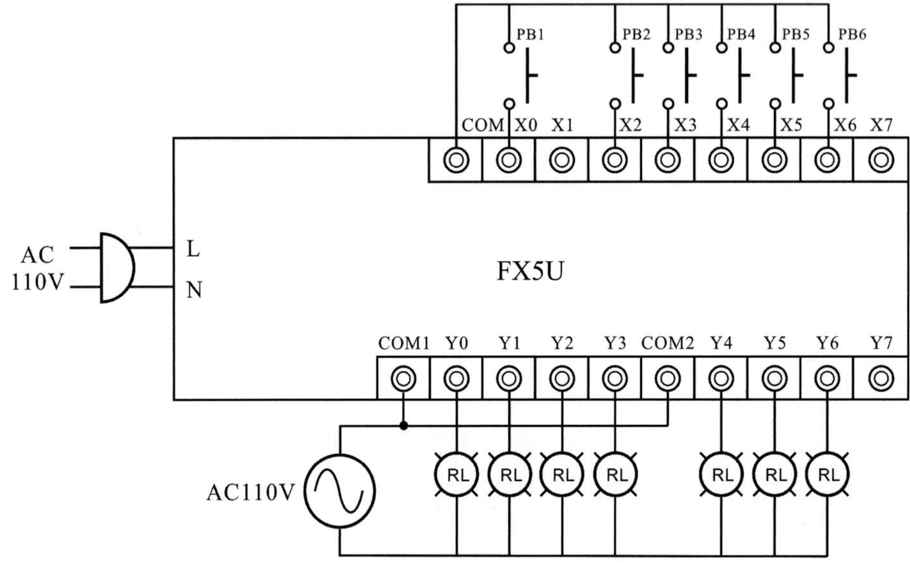

四、步進階梯圖

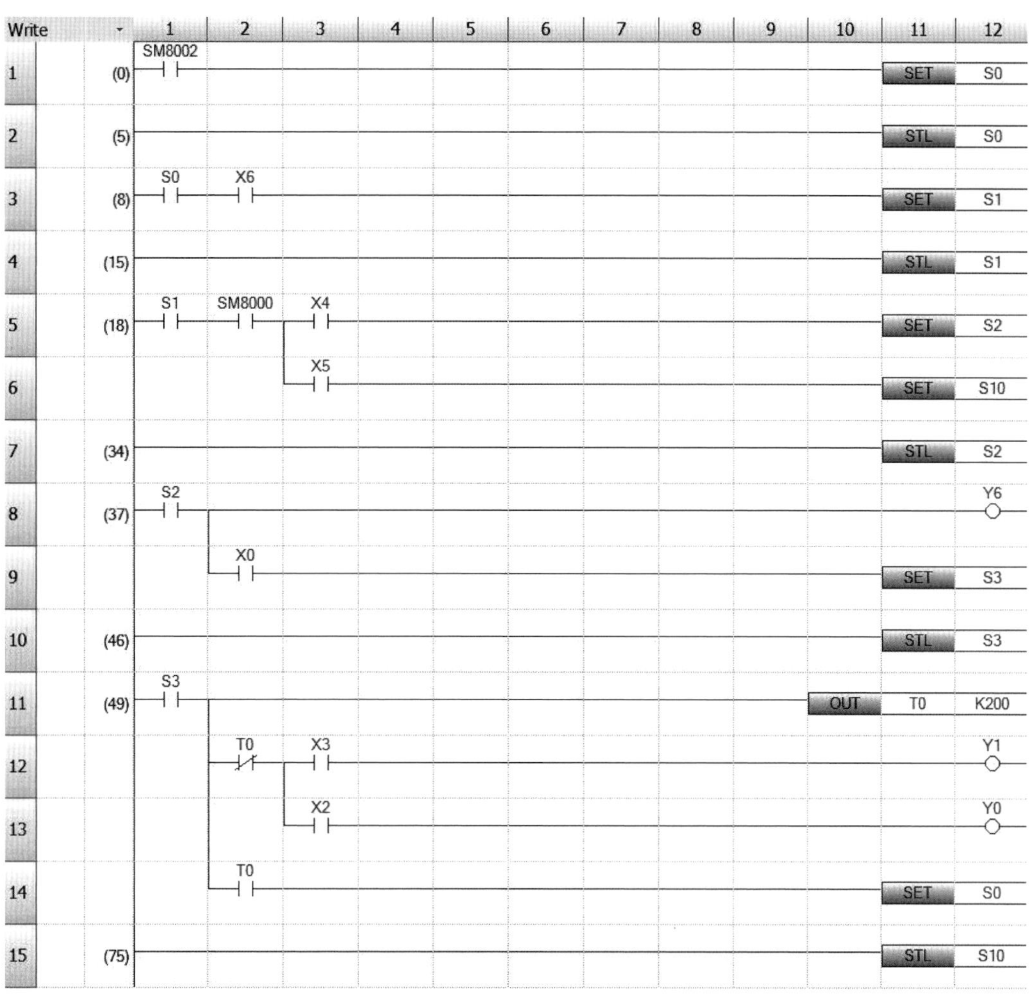
Write
1
2
3
4
5
6
7
8
9
10
11
12
(0)
SM8002
SET S0
(5)
STL S0
(8)
S0
X6
SET S1
(15)
STL S1
(18)
S1
SM8000
X4
SET S2
X5
SET S10
(34)
STL S2
(37)
S2
Y6
X0
SET S3
(46)
STL S3
(49)
S3
OUT T0 K200
T0
X3
Y1
X2
Y0
T0
SET S0
(75)
STL S10
13
14
15

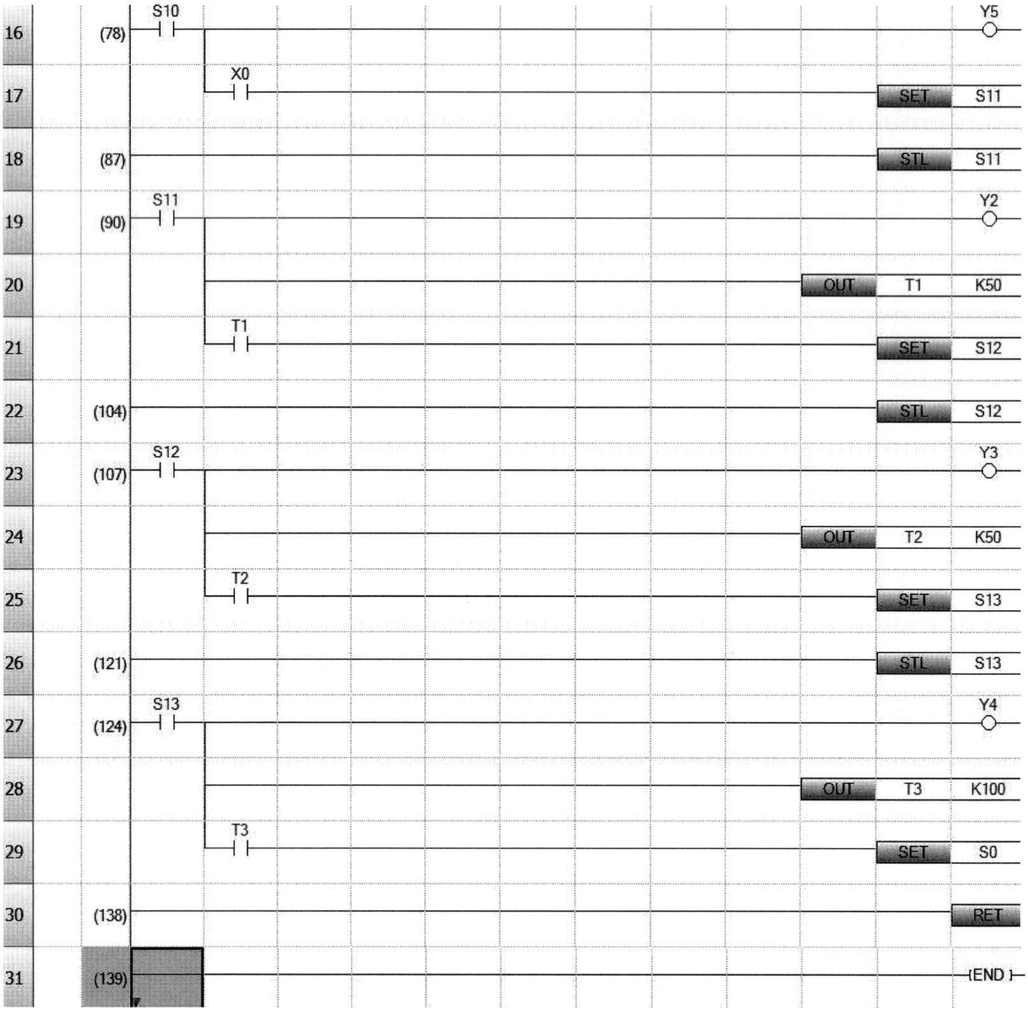

列	步	接點	分支接點	指令	元件	設定值
16	(78)	S10			Y5	
17			X0	SET	S11	
18	(87)			STL	S11	
19	(90)	S11			Y2	
20				OUT	T1	K50
21			T1	SET	S12	
22	(104)			STL	S12	
23	(107)	S12			Y3	
24				OUT	T2	K50
25			T2	SET	S13	
26	(121)			STL	S13	
27	(124)	S13			Y4	
28				OUT	T3	K100
29			T3	SET	S0	
30	(138)			RET		
31	(139)			END		

五、指令表

```
LD      M8002
SET     S0
STL     S0
LD      X6
SET     S1
STL     S1
LD      M8000
MPS
AND     X4
SET     S2
MPP
AND     X5
SET     S10
STL     S2
OUT     Y6
LD      X0
SET     S3
STL     S3
OUT     T0      K200
LDI     T0
AND     X3
OUT     Y1
LDI     T0
AND     X2
OUT     Y0
LD      T0
SET     S0
STL     S10
OUT     Y5
LD      X0
SET     S11
STL     S11
OUT     Y2
OUT     T1      K50
LD      T1
SET     S12
STL     S12
OUT     Y3
OUT     T2      K50
LD      T2
SET     S13
STL     S13
OUT     Y4
OUT     T3      K100
LD      T3
SET     S0
RET
END
```

實習二十七

密碼鎖電路

一、功能要求

1. 此密碼鎖為 2 碼之密碼鎖電路，PB1(X0)為十位數，PB2(X1)為個位數。
2. 若密碼設定為“32”，則 PB1(X0)按三下，PB2(X1)按二下；若密碼設定為“56”，則 PB1(X0)按五下，PB2(X1)按六下，以此類推。
3. 密碼設定完成後，按下 PB3(X2)確認，此時 Y0 亮，表示鎖住。
4. 若要解開密碼鎖，此時輸入密碼，若為“32”，則 PB1(X0)按三下，PB2(X1)按二下。完成後，按下 PB3(X2)確認，此時密碼正確則 Y0 熄滅；密碼錯誤則 Y0 持續亮著，且 Y1 閃亮 1 秒，表示錯誤，並回到步驟 4 重新輸入密碼。
5. 密碼解開後則回到步驟 1，可重新設定新密碼。

二、使用指令

LD、OR、ZRST、CMP、INCP、END

CMP：FNC　10

二、配線圖

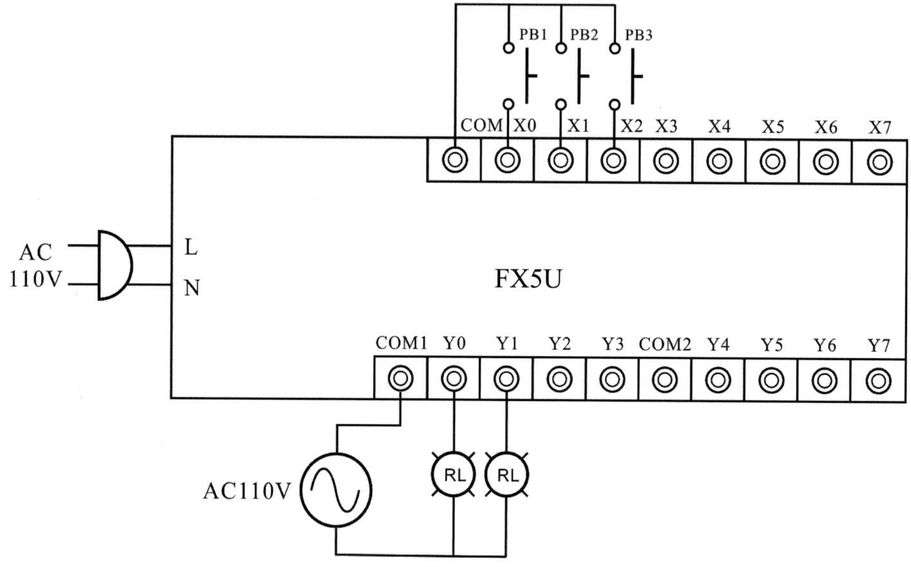

四、步進階梯圖

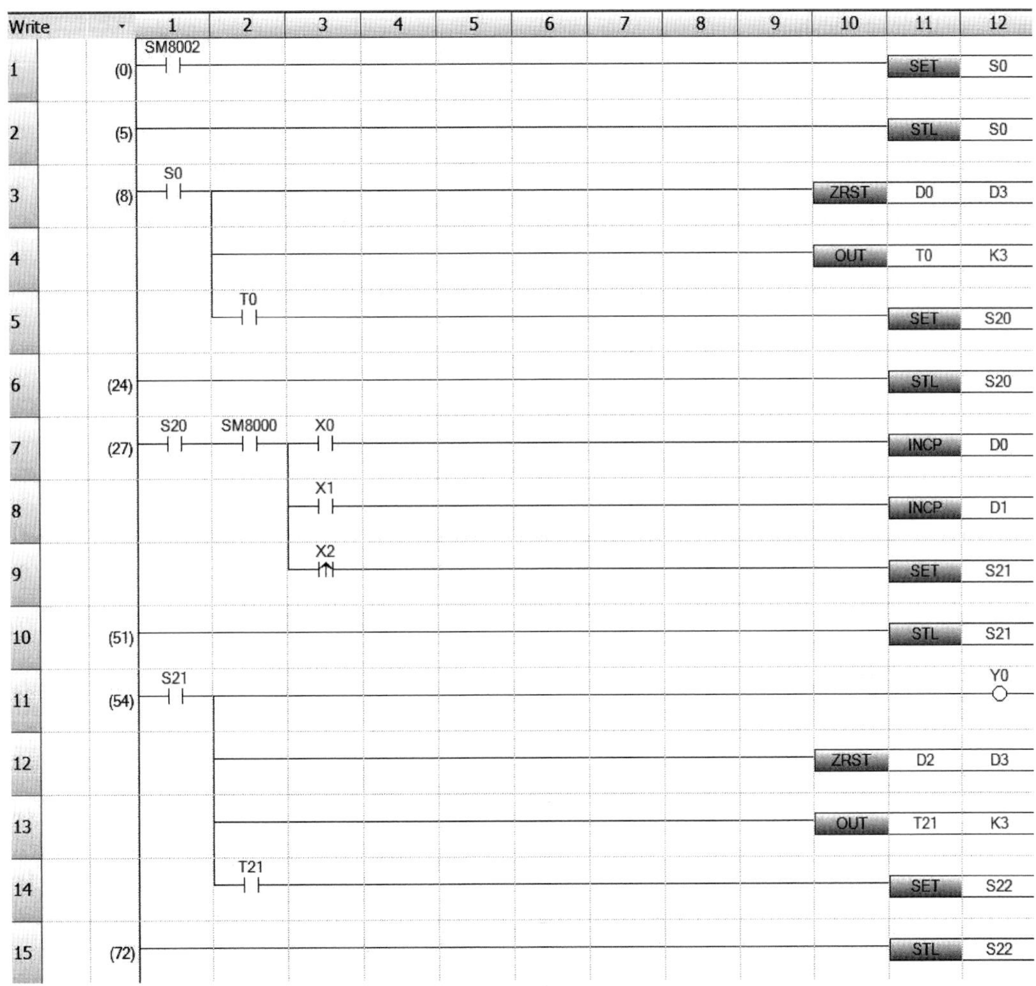
Write
1 2 3 4 5 6 7 8 9 10 11 12
(0) SM8002 SET S0
(5) STL S0
(8) S0 ZRST D0 D3
OUT T0 K3
T0 SET S20
(24) STL S20
(27) S20 SM8000 X0 INCP D0
X1 INCP D1
X2 SET S21
(51) STL S21
(54) S21 Y0
ZRST D2 D3
OUT T21 K3
T21 SET S22
(72) STL S22

Step	Contacts	Instruction / Output
(75)	S22	Y0
	X0	INCP D2
	X1	INCP D3
	X2 (rising edge)	SET S23
(99)		STL S23
(102)	S23	CMP D0 D2 M0
		CMP D1 D3 M10
	M1 M11	SET S0
	M0 / M2 / M10 / M12 (parallel)	SET S24
(135)		STL S24
(138)	S24	Y0
		Y1
		OUT T24 K10
	T24	SET S21
(154)		RET
(155)		END

五、指令表

```
LD     M8002
SET    S0
STL    S0
ZRST   D0     D3
OUT    T0     K3
LD     T0
SET    S20
STL    S20
LD     M8000
MPS
AND    X0
INCP   D0
MRD
AND    X1
INCP   D1
MPP
ANDP   X2
SET    S21
STL    S21
OUT    Y0
ZRST   D2     D3
OUT    T21    K3
LD     T21
SET    S22
STL    S22
OUT    Y0
LD     X0
INCP   D2
LD     X1
INCP   D3
LDP    X2
SET    S23
STL    S23
CMP    D0     D2     M0
CMP    D1     D3     M10
LD     M1
AND    M11
SET    S0
LD     M0
OR     M2
OR     M10
OR     M12
SET    S24
STL    S24
OUT    Y0
OUT    Y1
OUT    T24    K10
LD     T24
SET    S21
RET
END
```

實習二十八

自動空調系統電路

一、功能要求

1. 當有人進入時，入口感測器 PB3(X2) ON，計數器(D0)加 1；當有人離開時，出口感測器 PB4(X3) ON，計數器(D0)減 1。
2. 室內有人的情況下(D0>0)，按下空調電源開關 PB1(X0) ON，則送風(Y0)和冷氣(Y1)啓動。
3. 若溫度小於設定溫度，感測開關 PB2(X1) ON，關閉冷氣(Y1)。
4. 若室內無人的情況下(D0<=0)，T0 開始計時，5 秒後，先關閉冷氣(Y1)，接著 T1 開始計時，5 秒後再關閉送風(Y0)。

二、使用指令

LD、OR、OUT、INC、DEC、RST、END

LD ≤：FNC 229

DEC：FNC 25

三、配線圖

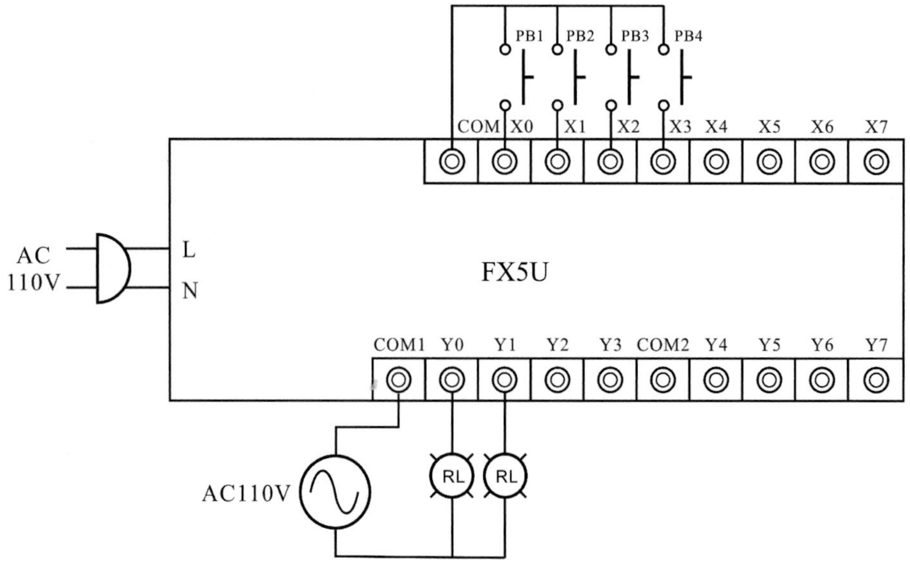

四、步進階梯圖

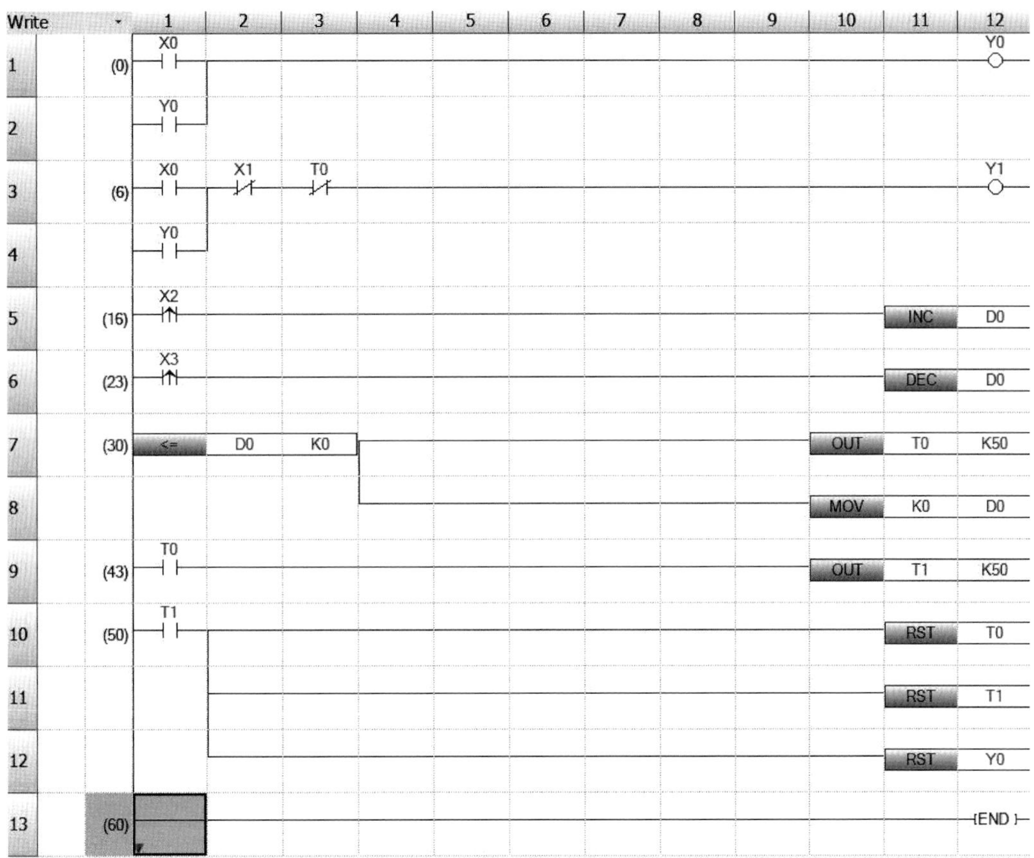
Write
1 2 3 4 5 6 7 8 9 10 11 12
(0) X0 Y0
Y0
(6) X0 X1 T0 Y1
Y0
(16) X2 INC D0
(23) X3 DEC D0
(30) <= D0 K0 OUT T0 K50
MOV K0 D0
(43) T0 OUT T1 K50
(50) T1 RST T0
RST T1
RST Y0
(60) END

五、指令表

```
LD     X0
OR     Y0
OUT    Y0
LD     X0
OR     Y0
ANI    X1
ANI    T0
OUT    Y1
LDP    X2
INC    D0
LDP    X3
DEC    D0
LD<=   D0    K0
OUT    T0    K50
MOV    K0    D0
LD     T0
OUT    T1    K50
LD     T1
RST    Y0
RST    T0
RST    T1
END
```

實習二十九

簡易保全系統電路

一、功能要求

1. 按下 PB1(X0) ON，開啓保全系統。
2. 經由系統認證成功 PB2(X1) ON，認證成功(Y0)亮，T0 計時 10 秒。
3. 認證成功(Y0 ON)10 秒內，將門打開 PB3 (X2)ON，開啓室內照明系統(Y1)亮；若按下關閉照明 PB4 (X3) ON，可將照明系統(Y1)關閉。
4. 10 秒後，認證燈號(Y0)熄滅，需重新認證 PB2 (X1 ON)。
5. 若未認證(Y0) OFF，並將門打開 PB3 (X2)ON，啓動警報器(Y2) ON。
6. 重新認證 PB2(X1 ON)，解除警報(Y2 OFF)，回到步驟 2。

二、使用指令

LD、LDP、ANI、RST、END

三、配線圖

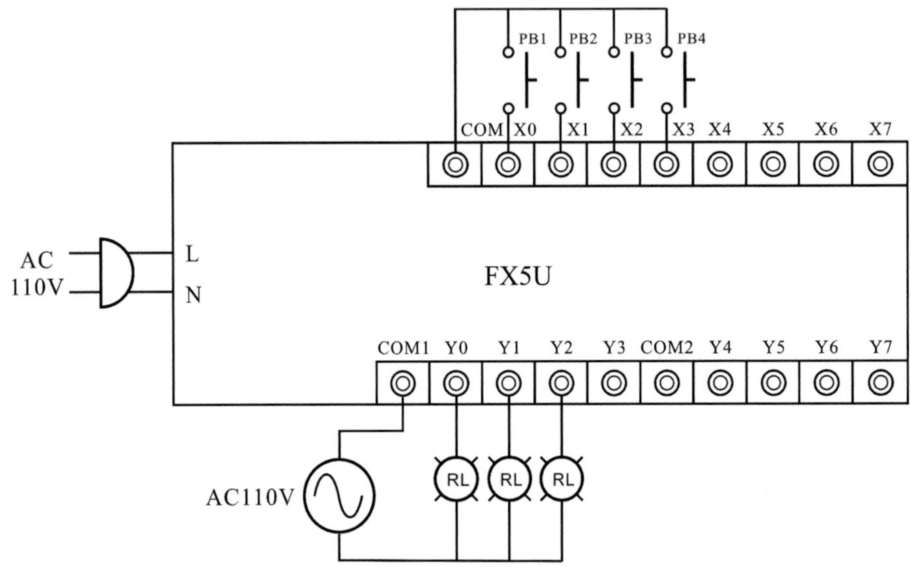

四、步進階梯圖

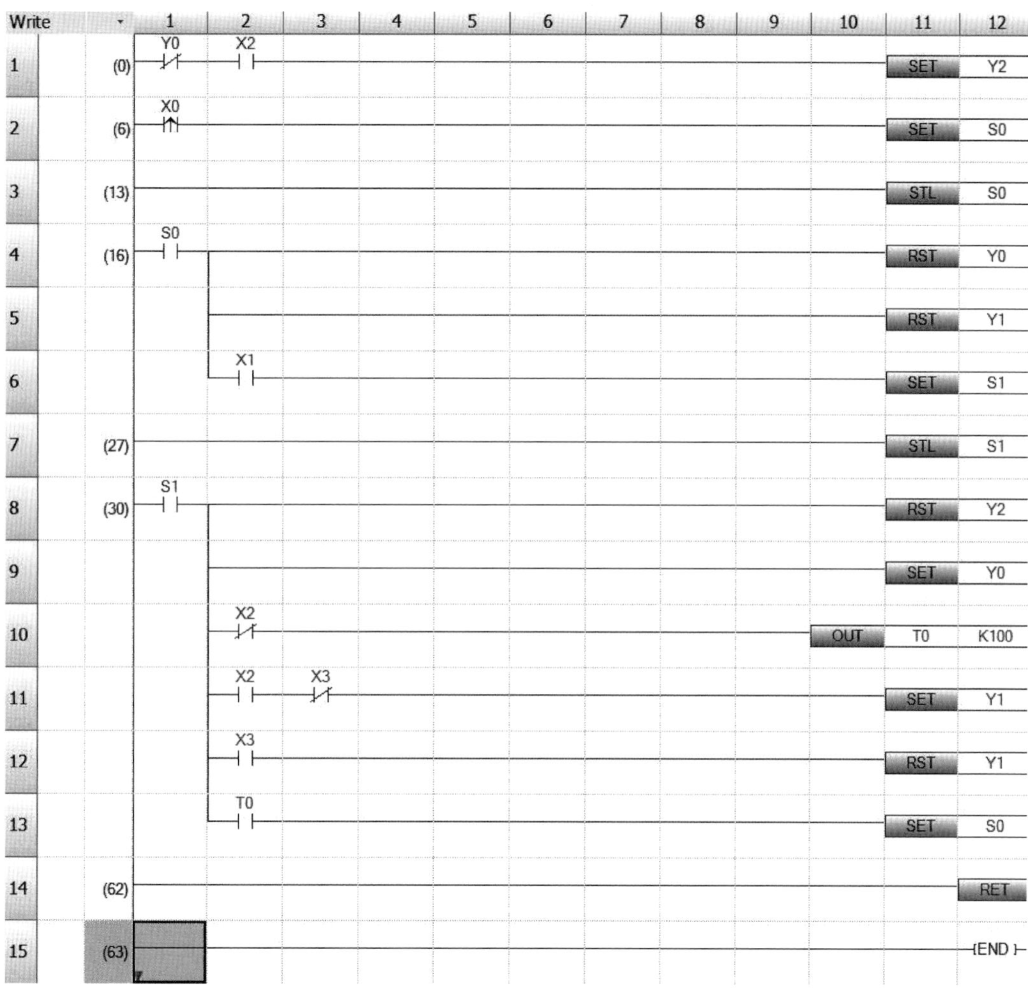
Write
1
2
3
4
5
6
7
8
9
10
11
12
(0) Y0 X2 SET Y2
(6) X0 SET S0
(13) STL S0
(16) S0 RST Y0
RST Y1
X1 SET S1
(27) STL S1
(30) S1 RST Y2
SET Y0
X2 OUT T0 K100
X2 X3 SET Y1
X3 RST Y1
T0 SET S0
(62) RET
(63) END
13
14
15

五、指令表

```
LDI   Y0
AND   X2
SET   Y2
LDP   X0
SET   S0
STL   S0
RST   Y0
RST   Y1
LD    X1
SET   S1
STL   S1
RST   Y2
SET   Y0
LDI   X2
OUT   T0    K100
LD    X2
ANI   X3
SET   Y1
LD    X3
RST   Y1
LD    T0
SET   S0
RET
END
```

實習三十

開飲機電路

一、功能要求

1. 開飲機出水爲溫水和熱水兩種。
2. 當按下溫水按鈕 PB2(X1)時，溫水出水(Y1)，放開則停止；若按下連續出水 PB1(X0)時，再按下溫水出水按鈕 PB2(X1)，則連續出溫水(Y1)，直到連續出水按鈕 PB1(X0)復歸。
3. 當按下熱水按鈕 PB3(X2)時，熱水出水(Y2)，放開則停止；若按下連續出水 PB1(X0)時，再按下熱水出水按鈕 PB3(X2)，則連續出熱水(Y2)，直到連續出水按鈕 PB1(X0)復歸。
4. 當溫度不足時，溫度感測器 PB4(X3)ON，此時電熱器(Y3)開始加熱；熱水必須停止供水(Y2 OFF)。直到水溫足夠 PB4(X3)OFF，電熱器加熱停止(Y3 OFF)，才恢復正常熱水供水狀態。

二、使用指令

LD、AND、LDF、ORP、OUT、END

三、配線圖

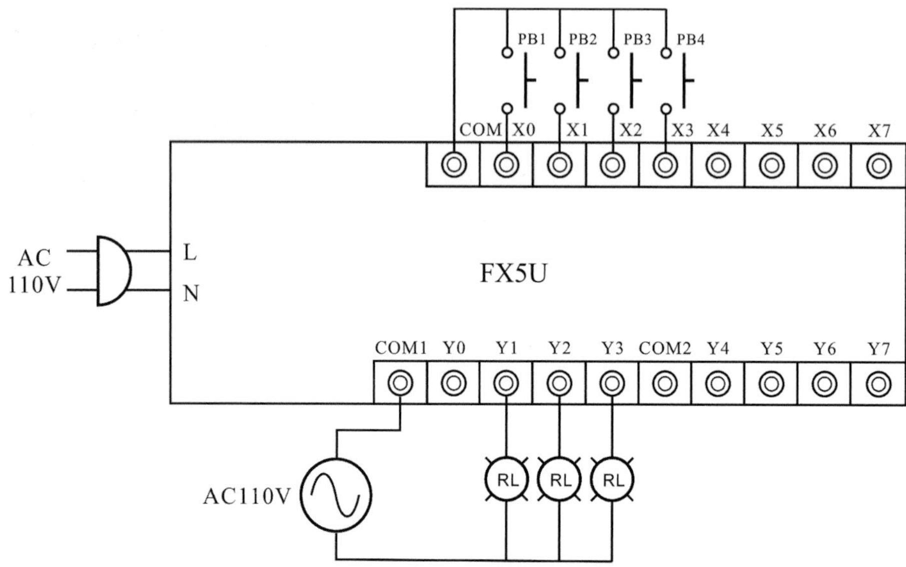

四、步進階梯圖

Write		1	2	3	4	5	6	7	8	9	10	11	12
1	(0)	X0 (b)	X1 (a)										Y1
2		M1 (a)											
3	(8)	X0 (b)	X2 (a)	X3 (b)									Y2
4		M2 (a)											
5	(18)	X3 (a)											Y3
6	(22)	X0 (a)	X1 (a)									SET	M1
7	(28)	X0 (a)	X2 (a)	X3 (b)								SET	M2
8	(36)	X0 (↓)										RST	M1
9	(42)	X0 (↓)										RST	M2
10		X3 (↑)											
11	(52)												END

五、指令表

```
LDI   X0
AND   X1
OR    M1
OUT   Y1
LDI   X0
AND   X2
ANI   X3
OR    M2
OUT   Y2
LD    X3
OUT   Y3
LD    X0
AND   X1
SET   M1
LD    X0
AND   X2
ANI   X3
SET   M2
LDF   X0
RST   M1
LDF   X0
ORP   X3
RST   M2
END
```

第三篇

機電整合實務

實習一

龍門移載模組

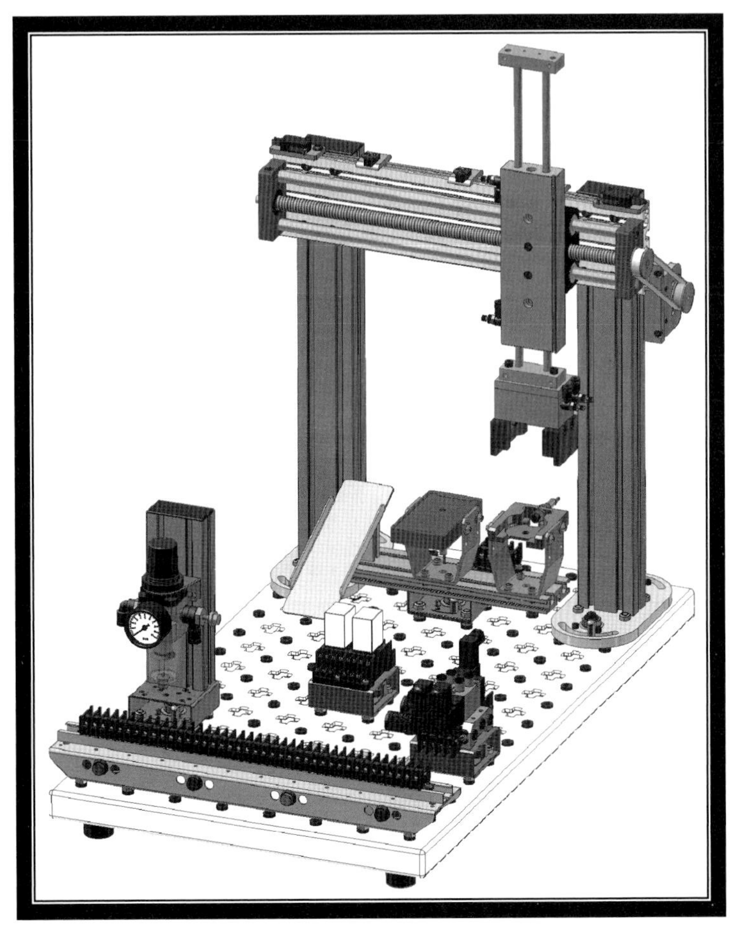

一、功能要求

1. 放置圓形塑膠物料(X5)和方形金屬物料(X6)。
2. 按下啓動按鈕(X10)，執行單一動作(取料→組裝→出料)。
3. 執行中按下緊急開關(X13)，可停止動作之執行。
4. 欲繼續執行時，再按下緊急開關(X13)一次，再按下啓動按鈕(X10)即可繼續執行。

二、輸入／輸出表

機電整合小模組-輸入/輸出表

	龍門移載	材質正反面翻轉	二位置擺動	左右選向出料	四分割分度盤	衝模打印
X00	手臂圓料	升降下限	擺動右限	凸輪上限	分度定位	打印上限
X01	手臂組裝	升降上限	擺動左限	凸輪下限	料別感測	打印下限
X02	手臂出料	夾爪打開	有料感測	旋轉右限	前方有料	有料感測
X03	垂直上限	夾爪閉合	壓力開關	旋轉中限	左方有料	指撥開關1
X04	垂直下限	迴轉正端		旋轉左限	後方有料	指撥開關2
X05	圓料感測	迴轉反端		姿勢左測	右方有料	指撥開關4
X06	方料感測	有料感測		壓力開關		指撥開關8
Y00	夾爪打開	升降下降	擺動右擺	旋轉右擺	分度正轉	打印下降
Y01	夾爪閉合	升降上升	擺動左擺	旋轉左擺	分度反轉	指撥個位
Y02	垂直下降	夾爪打開	吸盤放置	吸盤放置		指撥十位
Y03	龍門馬達	夾爪閉合	吸盤吸取	吸盤吸取		
Y04	馬達左移	迴轉正轉		凸輪馬達		
Y05		迴轉反轉				

	自動鑽孔	三位置擺動	輸送帶分料	機械手臂	自動充填	自動點膠
X00	鑽孔上限	擺動左限	輸送有料	搬運後限	充填感測	滴定上限
X01	鑽孔下限	擺動右限	指撥開關1	搬運前限	充填有料	滴定下限
X02	夾緊後限	進料左測	指撥開關2	搬運上限	指撥開關1	滴定有料
X03	夾緊前限	進料右測	指撥開關4	搬運下限	指撥開關2	指撥開關1
X04	有料感測	壓力開關	指撥開關8	前側有料	指撥開關4	指撥開關2
X05				後側有料	指撥開關8	指撥開關4
X06						指撥開關8
Y00	鑽孔上升	吸盤放置	直進旋轉1	搬運後退	充填右擺	滴定下降
Y01	鑽孔下降	吸盤吸取	直進旋轉2	搬運前進	充填左擺	滴定點膠
Y02	夾緊後退	擺動左擺	輸送馬達	搬運打開	指撥個位	指撥個位
Y03	夾緊前進	擺動右擺	指撥個位	搬運閉合	指撥十位	指撥十位
Y04	鑽孔馬達		指撥十位	搬運下降		
Y05						

X10	啟動按鈕	X11	停止按鈕	X12	選擇開關	X13	緊急開關

三、IO 表、馬達配線圖、電磁閥配置圖、端子台配線圖、氣壓迴路圖

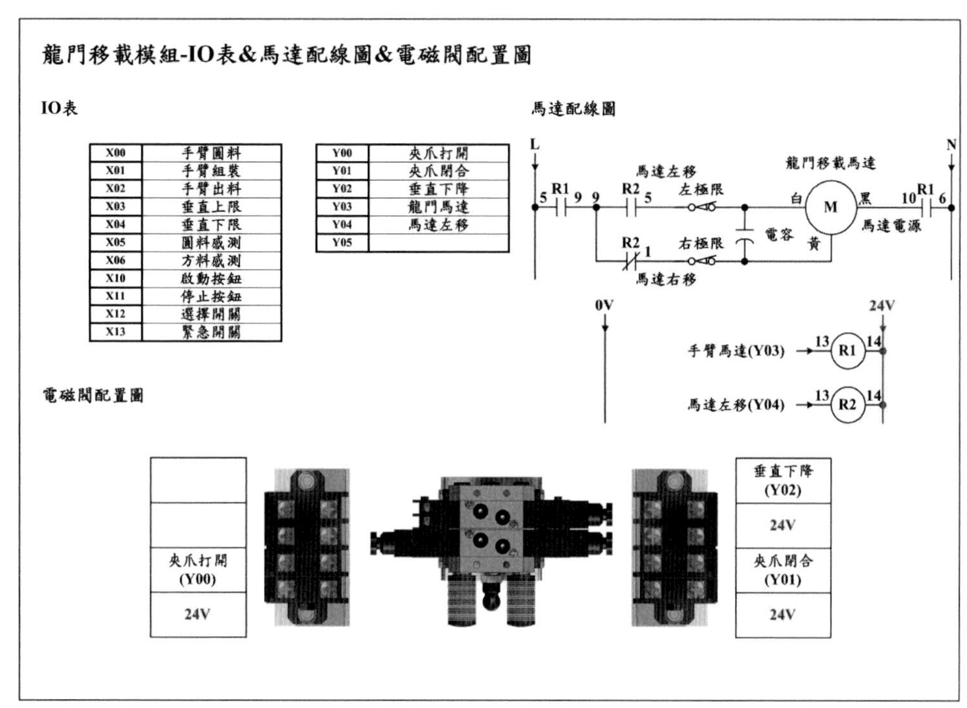

龍門移載模組-IO表&馬達配線圖&電磁閥配置圖

IO表

X00	手臂圓料
X01	手臂組裝
X02	手臂出料
X03	垂直上限
X04	垂直下限
X05	圓料感測
X06	方料感測
X10	啟動按鈕
X11	停止按鈕
X12	選擇開關
X13	緊急開關

Y00	夾爪打開
Y01	夾爪閉合
Y02	垂直下降
Y03	龍門馬達
Y04	馬達左移
Y05	

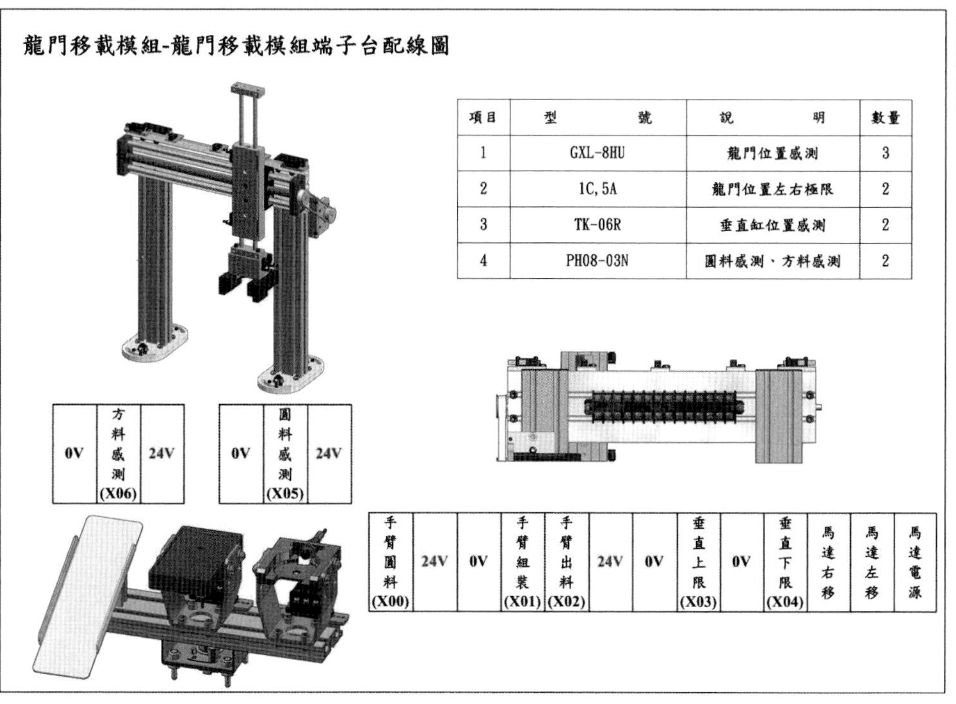

龍門移載模組-龍門移載模組端子台配線圖

項目	型號	說明	數量
1	GXL-8HU	龍門位置感測	3
2	1C, 5A	龍門位置左右極限	2
3	TK-06R	垂直缸位置感測	2
4	PH08-03N	圓料感測、方料感測	2

0V	方料感測(X06)	24V

0V	圓料感測(X05)	24V

手臂圓料(X00)	24V	0V	手臂組裝(X01)	手臂出料(X02)	24V	0V	垂直上限(X03)	0V	垂直下限(X04)	馬達右移	馬達左移	馬達電源

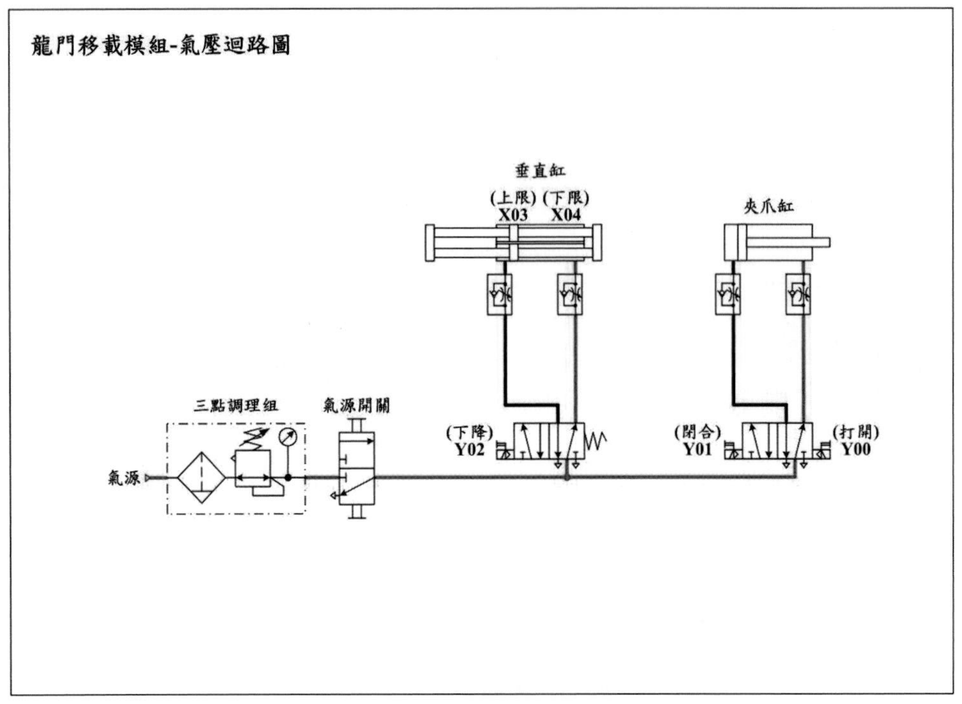
龍門移載模組-氣壓迴路圖
垂直缸
(上限) (下限)
X03 X04
夾爪缸
三點調理組
氣源開關
(下降)
Y02
(閉合)
Y01
(打開)
Y00
氣源

四、步進階梯圖

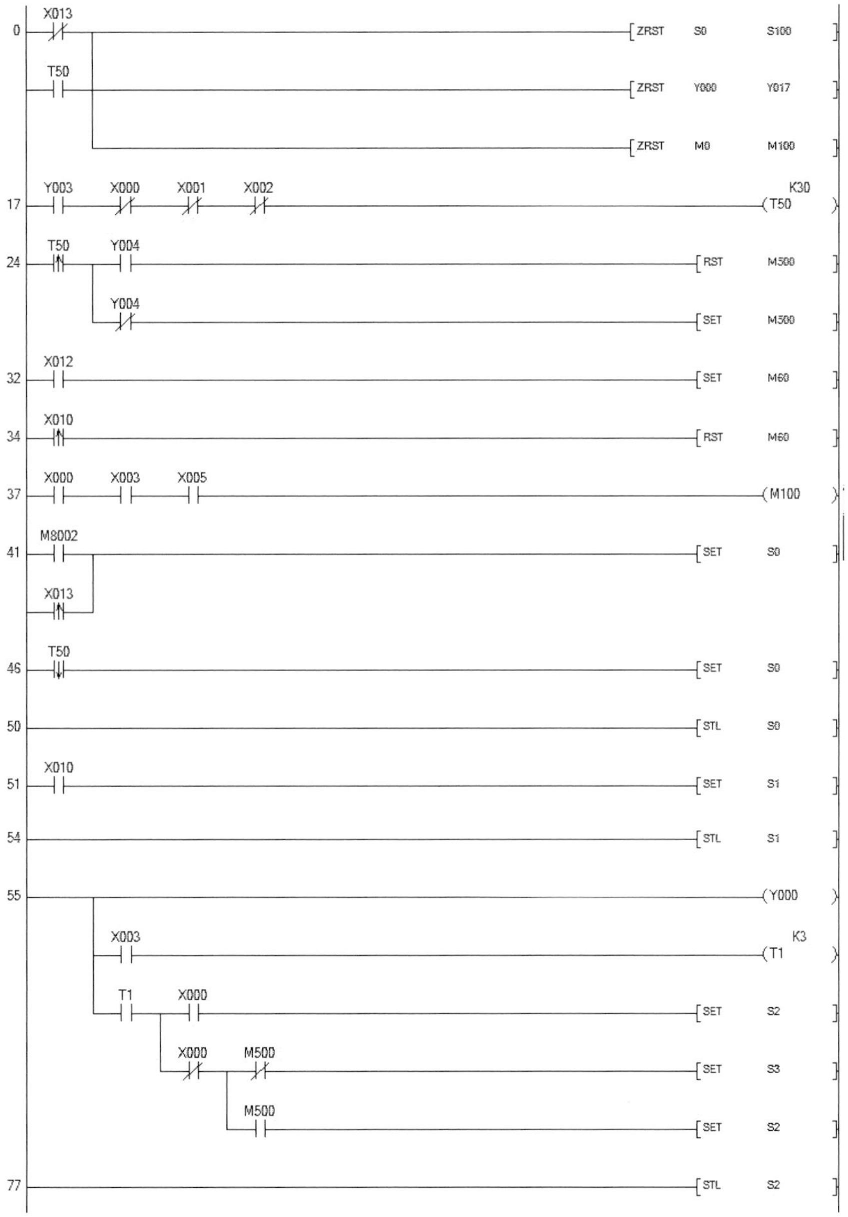

```
0   X013 -|/|-+--------------------------------------[ZRST  S0     S100 ]
    T50  -| |-+--------------------------------------[ZRST  Y000   Y017 ]
              +--------------------------------------[ZRST  M0     M100 ]

17  Y003 -| |- X000 -|/|- X001 -|/|- X002 -|/|-------------(T50   K30 )

24  T50 -|↑|-+- Y004 -| |----------------------------[RST   M500 ]
             +- Y004 -|/|----------------------------[SET   M500 ]

32  X012 -| |----------------------------------------[SET   M60  ]

34  X010 -|↑|----------------------------------------[RST   M60  ]

37  X000 -| |- X003 -| |- X005 -| |-------------------(M100      )

41  M8002 -| |-+-------------------------------------[SET   S0   ]
    X013  -|↑|-+

46  T50 -|↓|-----------------------------------------[SET   S0   ]

50  -------------------------------------------------[STL   S0   ]

51  X010 -| |----------------------------------------[SET   S1   ]

54  -------------------------------------------------[STL   S1   ]

55  ---+---------------------------------------------(Y000      )
       +- X003 -| |----------------------------------(T1    K3  )
       +- T1 -| |-+- X000 -| |-----------------------[SET   S2   ]
                  +- X000 -|/|-+- M500 -|/|----------[SET   S3   ]
                               +- M500 -| |----------[SET   S2   ]

77  -------------------------------------------------[STL   S2   ]
```

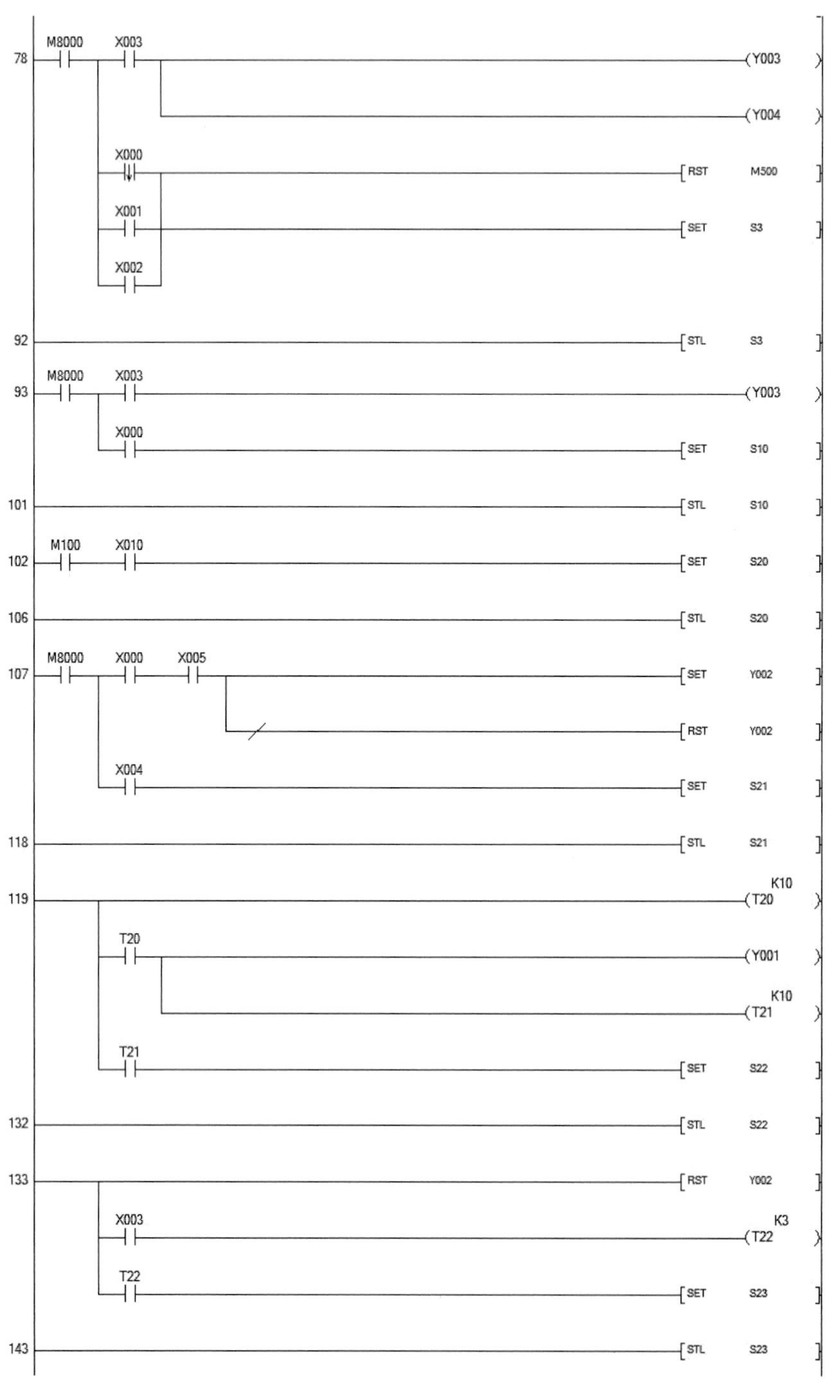
78
M8000
X003
Y003
Y004
X000
RST M500
X001
SET S3
X002
92
STL S3
93
M8000
X003
Y003
X000
SET S10
101
STL S10
102
M100
X010
SET S20
106
STL S20
107
M8000
X000
X005
SET Y002
RST Y002
X004
SET S21
118
STL S21
119
K10
T20
T20
Y001
K10
T21
T21
SET S22
132
STL S22
133
RST Y002
X003
K3
T22
T22
SET S23
143
STL S23

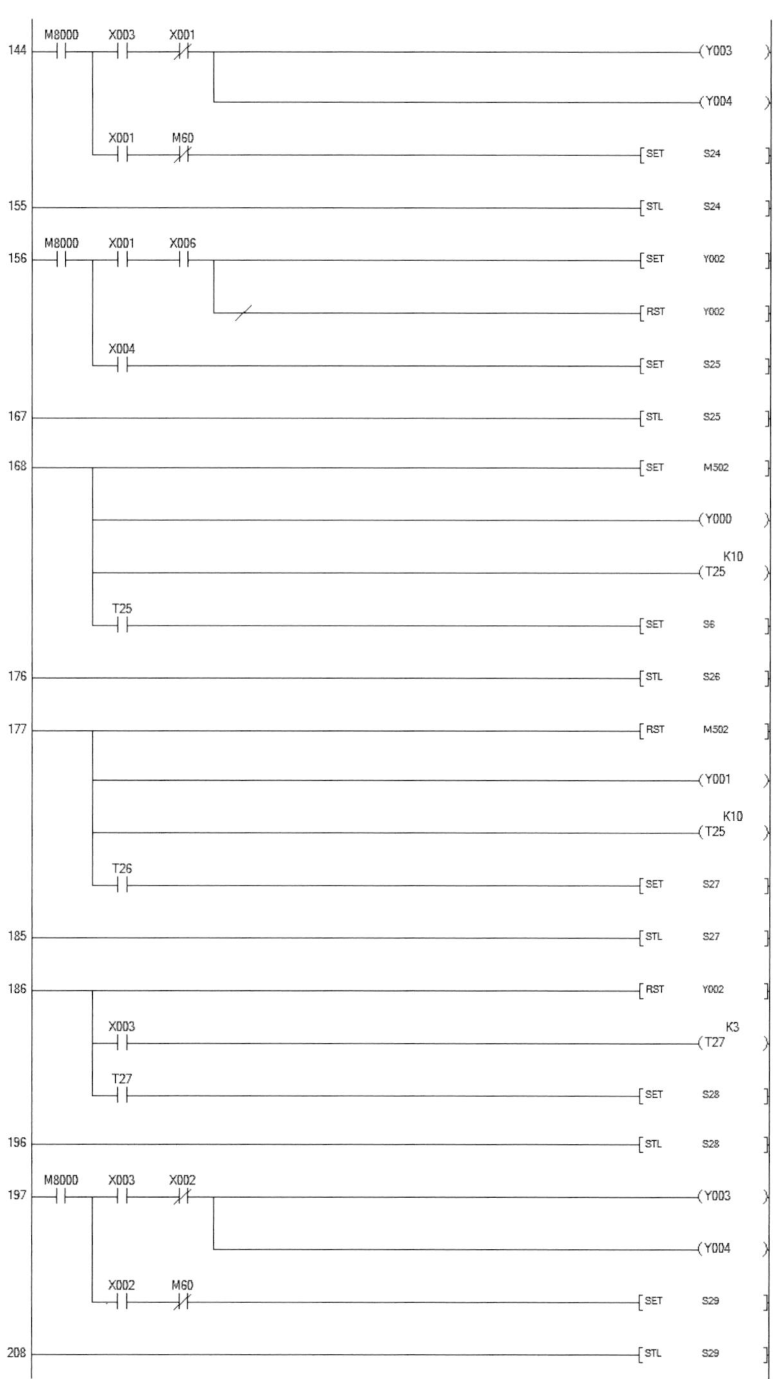
144
M8000
X003
X001
Y003
Y004
X001
M60
SET S24
155
STL S24
156
M8000
X001
X006
SET Y002
RST Y002
X004
SET S25
167
STL S25
168
SET M502
Y000
K10
T25
T25
SET S6
176
STL S26
177
RST M502
Y001
K10
T25
T26
SET S27
185
STL S27
186
RST Y002
X003
K3
T27
T27
SET S28
196
STL S28
197
M8000
X003
X002
Y003
Y004
X002
M60
SET S29
208
STL S29

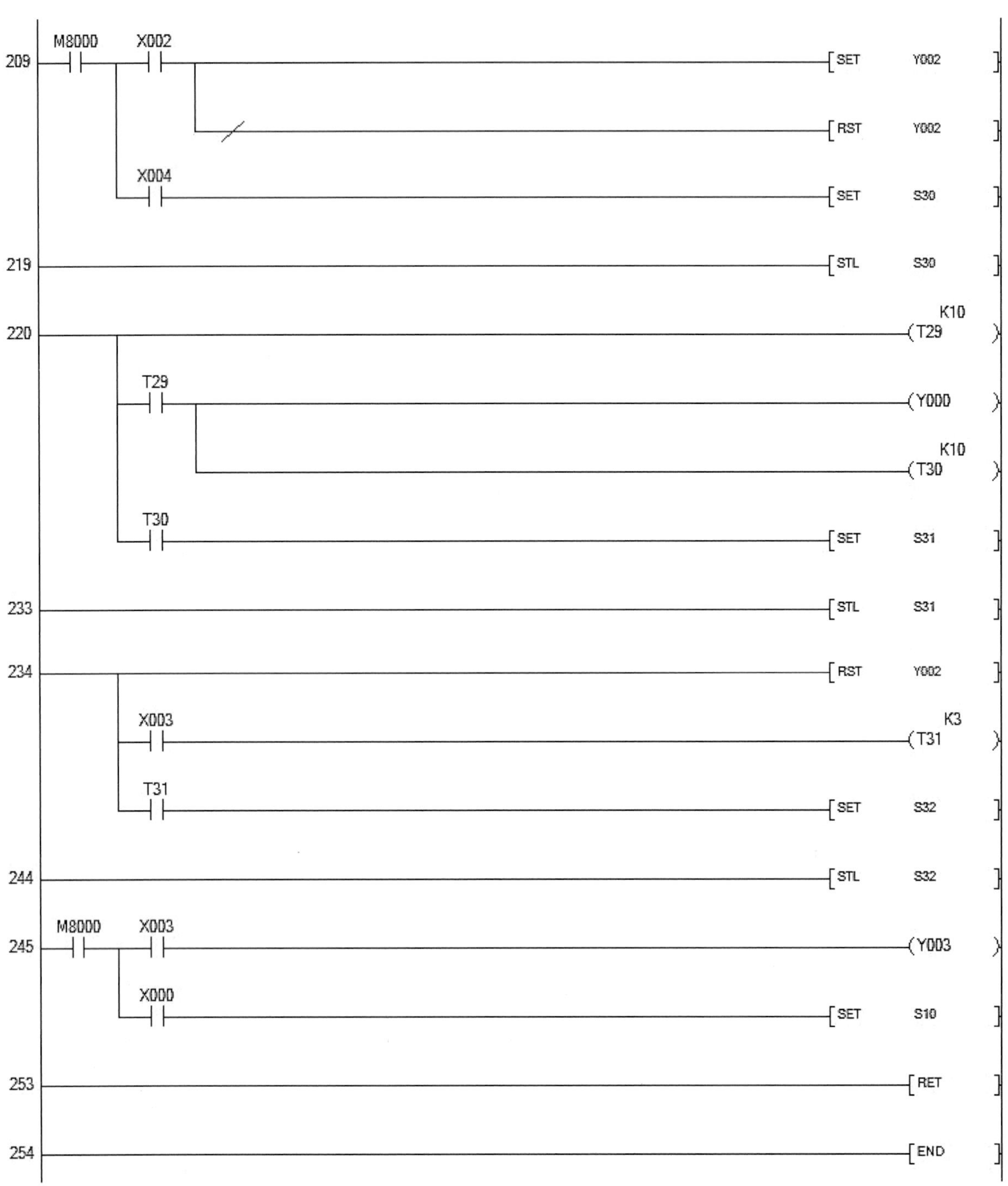
209
M8000
X002
SET Y002
RST Y002
X004
SET S30
219
STL S30
220
K10
T29
T29
Y000
K10
T30
T30
SET S31
233
STL S31
234
RST Y002
X003
K3
T31
T31
SET S32
244
STL S32
245
M8000
X003
Y003
X000
SET S10
253
RET
254
END

五、指令表

LDI	X013		緊急開關
OR	T50		
ZRST	S0		S100
ZRST	Y000	Y017	夾爪打開
ZRST	M0	M100	
LD		Y003	龍門馬達
ANI	X000		手臂圓料
ANI	X001		手臂組裝
ANI	X002		手臂出料
OUT	T50	K30	
LDP	T50		
MPS			
AND	Y004		馬達左移
RST	M500		
MPP			
ANI	Y004		馬達左移
SET	M500		
LD	X012		選擇開關
SET	M60		
LDP	X010		啓動按鈕
RST	M60		
LD	X000		手臂圓料
AND	X003		垂直上限
AND	X005		圓料感測
OUT	M100		
LD	M8002		
ORP	X013		緊急開關
SET	S0		
LDF	T50		
SET	S0		
STL	S0		
LD	X010		啓動按鈕
SET	S1		

```
STL     S1
OUT     Y000                夾爪打開
LD      X003                垂直上限
OUT     T1      K3
LD      T1
MPS
AND     X000                手臂圓料
SET     S2
MPP
ANI     X000                手臂圓料
MPS
ANI     M500
SET     S3
MPP
AND     M500
SET     S2
STL     S2
LD      X003                垂直上限
OUT     Y003                龍門馬達
OUT     Y004                馬達左移
LDF     X000                手臂圓料
OR      X001                手臂組裝
OR      X002                手臂出料
RST     M500
SET     S3
STL     S3
LD      X003                垂直上限
OUT     Y003                龍門馬達
LD      X000                手臂圓料
SET     S10
STL     S10
LD      M100
AND     X010                啓動按鈕
SET     S20
STL     S20
LD      X000                手臂圓料
```

```
AND    X005          圓料感測
SET    Y002          垂直下降
INV
RST    Y002          垂直下降
LD     X004          垂直下限
SET    S21
STL    S21
OUT    T20    K10
LD     T20
OUT    Y001          夾爪閉合
OUT    T21    K10
LD     T21
SET    S22
STL    S22
RST    Y002          垂直下降
LD     X003          垂直上限
OUT    T22    K3
LD     T22
SET    S23
STL    S23
LD     X003          垂直上限
ANI    X001          手臂組裝
OUT    Y003          龍門馬達
OUT    Y004          馬達左移
LD     X001          手臂組裝
ANI    M60
SET    S24
STL    S24
LD     X001          手臂組裝
AND    X006          方料感測
SET    Y002          垂直下降
INV
RST    Y002          垂直下降
LD     X004          垂直下限
SET    S25
STL    S25
```

```
SET    M502
OUT    Y000          夾爪打開
OUT    T25 K10
LD     T25
SET    S26
STL    S26
RST    M502
OUT    Y001          夾爪閉合
OUT    T26 K10
LD     T26
SET    S27
STL    S27
RST    Y002          垂直下降
LD     X003          垂直上限
OUT    T27    K3
LD     T27
SET    S28
STL    S28
LD     X003          垂直上限
ANI    X002          手臂出料
OUT    Y003          龍門馬達
OUT    Y004          馬達左移
LD     X002          手臂出料
ANI    M60
SET    S29
STL    S29
LD     X002          手臂出料
SET    Y002          垂直下降
INV
RST    Y002          垂直下降
LD     X004          垂直下限
SET    S30
STL    S30
OUT    T29    K10
LD     T29
OUT    Y000          夾爪打開
```

```
OUT    T30    K10
LD     T30
SET    S31
STL    S31
RST    Y002              垂直下降
LD     X003              垂直上限
OUT    T31    K3
LD     T31
SET    S32
STL    S32
LD     X003              垂直上限
OUT    Y003              龍門馬達
LD     X000              手臂圓料
SET    S10
RET
END
```

實習二

材質正反面翻轉模組

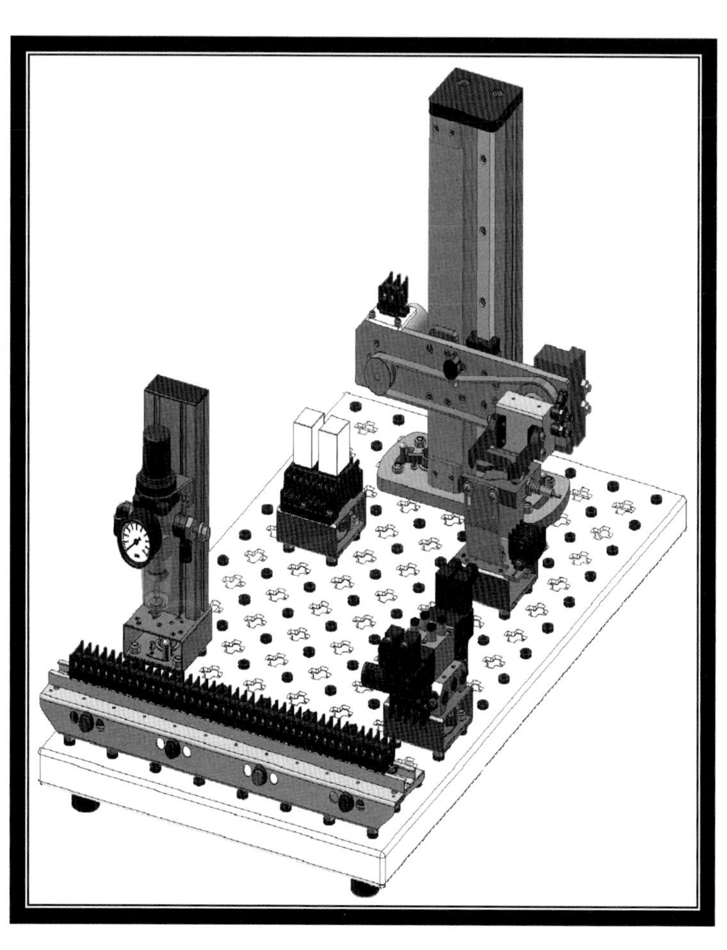

一、功能要求

1. 放置物料。
2. 按下啟動按鈕(X10)，執行單一動作(閉合→上升→翻轉→下降→打開)。
3. 執行中按下緊急開關(X13)，可停止動作之執行。
4. 欲繼續執行時，再按下緊急開關(X13)一次，再按下啟動按鈕(X10)復歸後即可繼續執行。

二、輸入／輸出表

機電整合小模組-輸入/輸出表

	龍門移載	材質正反面翻轉	二位置擺動	左右選向出料	四分割分度盤	衝模打印
X00	手臂圓料	升降下限	擺動右限	凸輪上限	分度定位	打印上限
X01	手臂組裝	升降上限	擺動左限	凸輪下限	料別感測	打印下限
X02	手臂出料	夾爪打開	有料感測	旋轉右限	前方有料	有料感測
X03	垂直上限	夾爪閉合	壓力開關	旋轉中限	左方有料	指撥開關1
X04	垂直下限	迴轉正端		旋轉左限	後方有料	指撥開關2
X05	圓料感測	迴轉反端		姿勢左測	右方有料	指撥開關4
X06	方料感測	有料感測		壓力開關		指撥開關8
Y00	夾爪打開	升降下降	擺動右擺	旋轉右擺	分度正轉	打印下降
Y01	夾爪閉合	升降上升	擺動左擺	旋轉左擺	分度反轉	指撥個位
Y02	垂直下降	夾爪打開	吸盤放置	吸盤放置		指撥十位
Y03	龍門馬達	夾爪閉合	吸盤吸取	吸盤吸取		
Y04	馬達左移	迴轉正轉		凸輪馬達		
Y05		迴轉反轉				

	自動鑽孔	三位置擺動	輸送帶分料	機械手臂	自動充填	自動點膠
X00	鑽孔上限	擺動左限	輸送有料	搬運後限	充填感測	滴定上限
X01	鑽孔下限	擺動右限	指撥開關1	搬運前限	充填有料	滴定下限
X02	夾緊後限	進料左測	指撥開關2	搬運上限	指撥開關1	滴定有料
X03	夾緊前限	進料右測	指撥開關4	搬運下限	指撥開關2	指撥開關1
X04	有料感測	壓力開關	指撥開關8	前側有料	指撥開關4	指撥開關2
X05				後側有料	指撥開關8	指撥開關4
X06						指撥開關8
Y00	鑽孔上升	吸盤放置	直進旋轉1	搬運後退	充填右擺	滴定下降
Y01	鑽孔下降	吸盤吸取	直進旋轉2	搬運前進	充填左擺	滴定點膠
Y02	夾緊後退	擺動左擺	輸送馬達	搬運打開	指撥個位	指撥個位
Y03	夾緊前進	擺動右擺	指撥個位	搬運閉合	指撥十位	指撥十位
Y04	鑽孔馬達		指撥十位	搬運下降		
Y05						

X10	啟動按鈕	X11	停止按鈕	X12	選擇開關	X13	緊急開關

三、IO 表、翻轉模組端子台配線圖、氣壓迴路圖

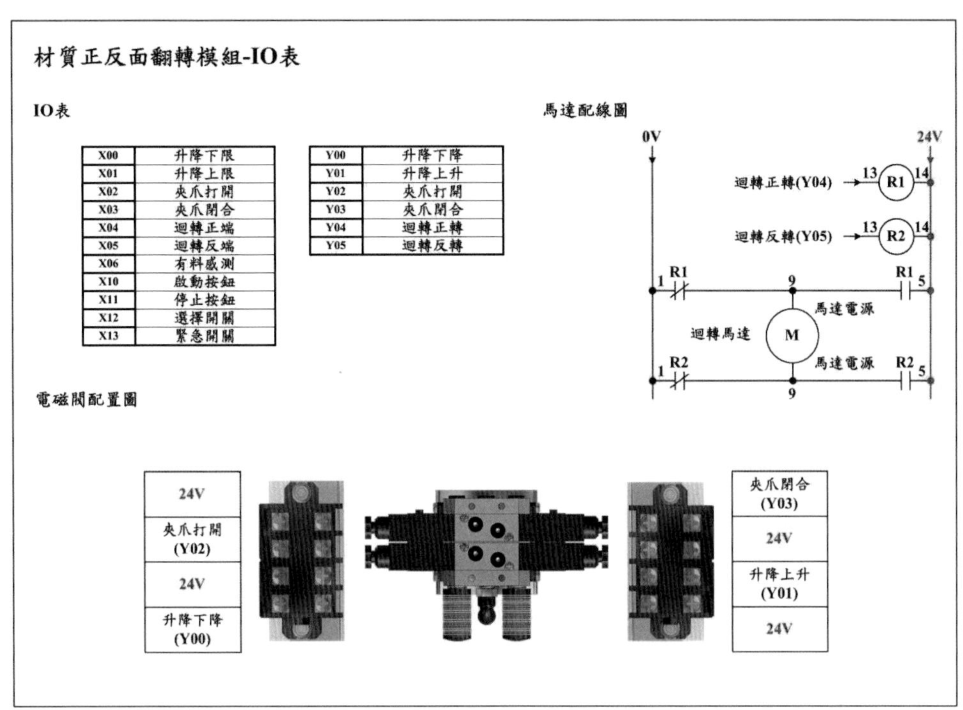

材質正反面翻轉模組-IO表
IO表
X00 升降下限
X01 升降上限
X02 夾爪打開
X03 夾爪閉合
X04 迴轉正端
X05 迴轉反端
X06 有料感測
X10 啟動按鈕
X11 停止按鈕
X12 選擇開關
X13 緊急開關
Y00 升降下降
Y01 升降上升
Y02 夾爪打開
Y03 夾爪閉合
Y04 迴轉正轉
Y05 迴轉反轉
馬達配線圖
0V
24V
迴轉正轉(Y04)
迴轉反轉(Y05)
R1
R2
M
迴轉馬達
馬達電源
電磁閥配置圖
24V
夾爪打開 (Y02)
24V
升降下降 (Y00)
夾爪閉合 (Y03)
24V
升降上升 (Y01)
24V

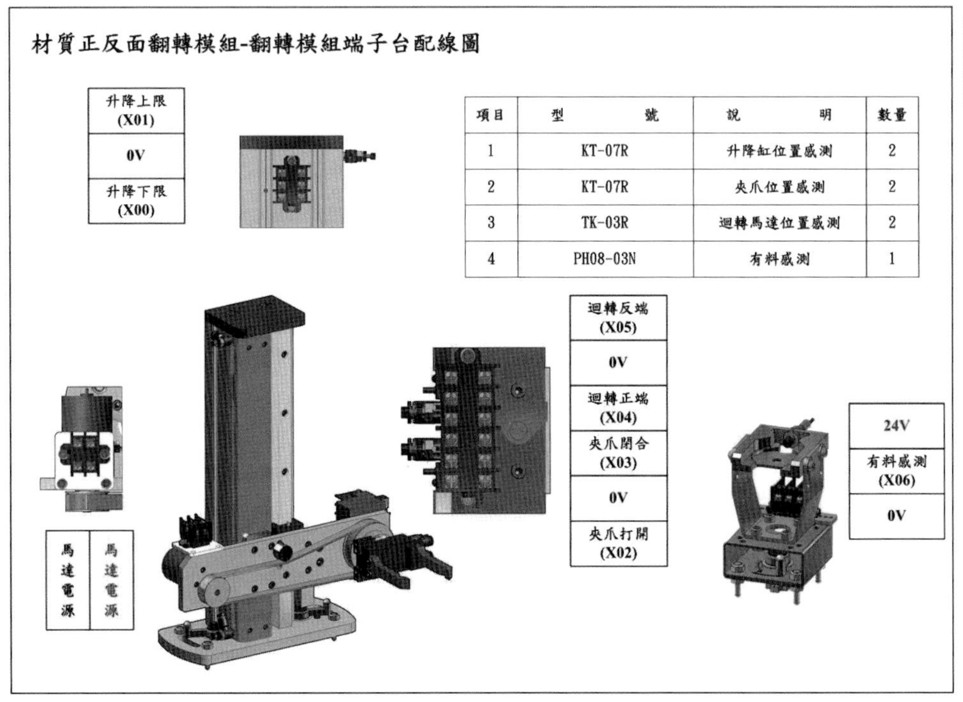

項目	型號	說明	數量
1	KT-07R	升降缸位置感測	2
2	KT-07R	夾爪位置感測	2
3	TK-03R	迴轉馬達位置感測	2
4	PH08-03N	有料感測	1

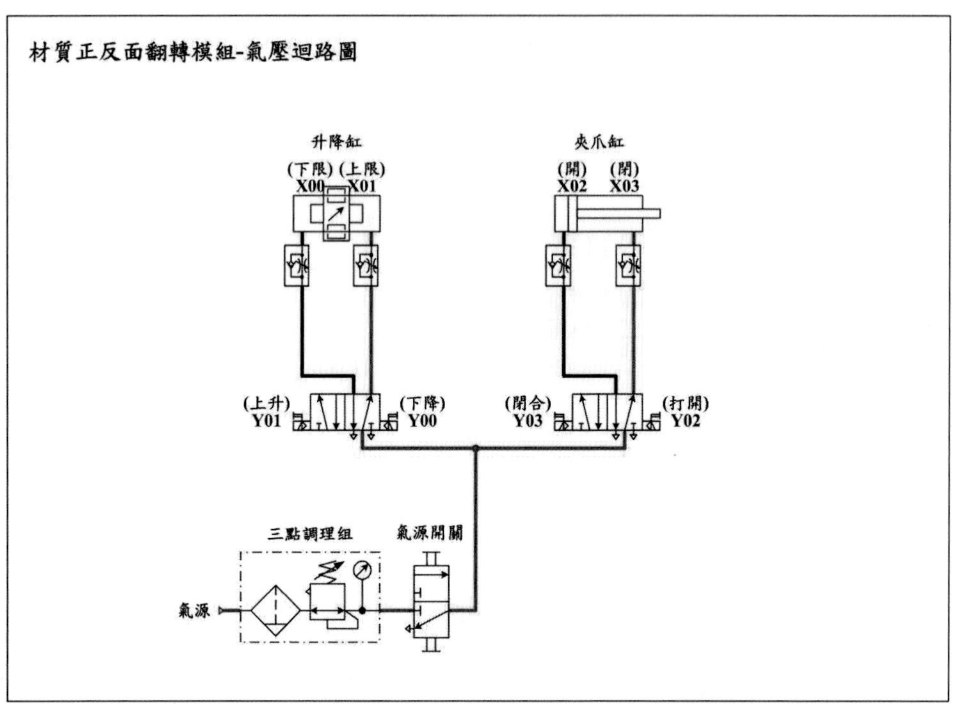
材質正反面翻轉模組-氣壓迴路圖
升降缸
(下限) (上限)
X00 X01
夾爪缸
(開) (閉)
X02 X03
(上升)
Y01
(下降)
Y00
(閉合)
Y03
(打開)
Y02
三點調理組
氣源開關
氣源

四、步進階梯圖

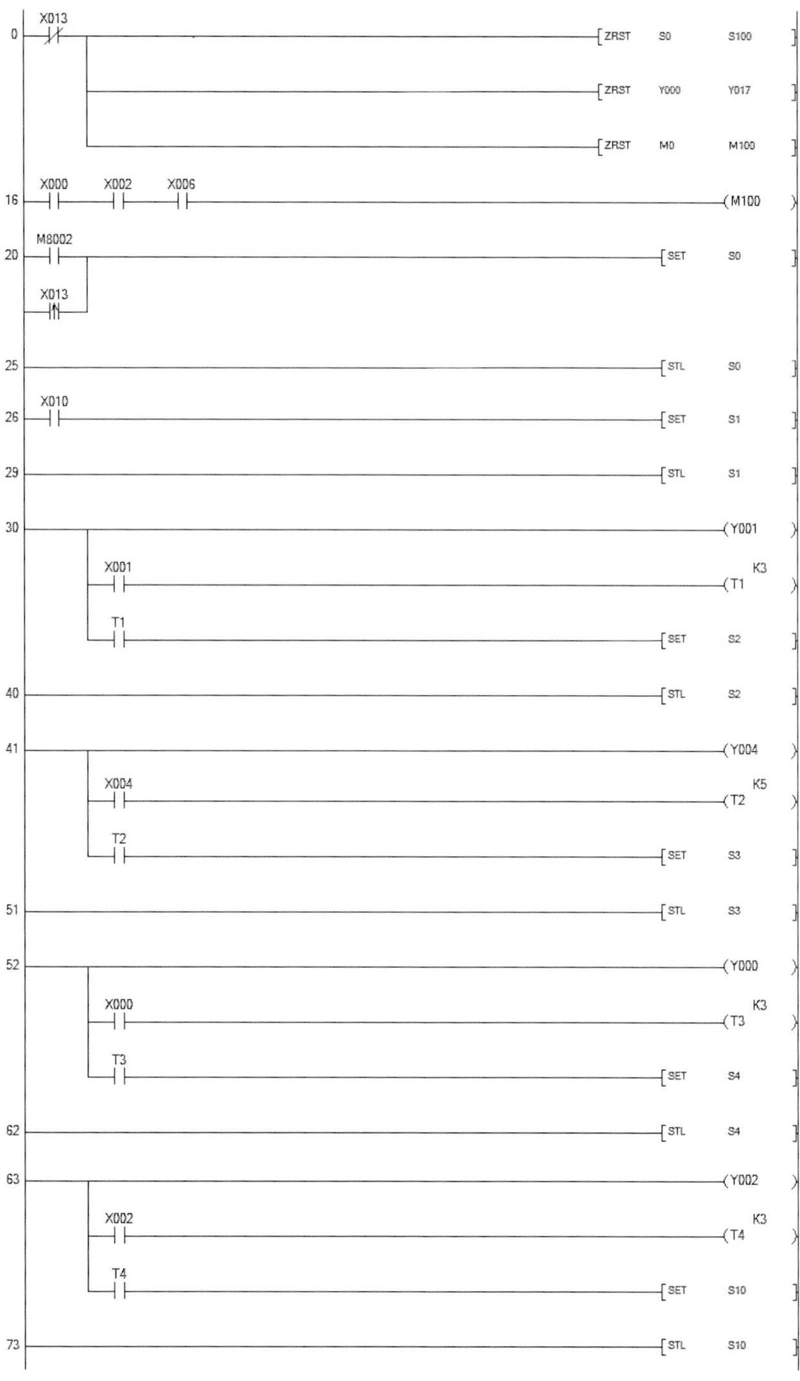
0
X013
ZRST S0 S100
ZRST Y000 Y017
ZRST M0 M100
16
X000 X002 X006
M100
20
M8002
SET S0
X013
25
STL S0
26
X010
SET S1
29
STL S1
30
Y001
X001
K3
T1
T1
SET S2
40
STL S2
41
Y004
X004
K5
T2
T2
SET S3
51
STL S3
52
Y000
X000
K3
T3
T3
SET S4
62
STL S4
63
Y002
X002
K3
T4
T4
SET S10
73
STL S10

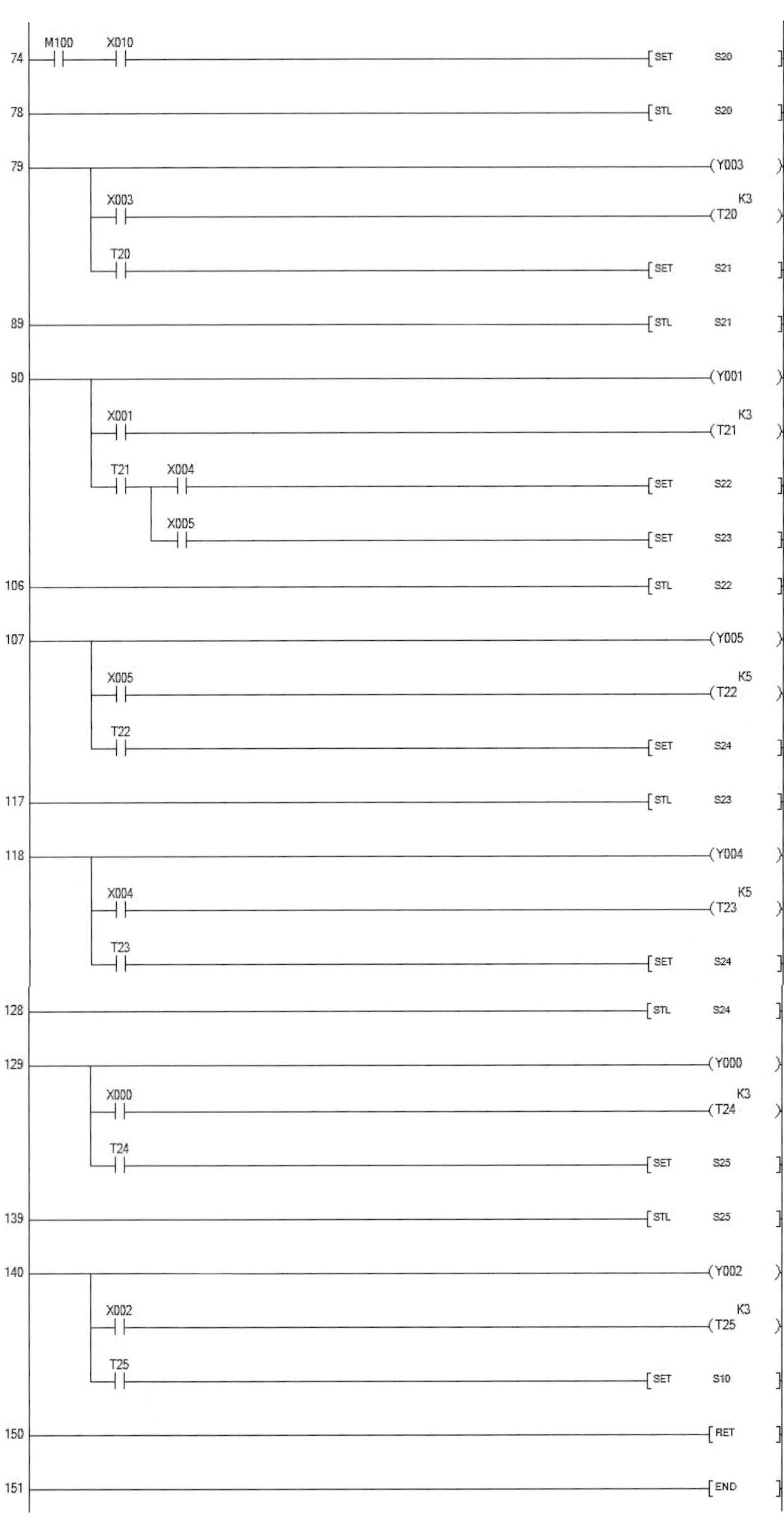

74
M100
X010
SET
S20
78
STL
S20
79
Y003
X003
K3
T20
T20
SET
S21
89
STL
S21
90
Y001
X001
K3
T21
T21
X004
SET
S22
X005
SET
S23
106
STL
S22
107
Y005
X005
K5
T22
T22
SET
S24
117
STL
S23
118
Y004
X004
K5
T23
T23
SET
S24
128
STL
S24
129
Y000
X000
K3
T24
T24
SET
S25
139
STL
S25
140
Y002
X002
K3
T25
T25
SET
S10
150
RET
151
END

五、指令表

```
LDI    X013          緊急開關
ZRST   S0            S100
ZRST   Y000   Y017   升降下降
ZRST   M0     M100
LD     X000          升降下限
AND    X002          夾爪打開
AND    X006          有料感測
OUT    M100
LD     M8002
ORP    X013          緊急開關
SET    S0
STL    S0
LD     X010          啓動按鈕
SET    S1
STL    S1
OUT    Y001          升降上升
LD     X001          升降上限
OUT    T1     K3
LD     T1
SET    S2
STL    S2
OUT    Y004          迴轉正轉
LD     X004          迴轉正端
OUT    T2     K5
LD     T2
SET    S3
STL    S3
OUT    Y000          升降下降
LD     X000          升降下限
OUT    T3     K3
LD     T3
SET    S4
```

```
STL     S4
OUT     Y002          夾爪打開
LD      X002          夾爪打開
OUT     T4      K3
LD      T4
SET     S10
STL     S10
LD      M100
AND     X010          啓動按鈕
SET     S20
STL     S20
OUT     Y003          夾爪閉合
LD      X003          夾爪閉合
OUT     T20     K3
LD      T20
SET     S21
STL     S21
OUT     Y001          升降上升
LD      X001          升降上限
OUT     T21     K3
LD      T21
MPS
AND     X004          迴轉正端
SET     S22
MPP
AND     X005          迴轉反端
SET     S23
STL     S22
OUT     Y005          迴轉反轉
LD      X005          迴轉反端
OUT     T22     K5
LD      T22
SET     S24
STL     S23
OUT     Y004          迴轉正轉
LD      X004          迴轉正端
```

```
OUT    T23     K5
LD     T23
SET    S24
STL    S24
OUT    Y000           升降下降
LD     X000           升降下限
OUT    T24     K3
LD     T24
SET    S25
STL    S25
OUT    Y002           夾爪打開
LD     X002           夾爪打開
OUT    T25     K3
LD     T25
SET    S10
RET
END
```

實習三

二位置擺動模組

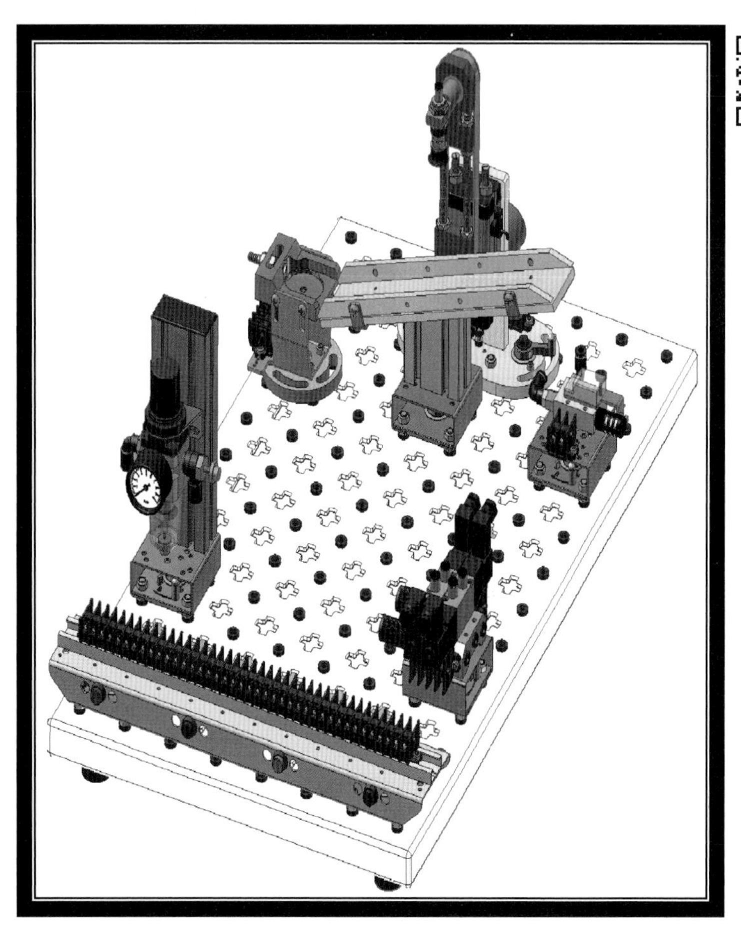

一、功能要求

1. 開始放置圓形物料(X2)，以便真空吸盤吸取物料。
2. 按下啓動按鈕(X10)，執行動作(左擺→吸→右擺→放)。
3. 若無圓形物料，則真空吸盤不會啓動。
4. 若在執行中按下緊急開關(X13)，可停止動作之執行。
5. 欲繼續執行時，再按下緊急開關(X13)一次，再按下啓動按鈕(X10)即可繼續執行。

二、輸入／輸出表

機電整合小模組-輸入/輸出表

	龍門移載	材質正反面翻轉	二位置擺動	左右選向出料	四分割分度盤	衝模打印
X00	手臂圓料	升降下限	擺動右限	凸輪上限	分度定位	打印上限
X01	手臂組裝	升降上限	擺動左限	凸輪下限	料別感測	打印下限
X02	手臂出料	夾爪打開	有料感測	旋轉右限	前方有料	有料感測
X03	垂直上限	夾爪閉合	壓力開關	旋轉中限	左方有料	指撥開關1
X04	垂直下限	迴轉正端		旋轉左限	後方有料	指撥開關2
X05	圓料感測	迴轉反端		姿勢左測	右方有料	指撥開關4
X06	方料感測	有料感測		壓力開關		指撥開關8
Y00	夾爪打開	升降下降	擺動右擺	旋轉右擺	分度正轉	打印下降
Y01	夾爪閉合	升降上升	擺動左擺	旋轉左擺	分度反轉	指撥個位
Y02	垂直下降	夾爪打開	吸盤放置	吸盤放置		指撥十位
Y03	龍門馬達	夾爪閉合	吸盤吸取	吸盤吸取		
Y04	馬達左移	迴轉正轉		凸輪馬達		
Y05		迴轉反轉				

	自動鑽孔	三位置擺動	輸送帶分料	機械手臂	自動充填	自動點膠
X00	鑽孔上限	擺動左限	輸送有料	搬運後限	充填感測	滴定上限
X01	鑽孔下限	擺動右限	指撥開關1	搬運前限	充填有料	滴定下限
X02	夾緊後限	進料左測	指撥開關2	搬運上限	指撥開關1	滴定有料
X03	夾緊前限	進料右測	指撥開關4	搬運下限	指撥開關2	指撥開關1
X04	有料感測	壓力開關	指撥開關8	前側有料	指撥開關4	指撥開關2
X05				後側有料	指撥開關8	指撥開關4
X06						指撥開關8
Y00	鑽孔上升	吸盤放置	直進旋轉1	搬運後退	充填右擺	滴定下降
Y01	鑽孔下降	吸盤吸取	直進旋轉2	搬運前進	充填左擺	滴定點膠
Y02	夾緊後退	擺動左擺	輸送馬達	搬運打開	指撥個位	指撥個位
Y03	夾緊前進	擺動右擺	指撥個位	搬運閉合	指撥十位	指撥十位
Y04	鑽孔馬達		指撥十位	搬運下降		
Y05						

X10	啟動按鈕	X11	停止按鈕	X12	選擇開關	X13	緊急開關

三、IO 表、擺動模組端子台配線圖、氣壓迴路圖

二位置擺動模組-IO表

IO表

X00	擺動右限
X01	擺動左限
X02	有料感測
X03	壓力開關
X04	
X05	
X06	
X10	啟動按鈕
X11	停止按鈕
X12	選擇開關
X13	緊急開關

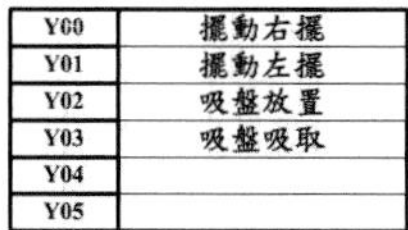

Y00	擺動右擺
Y01	擺動左擺
Y02	吸盤放置
Y03	吸盤吸取
Y04	
Y05	

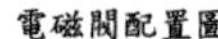

電磁閥配置圖

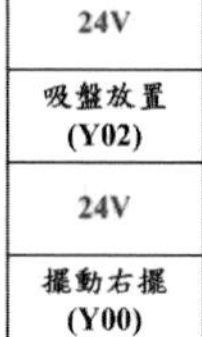

24V
吸盤放置 (Y02)
24V
擺動右擺 (Y00)

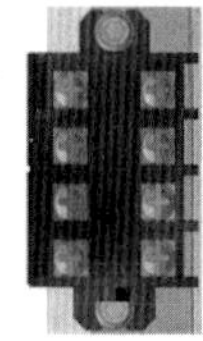

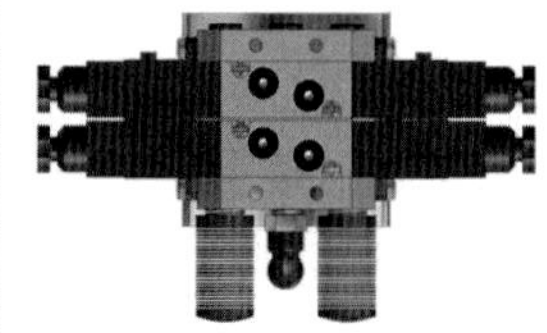

吸盤吸取 (Y03)
24V
擺動左擺 (Y01)
24V

二位置擺動模組-擺動模組端子台配線圖

項目	型　　號	說　　明	數量
1	KT-11R	二位置旋轉缸位置感測	2
2	PH08-03N	進料座料別有無感測	1
3	KV-10HSCK	真空壓力開關	1

24V
有料感測 (X02)
0V

壓力開關 (X03)	0V

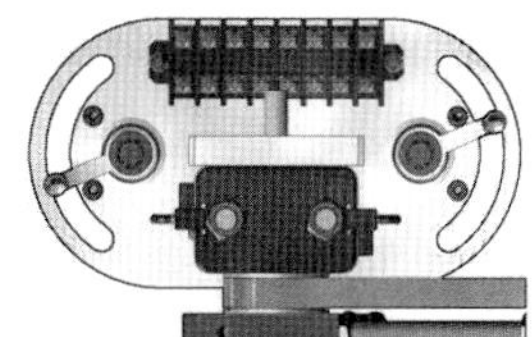

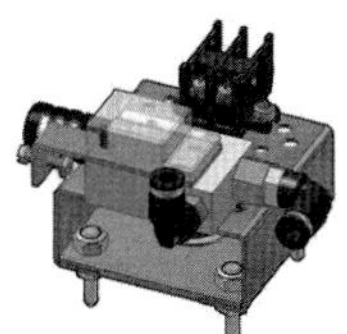

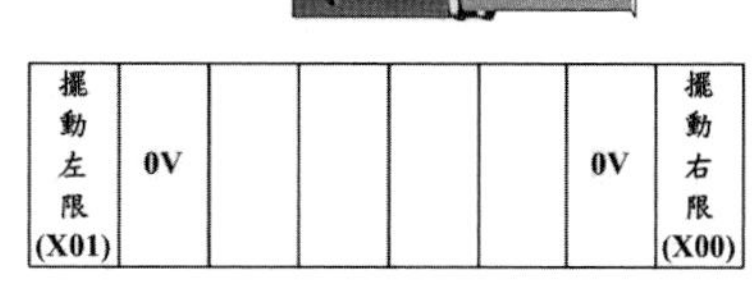

擺動左限 (X01)	0V					0V	擺動右限 (X00)

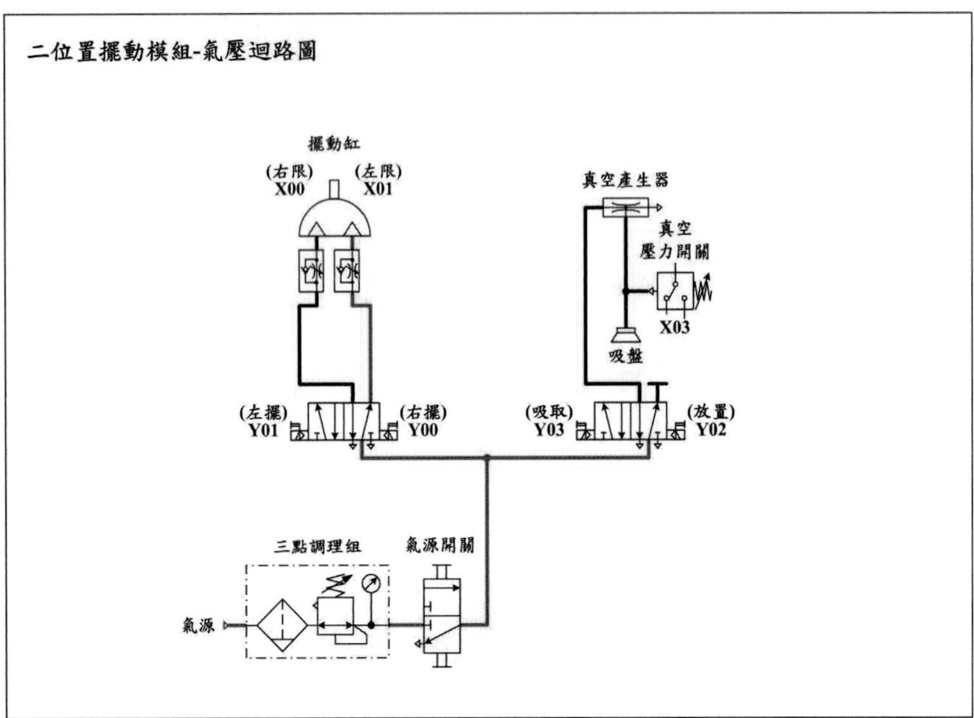
二位置擺動模組-氣壓迴路圖
擺動缸
(右限)
X00
(左限)
X01
真空產生器
真空
壓力開關
X03
吸盤
(左擺)
Y01
(右擺)
Y00
(吸取)
Y03
(放置)
Y02
三點調理組
氣源開關
氣源

四、步進階梯圖

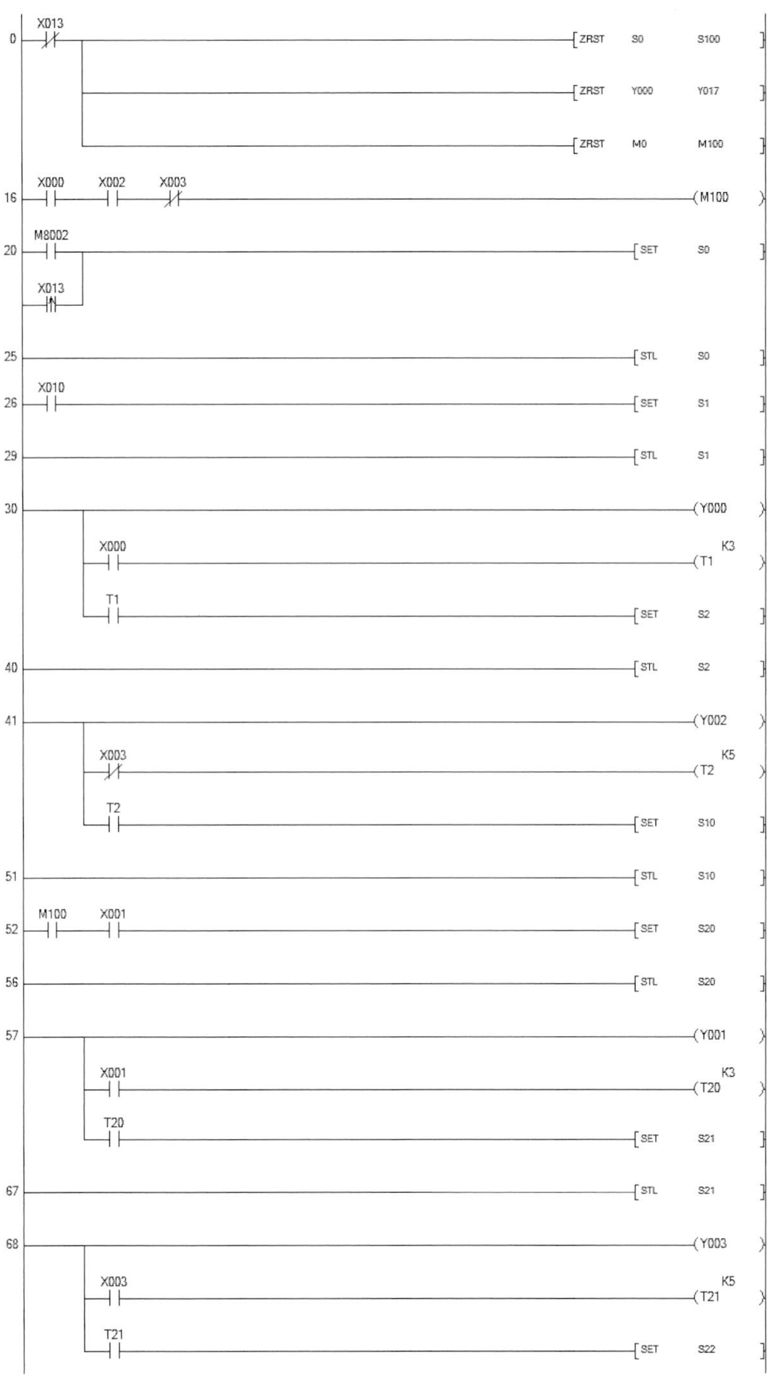
0
X013
ZRST S0 S100
ZRST Y000 Y017
ZRST M0 M100
16
X000 X002 X003
M100
20
M8002
SET S0
X013
25
STL S0
26
X010
SET S1
29
STL S1
30
Y000
X000
K3
T1
T1
SET S2
40
STL S2
41
Y002
X003
K5
T2
T2
SET S10
51
STL S10
52
M100 X001
SET S20
56
STL S20
57
Y001
X001
K3
T20
T20
SET S21
67
STL S21
68
Y003
X003
K5
T21
T21
SET S22

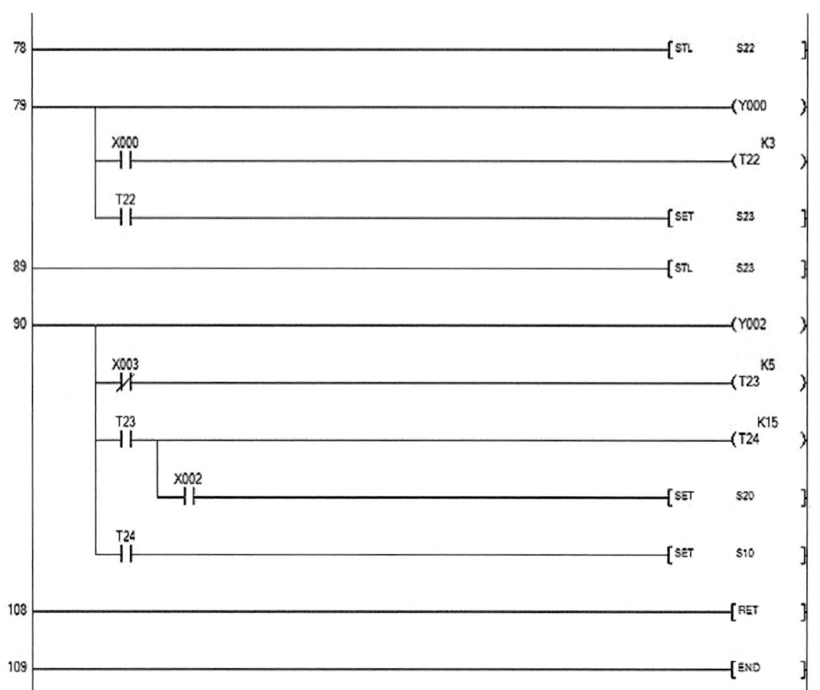
78
STL S22
79
Y000
X000
K3
T22
T22
SET S23
89
STL S23
90
Y002
X003
K5
T23
T23
K15
T24
X002
SET S20
T24
SET S10
108
RET
109
END

五、指令表

```
LDI    X013          緊急開關
ZRST   S0     S100
ZRST   Y000   Y017   擺動右擺
ZRST   M0            M100
LD     X000          擺動右限
AND    X002          有料感測
ANI    X003          壓力開關
OUT    M100
LD     M8002
ORP    X013          緊急開關
SET    S0
STL    S0
LD     X010          啓動按鈕
SET    S1
STL    S1
OUT    Y000          擺動右擺
LD     X000          擺動右限
OUT    T1     K3
LD     T1
SET    S2
STL    S2
OUT    Y002          吸盤放置
LDI    X003          壓力開關
OUT    T2     K5
LD     T2
SET    S10
STL    S10
LD     M100
AND    X010          啓動按鈕
SET    S20
STL    S20
OUT    Y001          擺動左擺
LD     X001          擺動左限
```

```
OUT    T20    K3
LD     T20
SET    S21
STL    S21
OUT    Y003          吸盤吸取
LD     X003          壓力開關
OUT    T21    K5
LD     T21
SET    S22
STL    S22
OUT    Y000          擺動右擺
LD     X000          擺動右限
OUT    T22    K3
LD     T22
SET    S23
STL    S23
OUT    Y002          吸盤放置
LDI    X003          壓力開關
OUT    T23    K5
LD     T23
OUT    T24    K15
AND    X002          有料感測
SET    S20
LD     T24
SET    S10
RET
END
```

實習四

左右選向出料模組

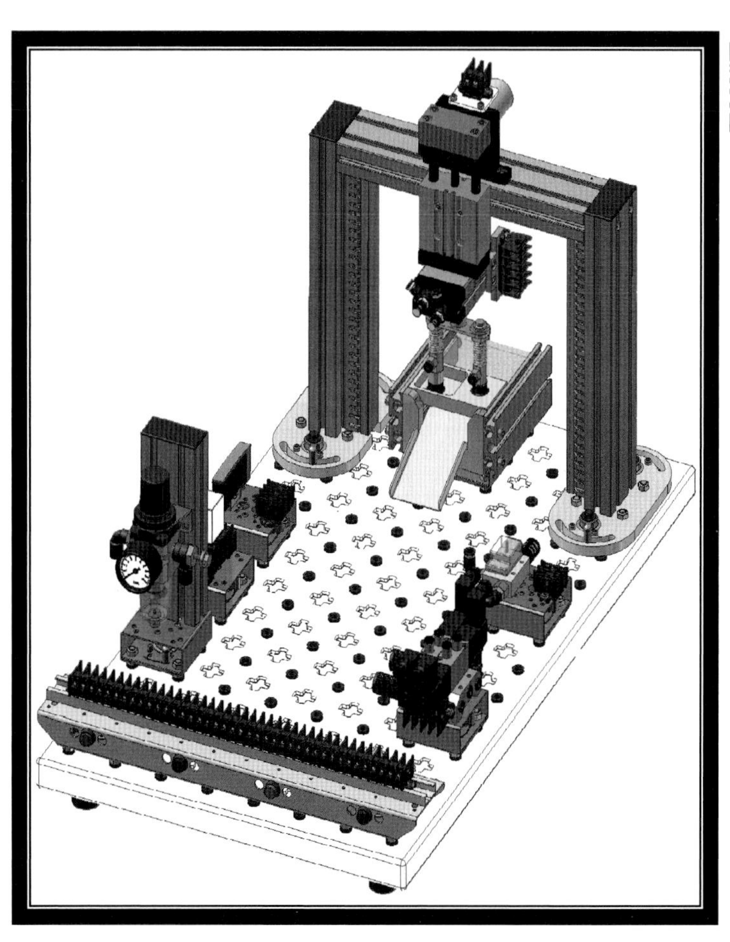

一、功能要求

1. 開始放置方形物料，感應凹口方向，以便真空吸盤吸取物料。
2. 按下啓動按鈕(X10)，執行單一動作(擺動→下降→吸→上升→中擺→下降→放→上升→右擺)。
3. 若在執行中按下緊急開關(X13)，可停止動作之執行。
4. 欲繼續執行時，再按下緊急開關(X13)一次，再按下啓動按鈕(X10)即可繼續執行。

二、輸入／輸出表

機電整合小模組-輸入/輸出表

	龍門移載	材質正反面翻轉	二位置擺動	左右選向出料	四分割分度盤	衝模打印
X00	手臂圓料	升降下限	擺動右限	凸輪上限	分度定位	打印上限
X01	手臂組裝	升降上限	擺動左限	凸輪下限	料別感測	打印下限
X02	手臂出料	夾爪打開	有料感測	旋轉右限	前方有料	有料感測
X03	垂直上限	夾爪閉合	壓力開關	旋轉中限	左方有料	指撥開關1
X04	垂直下限	迴轉正端		旋轉左限	後方有料	指撥開關2
X05	圓料感測	迴轉反端		姿勢左測	右方有料	指撥開關4
X06	方料感測	有料感測		壓力開關		指撥開關8
Y00	夾爪打開	升降下降	擺動右擺	旋轉右擺	分度正轉	打印下降
Y01	夾爪閉合	升降上升	擺動左擺	旋轉左擺	分度反轉	指撥個位
Y02	垂直下降	夾爪打開	吸盤放置	吸盤放置		指撥十位
Y03	龍門馬達	夾爪閉合	吸盤吸取	吸盤吸取		
Y04	馬達左移	迴轉正轉		凸輪馬達		
Y05		迴轉反轉				

	自動鑽孔	三位置擺動	輸送帶分料	機械手臂	自動充填	自動點膠
X00	鑽孔上限	擺動左限	輸送有料	搬運後限	充填感測	滴定上限
X01	鑽孔下限	擺動右限	指撥開關1	搬運前限	充填有料	滴定下限
X02	夾緊後限	進料左測	指撥開關2	搬運上限	指撥開關1	滴定有料
X03	夾緊前限	進料右測	指撥開關4	搬運下限	指撥開關2	指撥開關1
X04	有料感測	壓力開關	指撥開關8	前側有料	指撥開關4	指撥開關2
X05				後側有料	指撥開關8	指撥開關4
X06						指撥開關8
Y00	鑽孔上升	吸盤放置	直進旋轉1	搬運後退	充填右擺	滴定下降
Y01	鑽孔下降	吸盤吸取	直進旋轉2	搬運前進	充填左擺	滴定點膠
Y02	夾緊後退	擺動左擺	輸送馬達	搬運打開	指撥個位	指撥個位
Y03	夾緊前進	擺動右擺	指撥個位	搬運閉合	指撥十位	指撥十位
Y04	鑽孔馬達		指撥十位	搬運下降		
Y05						

X10 啟動按鈕　　X11 停止按鈕　　X12 選擇開關　　X13 緊急開關

三、IO 表、選向模組端子台配線圖、氣壓迴路圖

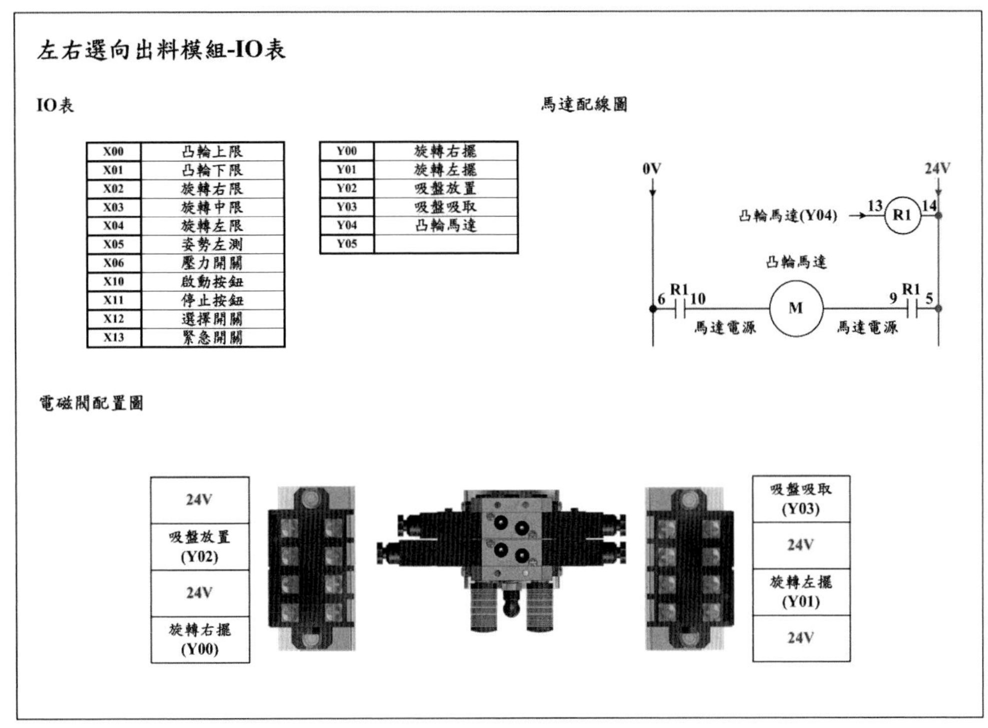

左右選向出料模組-IO表

IO表

X00	凸輪上限
X01	凸輪下限
X02	旋轉右限
X03	旋轉中限
X04	旋轉左限
X05	姿勢左測
X06	壓力開關
X10	啟動按鈕
X11	停止按鈕
X12	選擇開關
X13	緊急開關

Y00	旋轉右擺
Y01	旋轉左擺
Y02	吸盤放置
Y03	吸盤吸取
Y04	凸輪馬達
Y05	

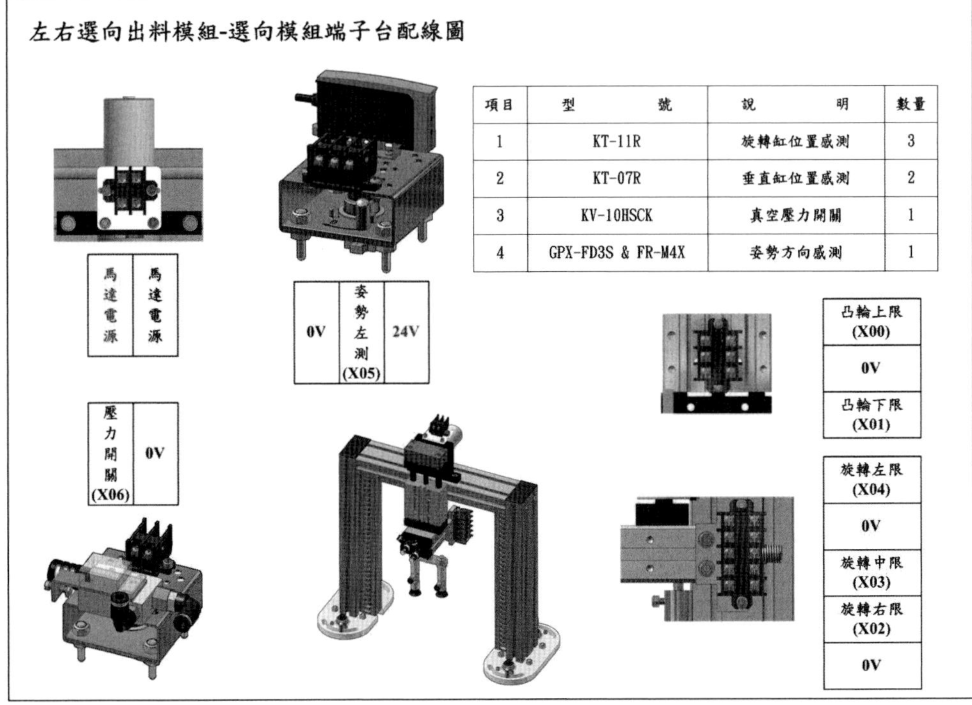

左右選向出料模組-選向模組端子台配線圖

項目	型號	說明	數量
1	KT-11R	旋轉缸位置感測	3
2	KT-07R	垂直缸位置感測	2
3	KV-10HSCK	真空壓力開關	1
4	GPX-FD3S & FR-M4X	姿勢方向感測	1

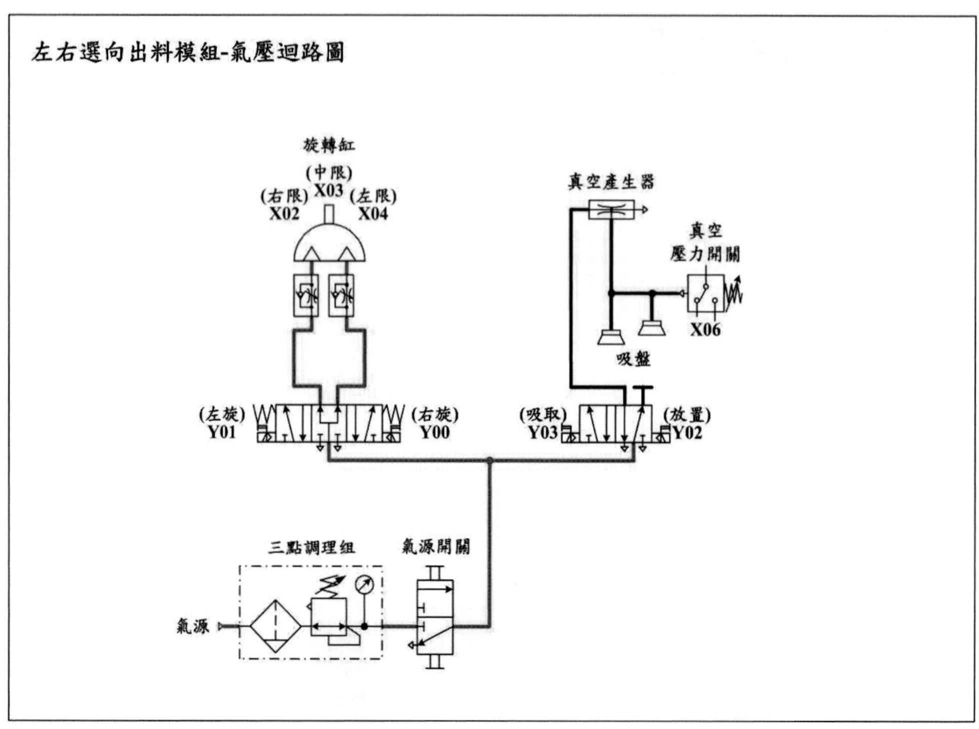
左右選向出料模組-氣壓迴路圖
旋轉缸
(中限)
X03
(右限)
X02
(左限)
X04
真空產生器
真空
壓力開關
X06
吸盤
(左旋)
Y01
(右旋)
Y00
(吸取)
Y03
(放置)
Y02
三點調理組
氣源開關
氣源

四、步進階梯圖

```
0   X013(b)                        [ZRST S0 S100]
                                   [ZRST Y000 Y017]
                                   [ZRST M0 M100]
                                   [ZRST D0 D100]
21  X000  X002  X006(b)            (M100)
25  M8002                          [SET S0]
    X013(↑)
30                                 [STL S0]
31  X010                           [SET S1]
34                                 [STL S1]
35                                 (Y004)
      X000  X006                   [SET S2]
            X006(b)                [SET S4]
45                                 [STL S2]
46                                 (Y000)
      X002                         [SET S3]
50                                 [STL S3]
51  M8000  T3(b)                   (Y001)
           X003                    (T3 K3)
           T3                      (T2 K10)
           T2                      [SET S30]
                                   [SET S4]
71                                 [STL S4]
72  M8000  S30(b)                  (Y002)
           X006(b)                 (T4 K5)
           T4                      [SET S5]
             X000(b)               [SET S30]
```

```
88   ──────────────────────────────────────────[STL   S5  ]
     M8000   S30    X000
89   ─┤├────┤/├────┤├──────────────────────────(Y000      )
            │X002
            └┤├────────────────────────────────[SET   S10 ]
98   ──────────────────────────────────────────[STL   S10 ]
     M100    X010
99   ─┤├────┤├─────────────────────────────────[SET   S0  ]
103  ──────────────────────────────────────────[STL   S20 ]
104  ──────┬───────────────────────────────────[RST   D0  ]
           │                                         K100
           ├───────────────────────────────────(T20       )
           │T20
           ├┤├─────────────────────────────────[SET   S10 ]
           │X005
           └┤├─────────────────────────────────[SET   S21 ]
118  ──────────────────────────────────────────[STL   S21 ]
                                                     K20
119  ──────┬───────────────────────────────────(T21       )
           │X005
           ├┤├─────────────────────────────────[INCP  D0  ]
           │T21
           └┤├─────────────────────────────────[SET   S22 ]
131  ──────────────────────────────────────────[STL   S22 ]
     M8000
132  ─┤├───┬[=   D0   K2 ]─────────────────────[SET   Y000]
           │
           ├[=   D0   K1 ]─────────────────────[SET   Y001]
           │Y000   X002                              K5
           ├┤├────┤├───┬───────────────────────(T22       )
           │Y001   X004│
           ├┤├────┤├───┘
           │T22
           ├┤├──┬──────────────────────────────[SET   S23 ]
           │    └──────────────────────────────[SET   S30 ]
           │Y000   Y001
           └┤/├───┤/├──────────────────────────[SET   S20 ]
168  ──────────────────────────────────────────[STL   S23 ]
     M8000   S30    X001                             K5
169  ─┤├───┬┤/├────┤├───┬──────────────────────(T23       )
           │            └──────────────────────(Y003      )
           │T23    X006
           └┤├──┬─┤├───┬───────────────────────[SET   S24 ]
                │      └───────────────────────[SET   S30 ]
                │X006
                └┤/├───────────────────────────[SET   S25 ]
```

```
189 ─────────────────────────────────────────────[STL   S24 ]

     M8000    S30     T24     X000
190 ─┤├──┬───┤/├─────┤/├─────┤├──┬─[=  D0  K2 ]─────(Y001 )
         │                        └─[=  D0  K1 ]─────(Y000 )
         │   X003                                      K3
         ├───┤├──────────────────────────────────────(T24 )
         │   T24                                       K10
         ├───┤├──────────────────────────────────────(T26 )
         │   T26
         └───┤├──┬───────────────────────────────[SET   S25 ]
                 └───────────────────────────────[SET   S30 ]

225 ─────────────────────────────────────────────[STL   S25 ]

     M8000    S30     X001
226 ─┤├──┬───┤/├─────┤├──────────────────────────(Y002 )
         │   X006                                      K5
         ├───┤/├─────────────────────────────────(T25 )
         │   T25
         └───┤├──┬───────────────────────────────[SET   S26 ]
                 └───────────────────────────────[SET   S30 ]

242 ─────────────────────────────────────────────[STL   S26 ]

     M8000    S30     X000
243 ─┤├──┬───┤/├─────┤├──────────────────────────(Y000 )
         │   X002
         └───┤├──────────────────────────────────[SET   S20 ]

252 ─────────────────────────────────────────────[STL   S30 ]

253 ─────┬───────────────────────────────────────(Y004 )
         │                                             K3
         ├───────────────────────────────────────(T30 )
         │   X000     T30
         ├───┤↑├──┬──┤├──────────────────────────[RST   S30 ]
         │   X001  │
         └───┤↑├──┘

265 ─────────────────────────────────────────────[RET ]

266 ─────────────────────────────────────────────[END ]
```

五、指令表

```
LDI    X013           緊急開關
ZRST   S0     S100
ZRST   Y000   Y017    旋轉右擺
ZRST   M0     M100
ZRST   D0     D100
LD     X000           凸輪上限
AND    X002
ANI    X006           壓力開關
OUT    M100
LD     M8002
ORP    X013           緊急開關
SET    S0
STL    S0
LD     X010           啓動按鈕
SET    S1
STL    S1
OUT    Y004           凸輪馬達
LD     X000           凸輪上限
MPS
AND    X006           壓力開關
SET    S2
MPP
ANI    X006           壓力開關
SET    S4
STL    S2
OUT    Y000           旋轉右擺
LD     X002           旋轉右限
SET    S3
STL    S3
LDI    T3
OUT    Y001           旋轉左擺
LD     X003           旋轉中限
OUT    T3     K3
```

```
LD      T3
OUT     T2      K10
LD      T2
SET     S30
SET     S4
STL     S4
LDI     S30
OUT     Y002            吸盤放置
LDI     X006            壓力開關
OUT     T4      K5
LD      T4
SET     S5
ANI     X000            凸輪上限
SET     S30
STL     S5
LDI     S30
AND     X000            凸輪上限
OUT     Y000            旋轉右擺
LD      X002            旋轉右限
SET     S10
STL     S10
LD      M100
AND     X010
SET     S20
STL     S20
RST     D0
OUT     T20     K100
LD      T20
SET     S10
LD      X005
SET     S21
STL     S21
OUT     T21     K20
LD      X005            姿勢左測
INCP    D0
LD      T21
```

```
SET     S22
STL     S22
LD=     D0      K2
SET     Y000            旋轉右擺
LD=     D0      K1
SET     Y001            旋轉左擺
LD      Y000            旋轉右擺
AND     X002            旋轉右限
LD      Y001            旋轉左擺
AND     X004            旋轉左限
ORB
OUT     T22     K5
LD      T22
SET     S23
SET     S30
LDI     Y000
ANI     Y001
SET     S20
STL     S23
LDI     S30
AND     X001            凸輪下限
OUT     T23     K5
OUT     Y003            吸盤吸取
LD      T23
MPS
AND     X006            壓力開關
SET     S24
SET     S30
MPP
ANI     X006            壓力開關
SET     S25
STL     S24
LDI     S30
ANI     T24
AND     X000
MPS
```

```
AND=    D0      K2
OUT     Y001
MPP
AND=    D0      K1
OUT     Y000
LD      X003
OUT     T24     K3
LD      T24
OUT     T26     K10
LD      T26
SET     S25
SET     S30
STL     S25
LDI     S30
AND     X001            凸輪下限
OUT     Y002            吸盤放置
LDI     X006            壓力開關
OUT     T25     K5
LD      T25
SET     S26
SET     S30
STL     S26
LDI     S30
AND     X000            凸輪上限
OUT     Y000            旋轉右擺
LD      X002            旋轉右限
SET     S20
STL     S30
OUT     Y004            凸輪馬達
OUT     T30     K3
LDP     X000            凸輪上限
ORP     X001            凸輪下限
AND     T30
RST     S30
RET
END
```

實習五

四分割分度盤模組

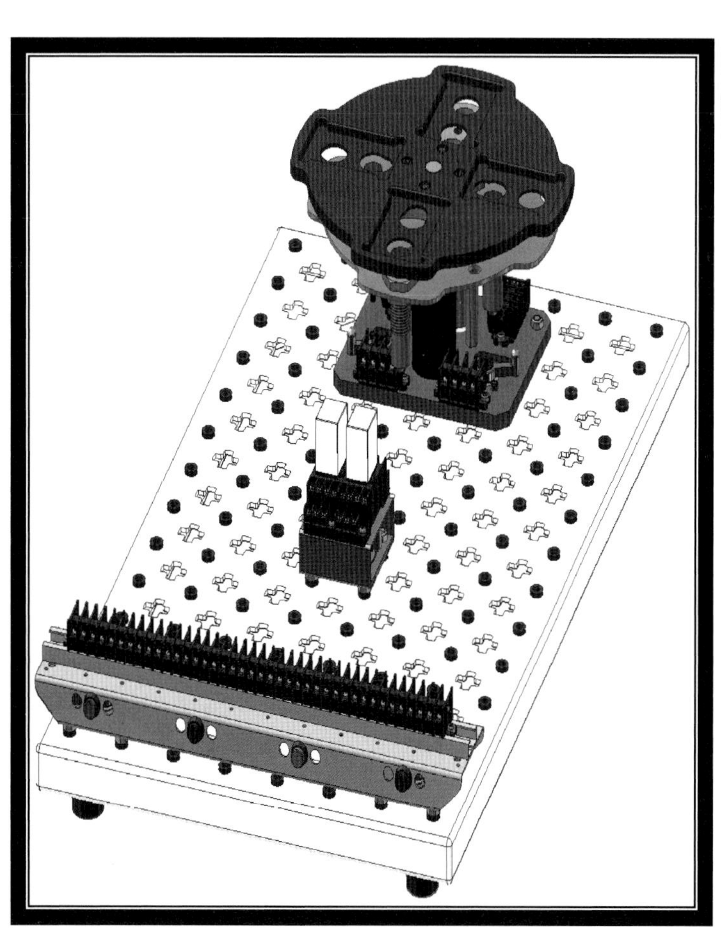

一、功能要求

1. 放置方形物料至定位。
2. 按下啓動按鈕(X10)一次，只會轉動一次(四分之一圈，即 90 度)，若持續按著 1 秒以上時間，則會持續轉動。
3. 按下停止按鈕(X11)，則會停止動作。
4. 若在執行中按下緊急開關(X13)，可停止動作之執行。
5. 若無放置物料，也能運轉。
6. 選擇開關(X12)可切換正反轉。

二、輸入／輸出表

機電整合小模組-輸入/輸出表

	龍門移載	材質正反面翻轉	二位置擺動	左右選向出料	四分割分度盤	衝模打印
X00	手臂圓料	升降下限	擺動右限	凸輪上限	分度定位	打印上限
X01	手臂組裝	升降上限	擺動左限	凸輪下限	料別感測	打印下限
X02	手臂出料	夾爪打開	有料感測	旋轉右限	前方有料	有料感測
X03	垂直上限	夾爪閉合	壓力開關	旋轉中限	左方有料	指撥開關1
X04	垂直下限	迴轉正端		旋轉左限	後方有料	指撥開關2
X05	圓料感測	迴轉反端		姿勢左測	右方有料	指撥開關4
X06	方料感測	有料感測		壓力開關		指撥開關8
Y00	夾爪打開	升降下降	擺動右擺	旋轉右擺	分度正轉	打印下降
Y01	夾爪閉合	升降上升	擺動左擺	旋轉左擺	分度反轉	指撥個位
Y02	垂直下降	夾爪打開	吸盤放置	吸盤放置		指撥十位
Y03	龍門馬達	夾爪閉合	吸盤吸取	吸盤吸取		
Y04	馬達左移	迴轉正轉		凸輪馬達		
Y05		迴轉反轉				

	自動鑽孔	三位置擺動	輸送帶分料	機械手臂	自動充填	自動點膠
X00	鑽孔上限	擺動左限	輸送有料	搬運後限	充填感測	滴定上限
X01	鑽孔下限	擺動右限	指撥開關1	搬運前限	充填有料	滴定下限
X02	夾緊後限	進料左測	指撥開關2	搬運上限	指撥開關1	滴定有料
X03	夾緊前限	進料右測	指撥開關4	搬運下限	指撥開關2	指撥開關1
X04	有料感測	壓力開關	指撥開關8	前側有料	指撥開關4	指撥開關2
X05				後側有料	指撥開關8	指撥開關4
X06						指撥開關8
Y00	鑽孔上升	吸盤放置	直進旋轉1	搬運後退	充填右擺	滴定下降
Y01	鑽孔下降	吸盤吸取	直進旋轉2	搬運前進	充填左擺	滴定點膠
Y02	夾緊後退	擺動左擺	輸送馬達	搬運打開	指撥個位	指撥個位
Y03	夾緊前進	擺動右擺	指撥個位	搬運閉合	指撥十位	指撥十位
Y04	鑽孔馬達		指撥十位	搬運下降		
Y05						

X10	啟動按鈕	X11	停止按鈕	X12	選擇開關	X13	緊急開關

三、IO 表、分度盤模組端子配線圖

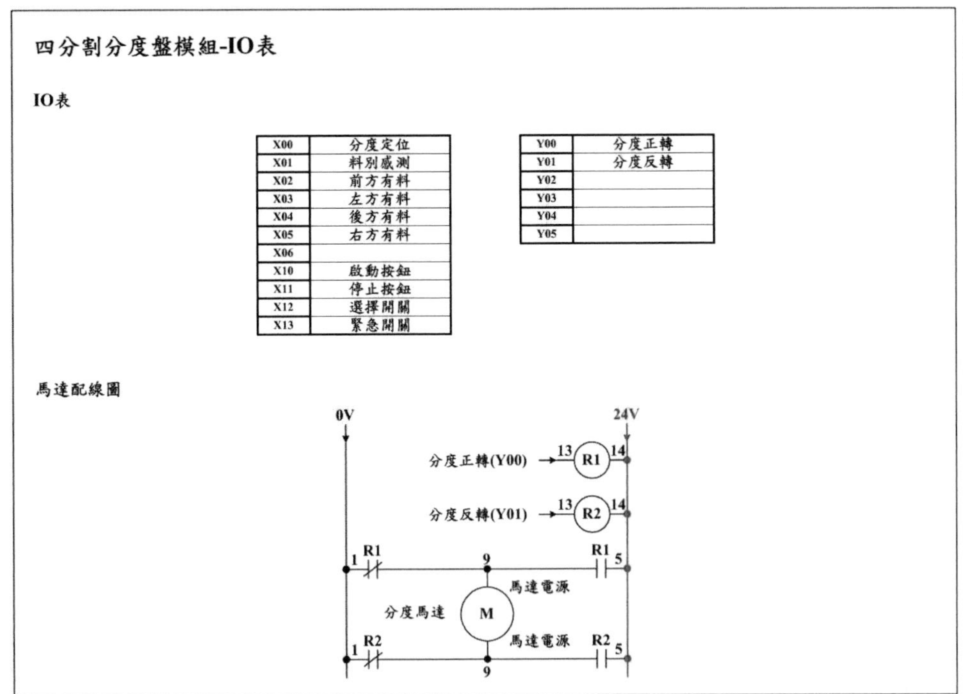

四分割分度盤模組-IO表

IO表

X00	分度定位
X01	料別感測
X02	前方有料
X03	左方有料
X04	後方有料
X05	右方有料
X06	
X10	啟動按鈕
X11	停止按鈕
X12	選擇開關
X13	緊急開關

Y00	分度正轉
Y01	分度反轉
Y02	
Y03	
Y04	
Y05	

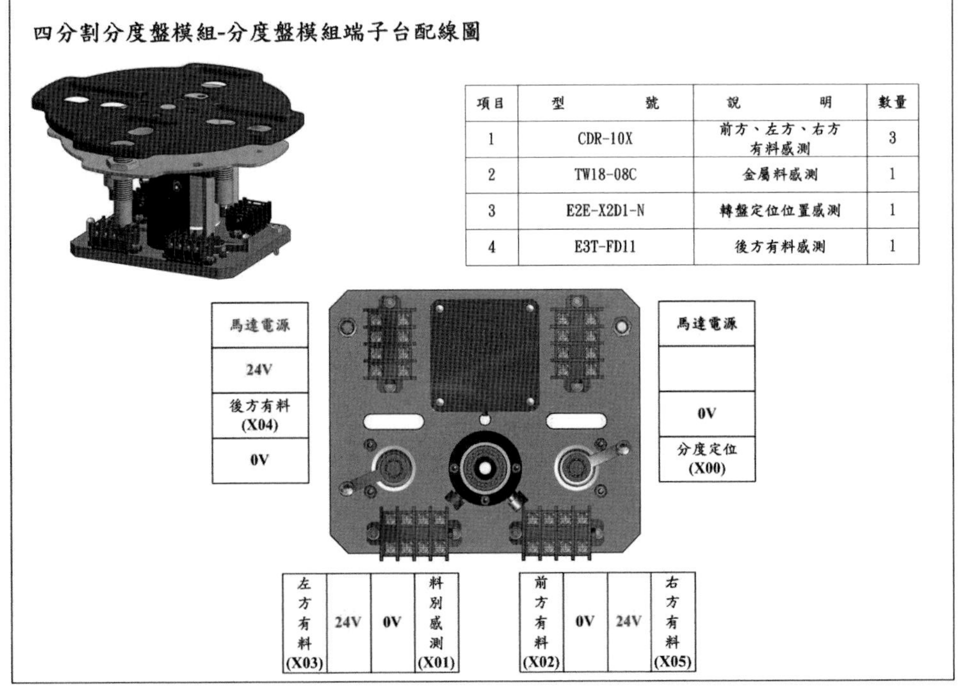

四分割分度盤模組-分度盤模組端子台配線圖

項目	型　號	說　明	數量
1	CDR-10X	前方、左方、右方有料感測	3
2	TW18-08C	金屬料感測	1
3	E2E-X2D1-N	轉盤定位位置感測	1
4	E3T-FD11	後方有料感測	1

四、步進階梯圖

```
0    X013(b)                    [ZRST S0 S100]
                                [ZRST Y000 Y017]
                                [ZRST M0 M100]
16   X011                       [RST M0]
18   X010                       (T50 K10)
22   T50                        [SET M0]
24   M8002                      [SET S10]
     X013(↑)
29                              [STL S10]
30   X010                       [SET S20]
33                              [STL S20]
34   M8000  X012(b)  Y001(b)    [SET Y000]
            X012     Y000(b)    [SET Y001]
            X000(↓)             [ZRST Y000 Y001]
                                [SET S21]
53                              [STL S21]
54   M8000  M0(b)               [SET S10]
            M0                  [SET S20]
63                              [RET]
64                              [END]
```

五、指令表

```
LDI    X013           緊急開關
ZRST   S0     S100
ZRST   Y000   Y017    分度正轉
ZRST   M0     M100
LD     X011           停止按鈕
RST    M0
LD     X010           啓動按鈕
OUT    T50    K10
LD     T50
SET    M0
LD     M8002
ORP    X013           緊急開關
SET    S10
STL    S10
LD     X010           啓動按鈕
SET    S20
STL    S20
LDI    X012           選擇開關
ANI    Y001           分度反轉
SET    Y000           分度正轉
LD     X012           選擇開關
ANI    Y000           分度正轉
SET    Y001           分度反轉
LDF    X000           分度定位
ZRST   Y000   Y001    分度正轉
                      分度反轉
SET    S21
STL    S21
LDI    M0
SET    S10
LD     M0
SET    S20
RET
END
```

實習六

衝模打印模組

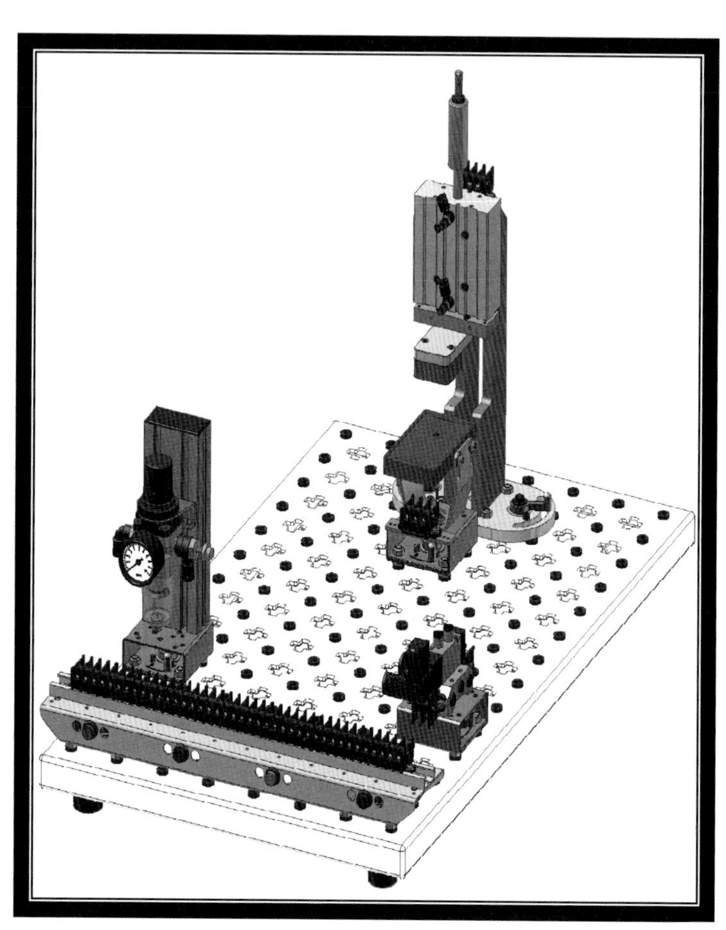

一、功能要求

1. 按下啓動按鈕(X10)，執行單一動作(下降→上升)。
2. 放置方形物料(X2)，感應後便開始打印。
3. 若將物料移走，則感應不到物料，就停止打印。
4. 若持續將物料放置在打印槽中，感應後便開始持續打印不會停止，直到將物料移走，打印才會停止。
5. 若在執行中按下緊急開關(X13)，可停止動作之執行。
6. 欲繼續執行時，再按下緊急開關(X13)一次，再按下啓動按鈕(X10)即可繼續執行。

二、輸入／輸出表

機電整合小模組-輸入/輸出表

	龍門移載	材質正反面翻轉	二位置擺動	左右選向出料	四分割分度盤	衝模打印
X00	手臂圓料	升降下限	擺動右限	凸輪上限	分度定位	打印上限
X01	手臂組裝	升降上限	擺動左限	凸輪下限	料別感測	打印下限
X02	手臂出料	夾爪打開	有料感測	旋轉右限	前方有料	有料感測
X03	垂直上限	夾爪閉合	壓力開關	旋轉中限	左方有料	指撥開關1
X04	垂直下限	迴轉正端		旋轉左限	後方有料	指撥開關2
X05	圓料感測	迴轉反端		姿勢左測	右方有料	指撥開關4
X06	方料感測	有料感測		壓力開關		指撥開關8
Y00	夾爪打開	升降下降	擺動右擺	旋轉右擺	分度正轉	打印下降
Y01	夾爪閉合	升降上升	擺動左擺	旋轉左擺	分度反轉	指撥個位
Y02	垂直下降	夾爪打開	吸盤放置	吸盤放置		指撥十位
Y03	龍門馬達	夾爪閉合	吸盤吸取	吸盤吸取		
Y04	馬達左移	迴轉正轉		凸輪馬達		
Y05		迴轉反轉				

	自動鑽孔	三位置擺動	輸送帶分料	機械手臂	自動充填	自動點膠
X00	鑽孔上限	擺動左限	輸送有料	搬運後限	充填感測	滴定上限
X01	鑽孔下限	擺動右限	指撥開關1	搬運前限	充填有料	滴定下限
X02	夾緊後限	進料左測	指撥開關2	搬運上限	指撥開關1	滴定有料
X03	夾緊前限	進料右測	指撥開關4	搬運下限	指撥開關2	指撥開關1
X04	有料感測	壓力開關	指撥開關8	前側有料	指撥開關4	指撥開關2
X05				後側有料	指撥開關8	指撥開關4
X06						指撥開關8
Y00	鑽孔上升	吸盤放置	直進旋轉1	搬運後退	充填右擺	滴定下降
Y01	鑽孔下降	吸盤吸取	直進旋轉2	搬運前進	充填左擺	滴定點膠
Y02	夾緊後退	擺動左擺	輸送馬達	搬運打開	指撥個位	指撥個位
Y03	夾緊前進	擺動右擺	指撥個位	搬運閉合	指撥十位	指撥十位
Y04	鑽孔馬達		指撥十位	搬運下降		
Y05						

X10	啟動按鈕	X11	停止按鈕	X12	選擇開關	X13	緊急開關

三、IO 表、打印模組端子台配線圖、氣壓迴路圖

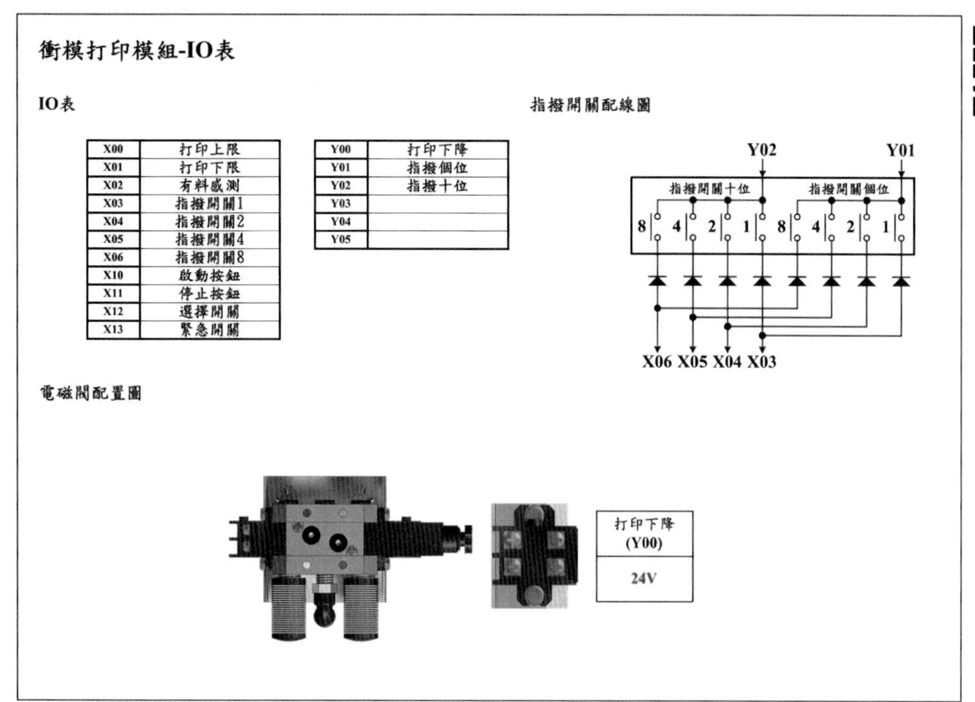

衝模打印模組-IO表

IO表

X00	打印上限
X01	打印下限
X02	有料感測
X03	指撥開關1
X04	指撥開關2
X05	指撥開關4
X06	指撥開關8
X10	啟動按鈕
X11	停止按鈕
X12	選擇開關
X13	緊急開關

Y00	打印下降
Y01	指撥個位
Y02	指撥十位
Y03	
Y04	
Y05	

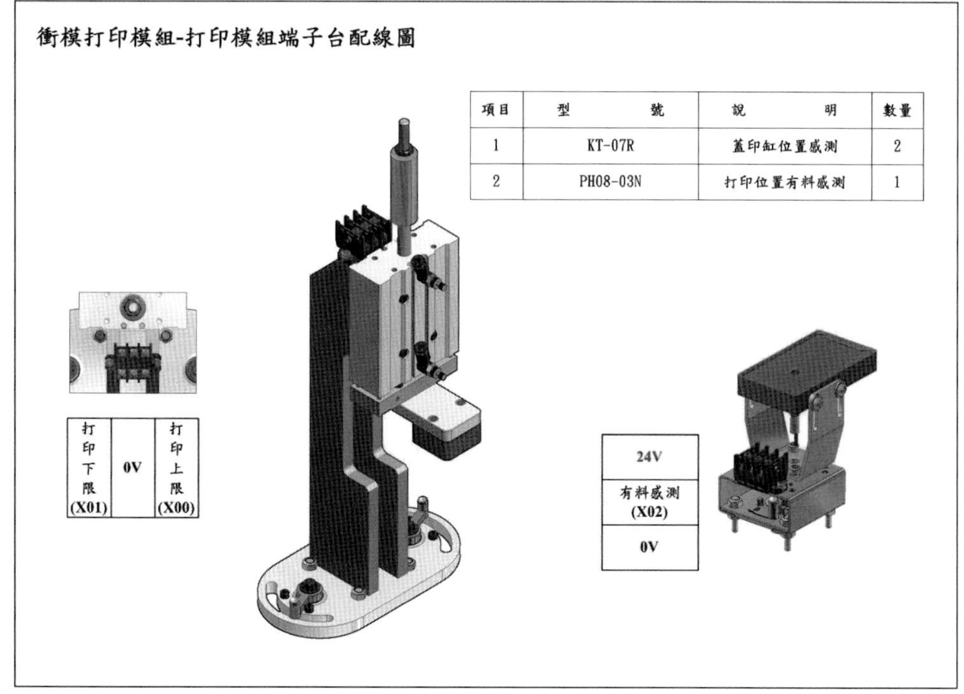

衝模打印模組-打印模組端子台配線圖

項目	型號	說明	數量
1	KT-07R	蓋印缸位置感測	2
2	PH08-03N	打印位置有料感測	1

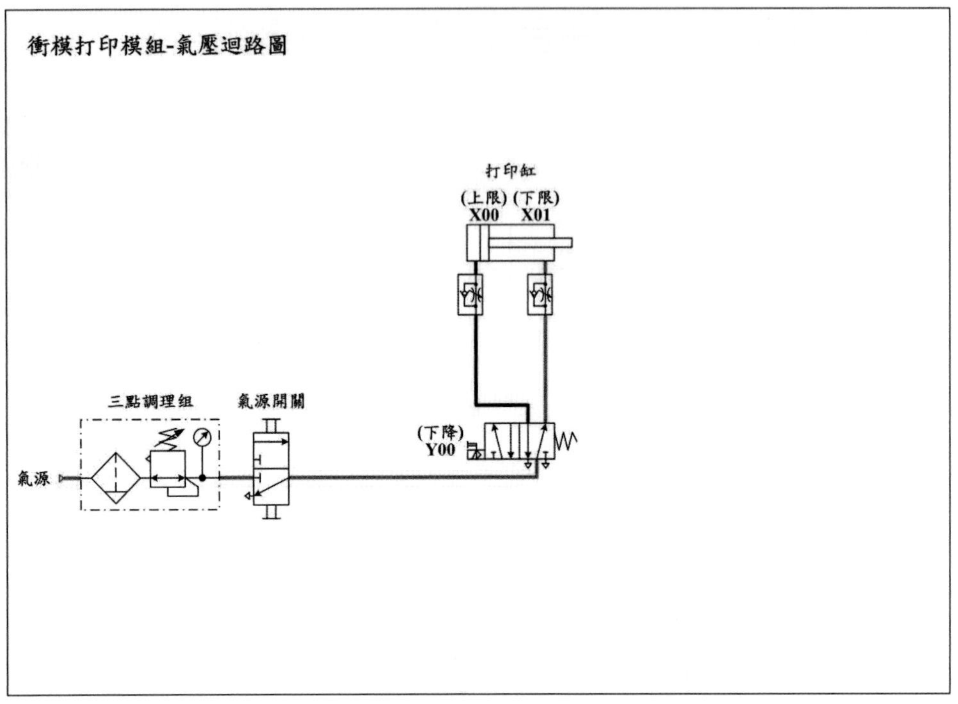
衝模打印模組-氣壓迴路圖
打印缸
(上限) (下限)
X00 X01
三點調理組
氣源開關
(下降)
Y00
氣源

四、步進階梯圖

```
0   X013 (-|/|-)                          [ZRST  S0    S100 ]
                                          [ZRST  Y000  Y017 ]
11  X000 (-| |-)  X002 (-| |-)            (M100)
14  M8002 (-| |-)                         [SET   S10 ]
    X013 (-|↑|-)
19                                        [STL   S10 ]
20  M100 (-| |-)  X010 (-| |-)            [SET   S20 ]
24                                        [STL   S20 ]
25                                        (Y000)
    X002 (-|/|-)                          [SET   S10 ]
    X001 (-| |-)                          (T20  K5)
    T20 (-| |-)                           [SET   S21 ]
39                                        [STL   S21 ]
40  M8000 (-| |-)  X000 (-| |-)           (T21  K5)
                   T12 (-| |-)            [SET   S10 ]
50                                        [RET ]
51                                        [END ]
```

五、指令表

```
LDI     X013            緊急開關
ZRST    S0      S100
ZRST    Y000    Y017    打印下降
LD      X000            打印上限
AND     X002            有料感測
OUT     M100
LD      M8002
ORP     X013            緊急開關
SET     S10
STL     S10
LD      M100
AND     X010            啓動按鈕
SET     S20
STL     S20
OUT     Y000            打印下降
LDI     X002            有料感測
SET     S10
LD      X001            打印下限
OUT     T20     K5
LD      T20
SET     S21
STL     S21
LD      X000            打印上限
OUT     T21     K5
LD      T21
SET     S10
RET
END
```

實習七

自動鑽孔模組

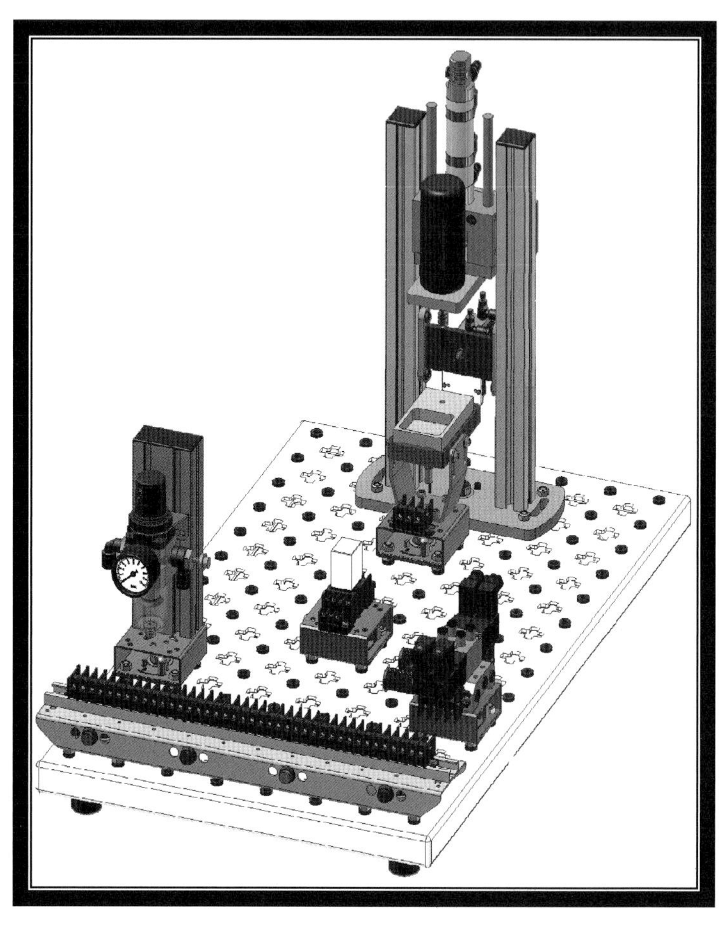

一、功能要求

1. 按下啓動按鈕(X10)，執行單一動作(夾緊→下降鑽孔→上升→鬆開)。
2. 放置方形物料(X4)，感應有物料，則開始鑽孔。
3. 若在執行中按下緊急開關(X13)，可停止動作之執行。
4. 欲再繼續執行，則再按下緊急開關(X13)一次，再按下啓動按鈕(X10)復歸，若有物料則再按下啓動按鈕(X10)繼續動作。

二、輸入／輸出表

機電整合小模組-輸入/輸出表

	龍門移載	材質正反面翻轉	二位置擺動	左右選向出料	四分割分度盤	衝模打印
X00	手臂圓料	升降下限	擺動右限	凸輪上限	分度定位	打印上限
X01	手臂組裝	升降上限	擺動左限	凸輪下限	料別感測	打印下限
X02	手臂出料	夾爪打開	有料感測	旋轉右限	前方有料	有料感測
X03	垂直上限	夾爪閉合	壓力開關	旋轉中限	左方有料	指撥開關1
X04	垂直下限	迴轉正端		旋轉左限	後方有料	指撥開關2
X05	圓料感測	迴轉反端		姿勢左測	右方有料	指撥開關4
X06	方料感測	有料感測		壓力開關		指撥開關8
Y00	夾爪打開	升降下降	擺動右擺	旋轉右擺	分度正轉	打印下降
Y01	夾爪閉合	升降上升	擺動左擺	旋轉左擺	分度反轉	指撥個位
Y02	垂直下降	夾爪打開	吸盤放置	吸盤放置		指撥十位
Y03	龍門馬達	夾爪閉合	吸盤吸取	吸盤吸取		
Y04	馬達左移	迴轉正轉		凸輪馬達		
Y05		迴轉反轉				

	自動鑽孔	三位置擺動	輸送帶分料	機械手臂	自動充填	自動點膠
X00	鑽孔上限	擺動左限	輸送有料	搬運後限	充填感測	滴定上限
X01	鑽孔下限	擺動右限	指撥開關1	搬運前限	充填有料	滴定下限
X02	夾緊後限	進料左測	指撥開關2	搬運上限	指撥開關1	滴定有料
X03	夾緊前限	進料右測	指撥開關4	搬運下限	指撥開關2	指撥開關1
X04	有料感測	壓力開關	指撥開關8	前側有料	指撥開關4	指撥開關2
X05				後側有料	指撥開關8	指撥開關4
X06						指撥開關8
Y00	鑽孔上升	吸盤放置	直進旋轉1	搬運後退	充填右擺	滴定下降
Y01	鑽孔下降	吸盤吸取	直進旋轉2	搬運前進	充填左擺	滴定點膠
Y02	夾緊後退	擺動左擺	輸送馬達	搬運打開	指撥個位	指撥個位
Y03	夾緊前進	擺動右擺	指撥個位	搬運閉合	指撥十位	指撥十位
Y04	鑽孔馬達		指撥十位	搬運下降		
Y05						

X10	啟動按鈕	X11	停止按鈕	X12	選擇開關	X13	緊急開關

三、IO 表、鑽孔模組端子台配線圖、氣壓迴路圖

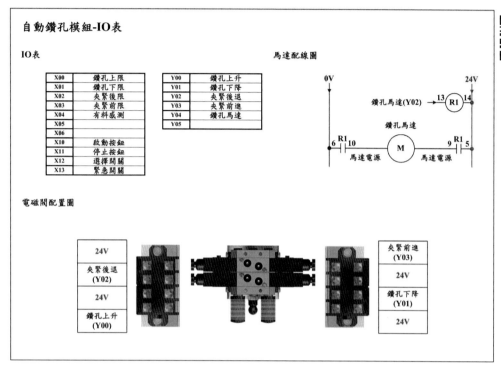

自動鑽孔模組-IO表

IO表

X00	鑽孔上限
X01	鑽孔下限
X02	夾緊後限
X03	夾緊前限
X04	有料感測
X05	
X06	
X10	啟動按鈕
X11	停止按鈕
X12	選擇開關
X13	緊急開關

Y00	鑽孔上升
Y01	鑽孔下降
Y02	夾緊後退
Y03	夾緊前進
Y04	鑽孔馬達
Y05	

馬達配線圖

0V
24V
鑽孔馬達(Y02)
13
R1
14
鑽孔馬達
6
R1
10
M
9
R1
5
馬達電源
馬達電源

電磁閥配置圖

24V
夾緊後退 (Y02)
24V
鑽孔上升 (Y00)
夾緊前進 (Y03)
24V
鑽孔下降 (Y01)
24V

自動鑽孔模組-鑽孔模組端子台配線圖

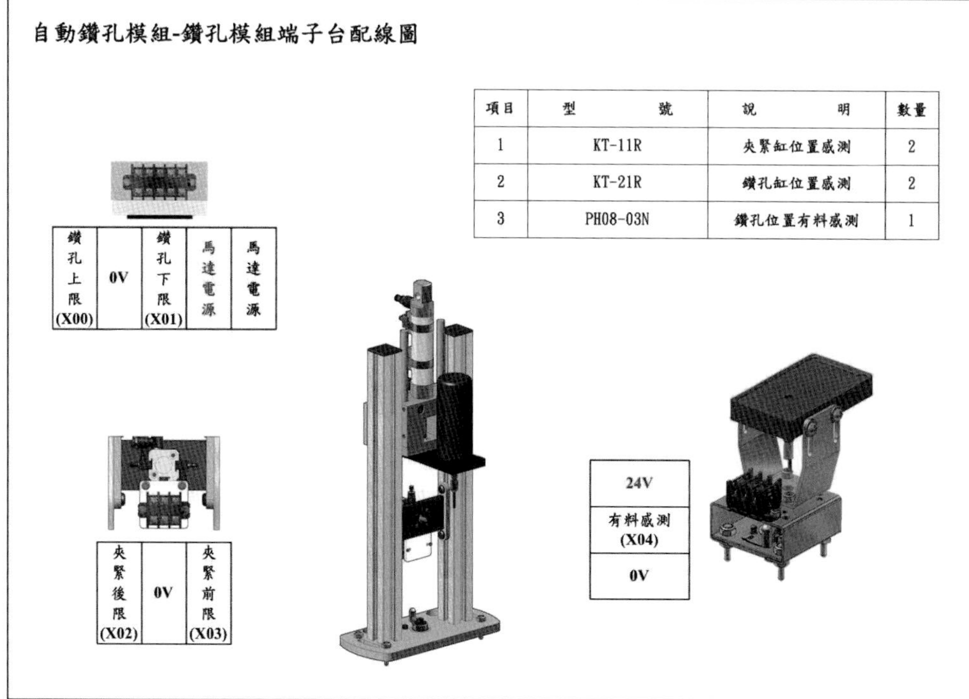

項目	型　　號	說　　明	數量
1	KT-11R	夾緊缸位置感測	2
2	KT-21R	鑽孔缸位置感測	2
3	PH08-03N	鑽孔位置有料感測	1

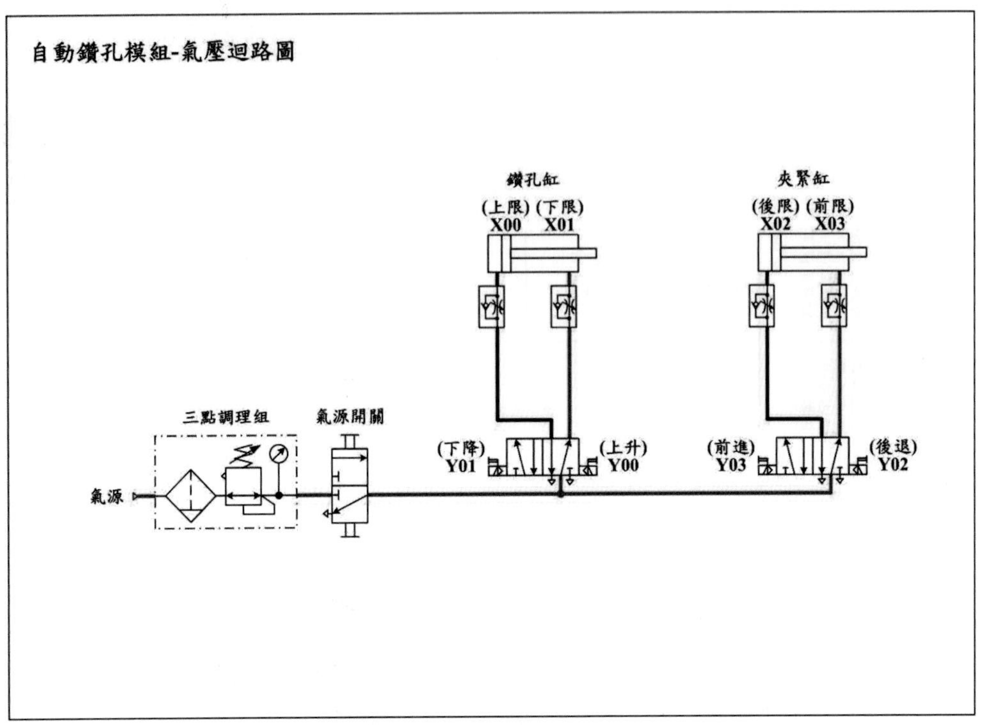
自動鑽孔模組-氣壓迴路圖
鑽孔缸
(上限) (下限)
X00 X01
夾緊缸
(後限) (前限)
X02 X03
三點調理組
氣源開關
(下降)
Y01
(上升)
Y00
(前進)
Y03
(後退)
Y02
氣源

四、步進階梯圖

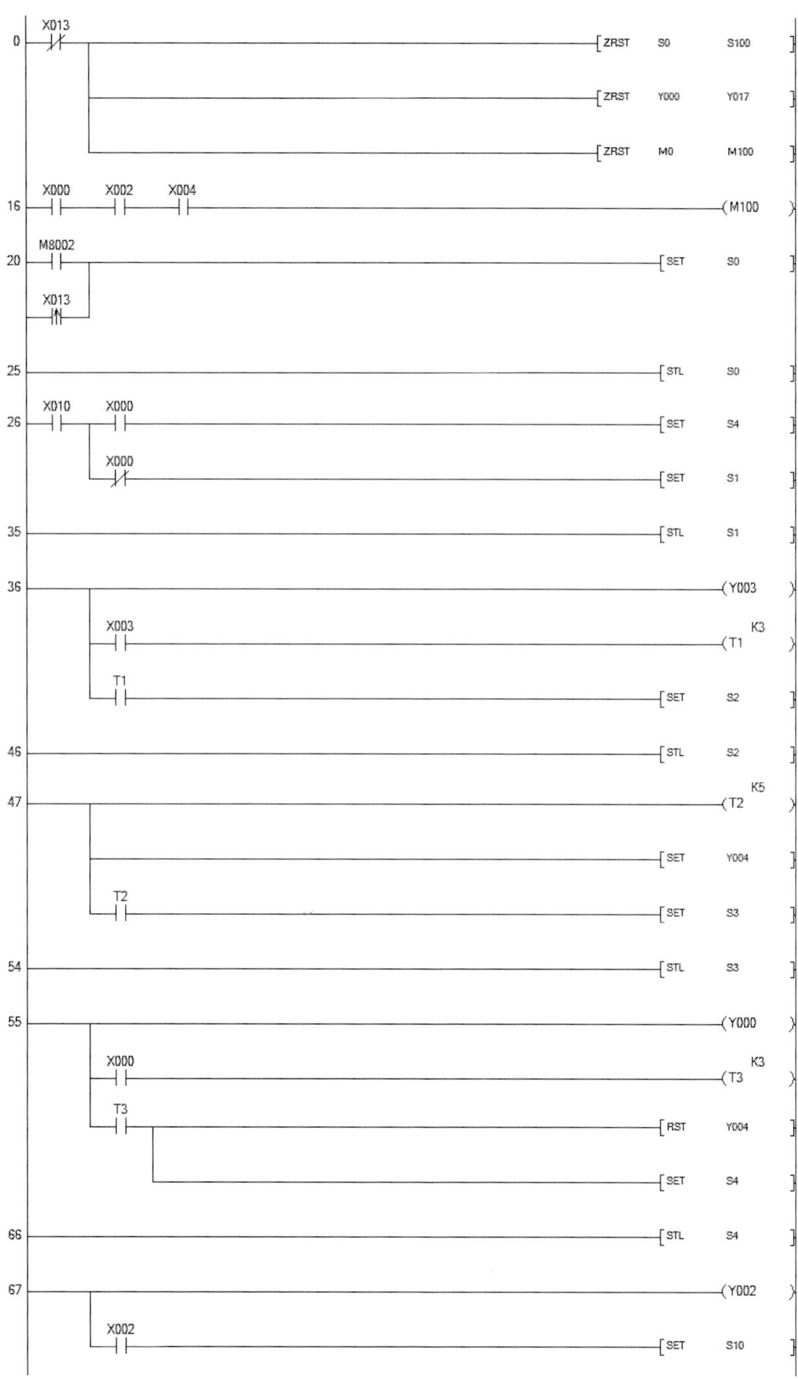

0 X013 ZRST S0 S100
ZRST Y000 Y017
ZRST M0 M100
16 X000 X002 X004 M100
20 M8002 SET S0
X013
25 STL S0
26 X010 X000 SET S4
X000 SET S1
35 STL S1
36 Y003
X003 T1 K3
T1 SET S2
46 STL S2
47 T2 K5
SET Y004
T2 SET S3
54 STL S3
55 Y000
X000 T3 K3
T3 RST Y004
SET S4
66 STL S4
67 Y002
X002 SET S10

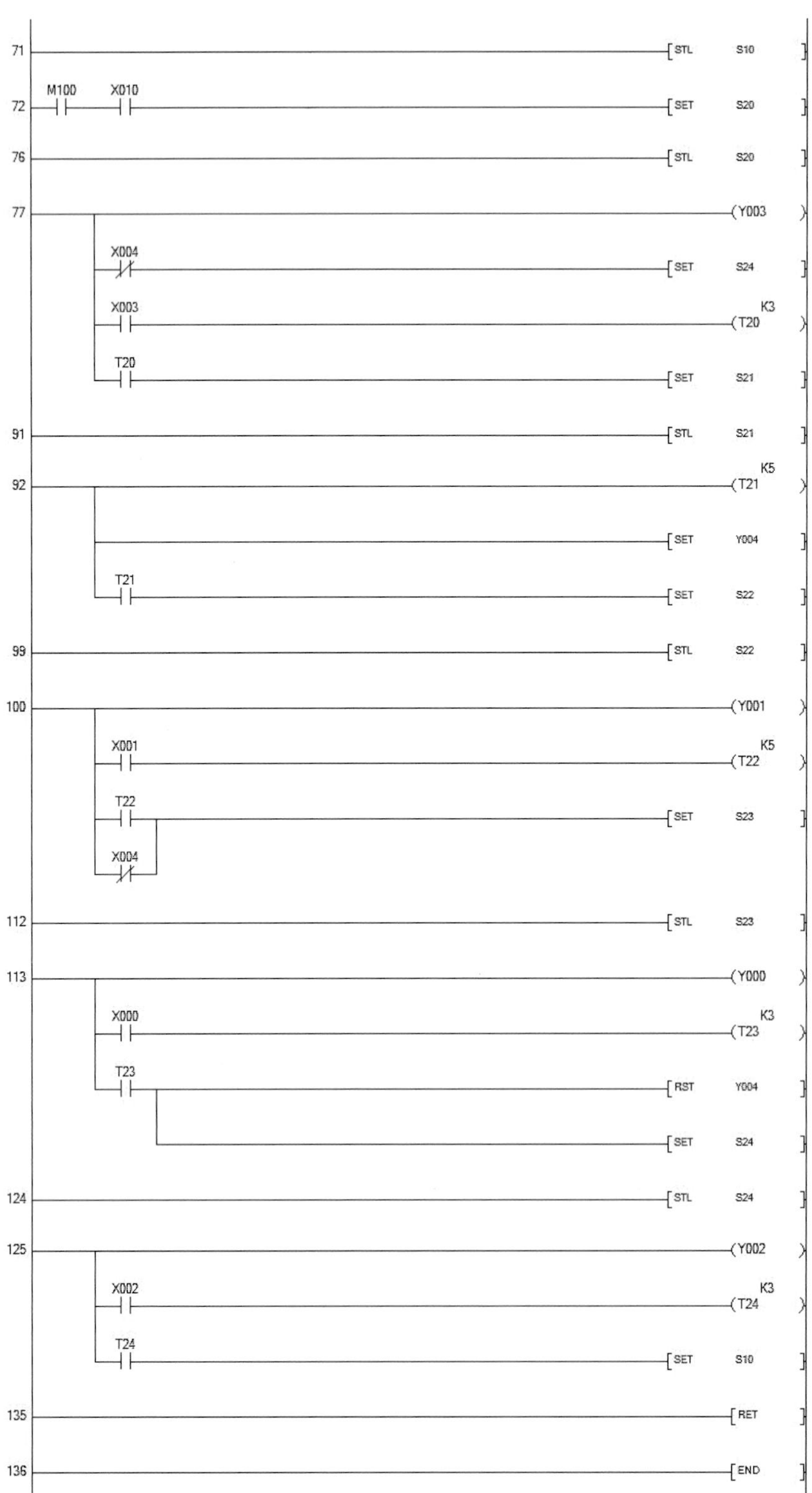
71
STL
S10
72
M100
X010
SET
S20
76
STL
S20
77
Y003
X004
SET
S24
X003
K3
T20
T20
SET
S21
91
STL
S21
92
K5
T21
SET
Y004
T21
SET
S22
99
STL
S22
100
Y001
X001
K5
T22
T22
SET
S23
X004
112
STL
S23
113
Y000
X000
K3
T23
T23
RST
Y004
SET
S24
124
STL
S24
125
Y002
X002
K3
T24
T24
SET
S10
135
RET
136
END

五、指令表

```
LDI    X013           緊急開關
ZRST   S0     S100
ZRST   Y000   Y017    鑽孔上升
ZRST   M0     M100
LD     X000           鑽孔上限
AND    X002           夾緊後限
AND    X004           有料感測
OUT    M100
LD     M8002
ORP    X013           緊急開關
SET    S0
STL    S0
LD     X010           啟動按鈕
MPS
AND    X000           鑽孔上限
SET    S4
MPP
ANI    X000           鑽孔上限
SET    S1
STL    S1
OUT    Y003           夾緊前進
LD     X003           夾緊前限
OUT    T1     K3
LD     T1
SET    S2
STL    S2
OUT    T2     K5
SET    Y004           鑽孔馬達
LD     T2
SET    S3
STL    S3
OUT    Y000           鑽孔上升
LD     X000           鑽孔上限
OUT    T3     K3
```

```
LD     T3
RST    Y004          鑽孔馬達
SET    S4
STL    S4
OUT    Y002          夾緊後退
LD     X002          夾緊後限
SET    S10
STL    S10
LD     M100
AND    X010          啓動按鈕
SET    S20
STL    S20
OUT    Y003          夾緊前進
LDI    X004          有料感測
SET    S24
LD     X003          夾緊前限
OUT    T20    K3
LD     T20
SET    S21
STL    S21
OUT    T21    K5
SET    Y004          鑽孔馬達
LD     T21
SET    S22
STL    S22
OUT    Y001          鑽孔下降
LD     X001          鑽孔下限
OUT    T22    K5
LD     T22
ORI    X004          有料感測
SET    S23
STL    S23
OUT    Y000          鑽孔上升
LD     X000          鑽孔上限
OUT    T23    K3
LD     T23
```

```
RST     Y004          鑽孔馬達
SET     S24
STL     S24
OUT     Y002          夾緊後退
LD      X002          夾緊後限
OUT     T24    K3
LD      T24
SET     S10
RET
END
```

實習八

三位置擺動模組

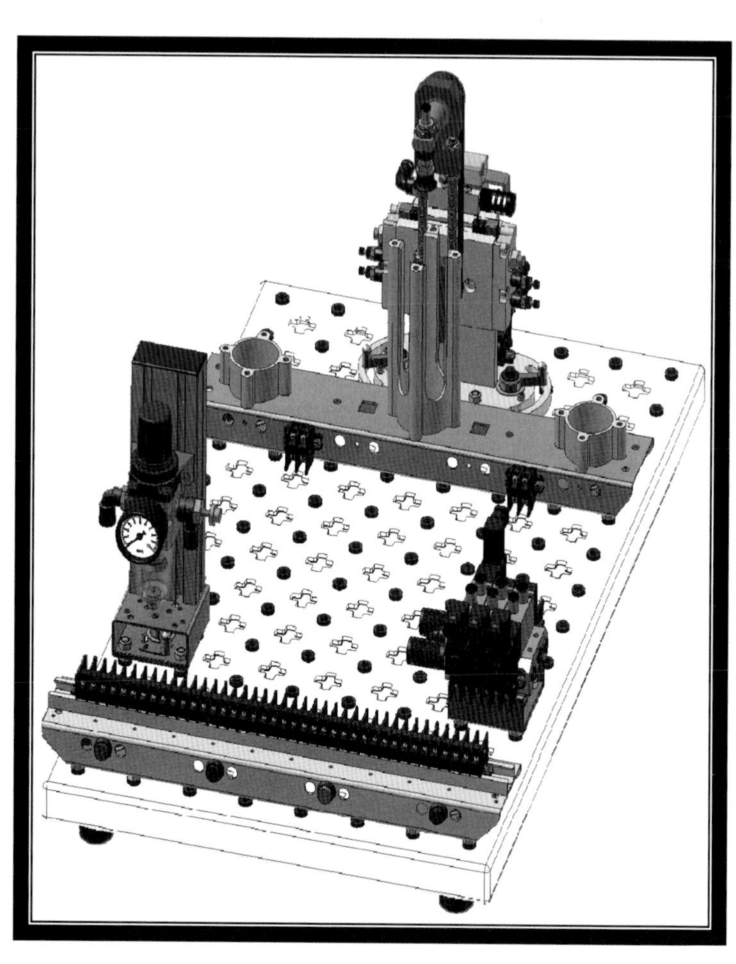

一、功能要求

1. 按下啓動按鈕(X10)，執行動作(擺動→吸→中擺→放)。
2. 放置左方(X2)、右方(X3)之物料，感應後眞空吸盤開始左右交替吸取物料。
3. 若按下停止按鈕(X11)，則停止吸取物料。
4. 若左右無物料，則不會運作。
5. 若在執行中按下緊急開關(X13)，可停止動作之執行。
6. 欲繼續執行時，再按下緊急開關(X13)一次，再按下啓動按鈕(X10)即可繼續執行。

二、輸入／輸出表

機電整合小模組-輸入/輸出表

	龍門移載	材質正反面翻轉	二位置擺動	左右選向出料	四分割分度盤	衝模打印
X00	手臂圓料	升降下限	擺動右限	凸輪上限	分度定位	打印上限
X01	手臂組裝	升降上限	擺動左限	凸輪下限	料別感測	打印下限
X02	手臂出料	夾爪打開	有料感測	旋轉右限	前方有料	有料感測
X03	垂直上限	夾爪閉合	壓力開關	旋轉中限	左方有料	指撥開關1
X04	垂直下限	迴轉正端		旋轉左限	後方有料	指撥開關2
X05	圓料感測	迴轉反端		姿勢左測	右方有料	指撥開關4
X06	方料感測	有料感測		壓力開關		指撥開關8
Y00	夾爪打開	升降下降	擺動右擺	旋轉右擺	分度正轉	打印下降
Y01	夾爪閉合	升降上升	擺動左擺	旋轉左擺	分度反轉	指撥個位
Y02	垂直下降	夾爪打開	吸盤放置	吸盤放置		指撥十位
Y03	龍門馬達	夾爪閉合	吸盤吸取	吸盤吸取		
Y04	馬達左移	迴轉正轉		凸輪馬達		
Y05		迴轉反轉				

	自動鑽孔	三位置擺動	輸送帶分料	機械手臂	自動充填	自動點膠
X00	鑽孔上限	擺動左限	輸送有料	搬運後限	充填感測	滴定上限
X01	鑽孔下限	擺動右限	指撥開關1	搬運前限	充填有料	滴定下限
X02	夾緊後限	進料左測	指撥開關2	搬運上限	指撥開關1	滴定有料
X03	夾緊前限	進料右測	指撥開關4	搬運下限	指撥開關2	指撥開關1
X04	有料感測	壓力開關	指撥開關8	前側有料	指撥開關4	指撥開關2
X05				後側有料	指撥開關8	指撥開關4
X06						指撥開關8
Y00	鑽孔上升	吸盤放置	直進旋轉1	搬運後退	充填右擺	滴定下降
Y01	鑽孔下降	吸盤吸取	直進旋轉2	搬運前進	充填左擺	滴定點膠
Y02	夾緊後退	擺動左擺	輸送馬達	搬運打開	指撥個位	指撥個位
Y03	夾緊前進	擺動右擺	指撥個位	搬運閉合	指撥十位	指撥十位
Y04	鑽孔馬達		指撥十位	搬運下降		
Y05						

X10	啟動按鈕	X11	停止按鈕	X12	選擇開關	X13	緊急開關

三、IO 表、擺動模組端子台配線圖、氣壓迴路圖

三位置擺動模組-IO表

IO表

X00	擺動左限
X01	擺動右限
X02	進料左測
X03	進料右測
X04	壓力開關
X05	
X06	
X10	啟動按鈕
X11	停止按鈕
X12	選擇開關
X13	緊急開關

Y00	吸盤放置
Y01	吸盤吸取
Y02	擺動左擺
Y03	擺動右擺
Y04	
Y05	

電磁閥配置圖

24V
吸盤放置 (Y00)

擺動右擺 (Y03)
24V
擺動左擺 (Y02)
24V
吸盤吸取 (Y01)
24V

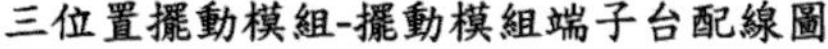

三位置擺動模組-擺動模組端子台配線圖

項目	型　　號	說　　明	數量
1	KT-11R	三位置旋轉缸位置感測	2
2	1C,5A	進料感測	2
3	KV-10HSCK	真空壓力開關	1

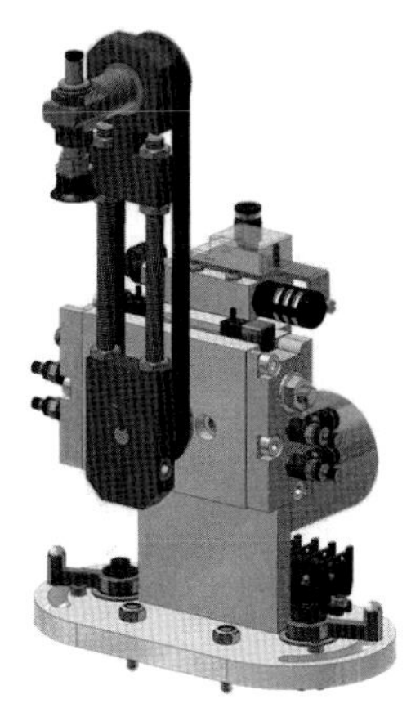

擺動左限 (X00)	0V	壓力開關 (X04)				0V	擺動右限 (X01)

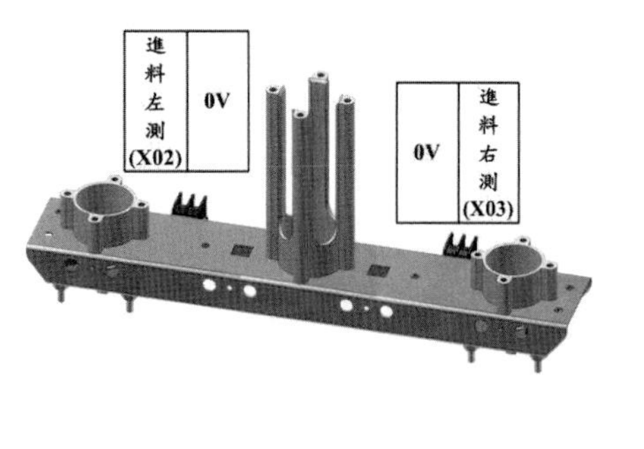

進料左測 (X02)	0V

0V	進料右測 (X03)

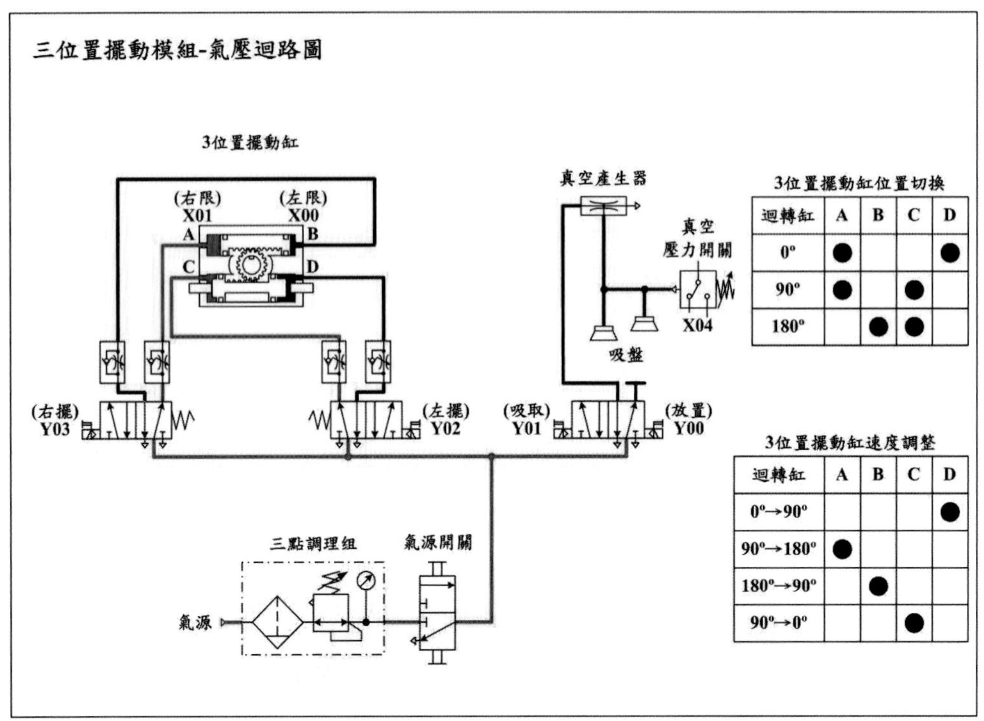

迴轉缸	A	B	C	D
0°	●			●
90°	●		●	
180°		●	●	

迴轉缸	A	B	C	D
0°→90°				●
90°→180°	●			
180°→90°		●		
90°→0°			●	

四、步進階梯圖

```
0   X013(NC) ─────────────────────── [ZRST S0 S100]
             ├─────────────────────── [ZRST Y000 Y017]
             └─────────────────────── [ZRST M0 M100]
16  X002 ┬ X000(NC) X001(NC) X004(NC) ─ (M100)
    X003 ┘
22  M8002 ┬────────────────────────── [SET S0]
    X013(↑) ┘
27  ───────────────────────────────── [STL S0]
28  X010 ─────────────────────────── [SET S1]
31  ───────────────────────────────── [STL S1]
32  M8000 ┬ X000(NC) X001(NC) ─────── (T1 K10)
          └ T1 ────────────────────── [SET S2]
43  ───────────────────────────────── [STL S2]
44  ──────┬────────────────────────── (Y000)
          ├ X004(NC) ──────────────── (T2 K5)
          └ T2 ────────────────────── [SET S10]
54  ───────────────────────────────── [STL S10]
55  M100 X010 ─────────────────────── [SET S20]
59  ───────────────────────────────── [STL S20]
60  M8000 ┬ X002 X003(NC) ─────────── [SET S21]
          ├ X003 X002(NC) ─────────── [SET S22]
          └ X002 ┬ X003 ┬ M1(NC) ──── [SET S21]
                 └ M8000 ┴ M1 ─────── [SET S22]
84  ───────────────────────────────── [STL S21]
```

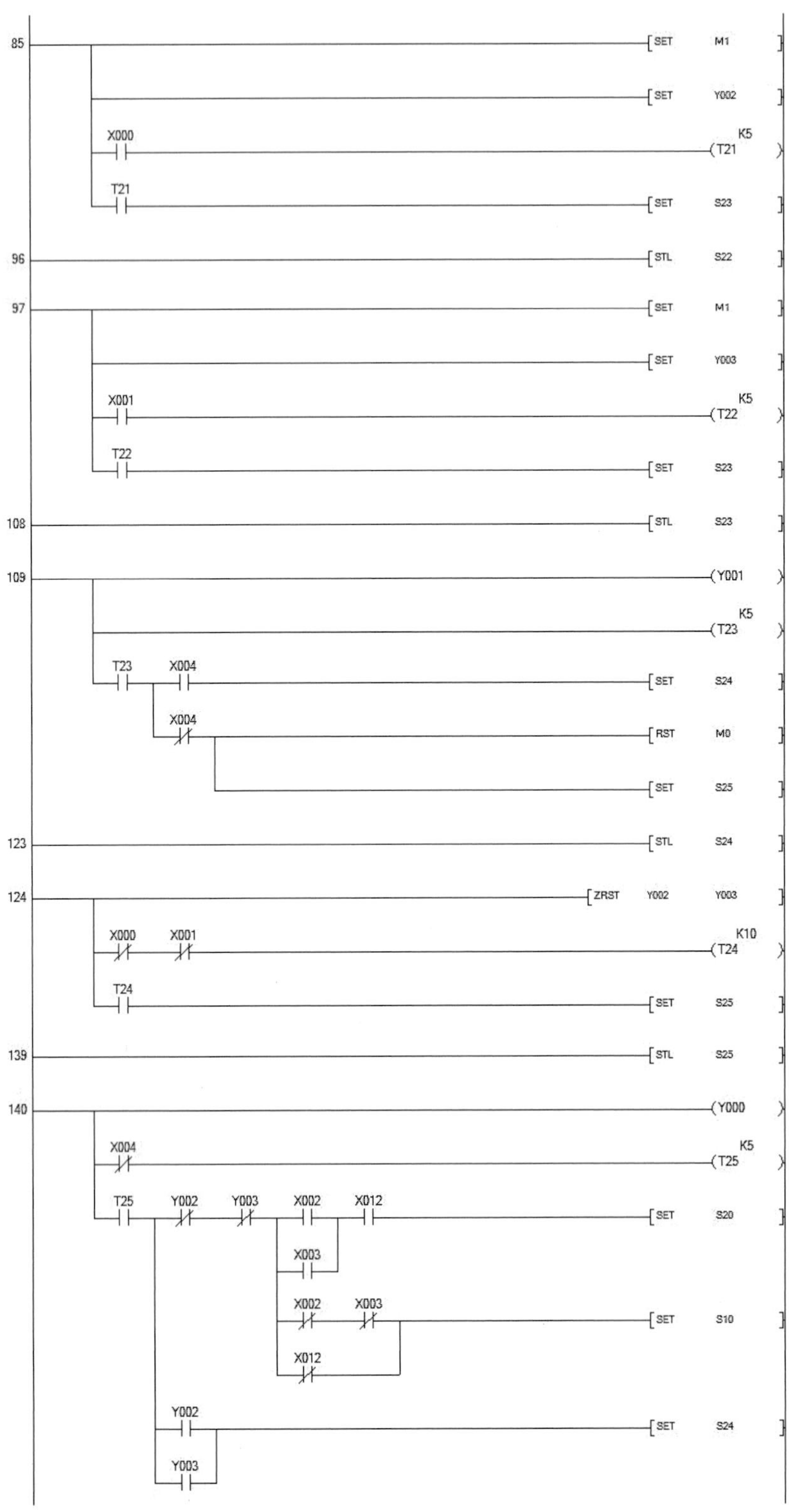
85
SET M1
SET Y002
X000
K5
T21
T21
SET S23
96
STL S22
97
SET M1
SET Y003
X001
K5
T22
T22
SET S23
108
STL S23
109
Y001
K5
T23
T23
X004
SET S24
X004
RST M0
SET S25
123
STL S24
124
ZRST Y002 Y003
X000
X001
K10
T24
T24
SET S25
139
STL S25
140
Y000
X004
K5
T25
T25
Y002
Y003
X002
X012
SET S20
X003
X002
X003
SET S10
X012
Y002
SET S24
Y003

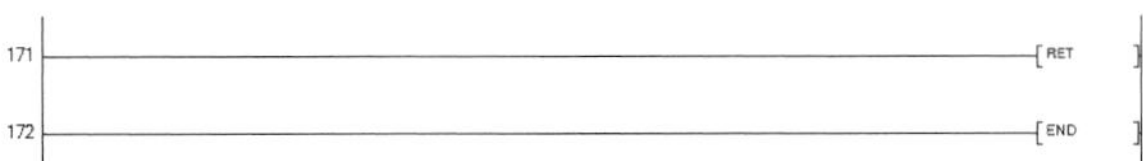

五、指令表

LDI	X013		緊急開關
ZRST	S0	S100	
ZRST	Y000	Y017	吸盤放置
ZRST	M0	M100	
LD	X002		進料左測
OR	X003		進料右測
ANI	X000		擺動左限
ANI	X001		擺動右限
ANI	X004		壓力開關
OUT	M100		
LD	M8002		
ORP	X013		緊急開關
SET	S0		
STL	S0		
LD	X010		啓動按鈕
SET	S1		
STL	S1		
LDI	X000		擺動左限
ANI	X001		擺動右限
OUT	T1		K10
LD	T1		
SET	S2		
STL	S2		
OUT	Y000		吸盤放置
LDI	X004		壓力開關
OUT	T2	K5	
LD	T2		
SET	S10		
STL	S10		

```
LD      M100
AND     X010            啓動按鈕
SET     S20
STL     S20
LD      X002            進料左測
ANI     X003            進料右測
SET     S21
LD      X003            進料右測
ANI     X002            進料左測
SET     S22
LD      X002            進料左測
AND     X003            進料右測
MPS
ANI     M1
SET     S21
MPP
AND     M1
SET     S22
STL     S21
SET     M1
SET     Y002            擺動左擺
LD      X000            擺動左限
OUT     T21     K5
LD      T21
SET     S23
STL     S22
RST     M1
SET     Y003            擺動右擺
LD      X001            擺動右限
OUT     T22     K5
LD              T22
SET     S23
STL     S23
OUT     Y001            吸盤吸取
OUT     T23     K5
LD      T23
```

```
MPS
AND     X004              壓力開關
SET     S24
MPP
ANI     X004              壓力開關
RST     M0
SET     S25
STL     S24
ZRST    Y002    Y003      擺動左擺
                          擺動右擺
LDI     X000              擺動左限
ANI     X001              擺動右限
OUT     T24     K10
LD      T24
SET     S25
STL     S25
OUT     Y000              吸盤放置
LDI     X004              壓力開關
OUT     T25     K5
LD      T25
MPS
ANI     Y002              擺動左擺
ANI     Y003              擺動右擺
MPS
LD      X002              進料左測
OR      X003              進料右測
ANB
AND     X012              選擇開關
SET     S20
MPP
LDI     X002              進料左測
ANI     X003              進料右測
ORI     X012              選擇開關
ANB
SET     S10
MPP
```

```
LD      Y002        擺動左擺
OR      Y003        擺動右擺
ANB
SET     S24
RET
END
```

實習九

輸送帶分料模組

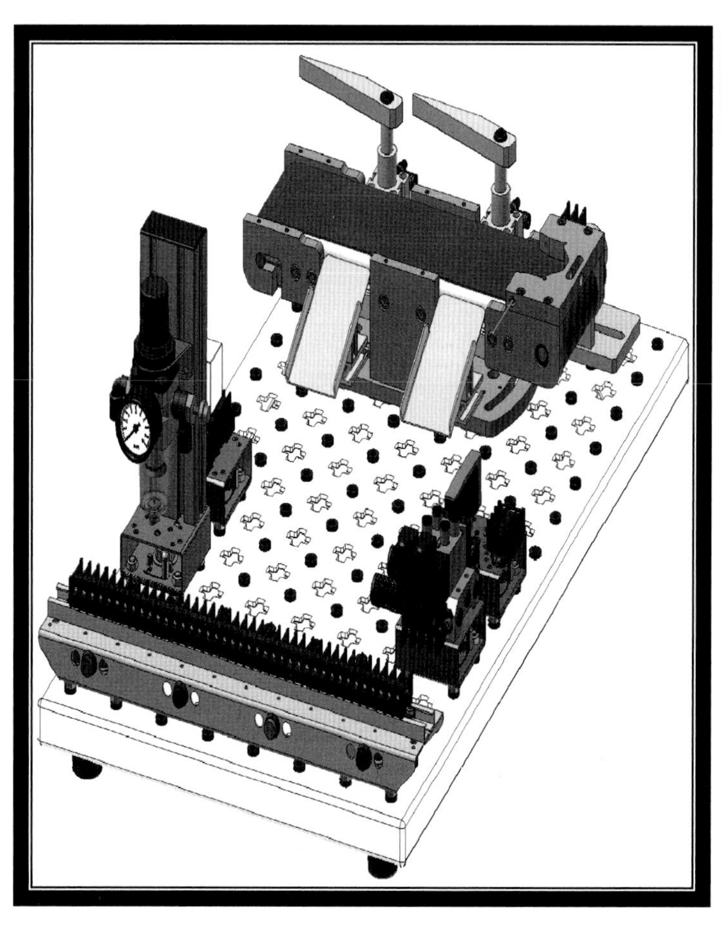

一、功能要求

1. 按下啓動按鈕(X10)，執行單一動作(判斷料別→出料)。
2. 開始放置圓形塑膠物料(綠色)，則輸送帶開始啓動運轉，圓形塑膠物料(綠色)不分類。
3. 再放置圓形金屬物料(紅色)，則輸送帶開始啓動運轉，圓形金屬物料(紅色)將分類至第一個位置。
4. 再放置圓形塑膠物料(藍色)，則輸送帶開始啓動運轉，圓形塑膠物料(藍色)不分類。
5. 再放置圓形金屬物料(黑色)，則輸送帶開始啓動運轉，圓形金屬物料(黑色)將分類至第二個位置。
6. 若在執行中按下緊急開關(X13)，可停止動作之執行。
7. 欲繼續執行時，再按下緊急開關(X13)一次，再按下啓動按鈕(X10)即可繼續執行。

二、輸入／輸出表

機電整合小模組-輸入/輸出表

	龍門移載	材質正反面翻轉	二位置擺動	左右選向出料	四分割分度盤	衝模打印
X00	手臂圓料	升降下限	擺動右限	凸輪上限	分度定位	打印上限
X01	手臂組裝	升降上限	擺動左限	凸輪下限	料別感測	打印下限
X02	手臂出料	夾爪打開	有料感測	旋轉右限	前方有料	有料感測
X03	垂直上限	夾爪閉合	壓力開關	旋轉中限	左方有料	指撥開關1
X04	垂直下限	迴轉正端		旋轉左限	後方有料	指撥開關2
X05	圓料感測	迴轉反端		姿勢左測	右方有料	指撥開關4
X06	方料感測	有料感測		壓力開關		指撥開關8
Y00	夾爪打開	升降下降	擺動右擺	旋轉右擺	分度正轉	打印下降
Y01	夾爪閉合	升降上升	擺動左擺	旋轉左擺	分度反轉	指撥個位
Y02	垂直下降	夾爪打開	吸盤放置	吸盤放置		指撥十位
Y03	龍門馬達	夾爪閉合	吸盤吸取	吸盤吸取		
Y04	馬達左移	迴轉正轉		凸輪馬達		
Y05		迴轉反轉				

	自動鑽孔	三位置擺動	輸送帶分料	機械手臂	自動充填	自動點膠
X00	鑽孔上限	擺動左限	輸送有料	搬運後限	充填感測	滴定上限
X01	鑽孔下限	擺動右限	指撥開關1	搬運前限	充填有料	滴定下限
X02	夾緊後限	進料左測	指撥開關2	搬運上限	指撥開關1	滴定有料
X03	夾緊前限	進料右測	指撥開關4	搬運下限	指撥開關2	指撥開關1
X04	有料感測	壓力開關	指撥開關8	前側有料	指撥開關4	指撥開關2
X05				後側有料	指撥開關8	指撥開關4
X06						指撥開關8
Y00	鑽孔上升	吸盤放置	直進旋轉1	搬運後退	充填右擺	滴定下降
Y01	鑽孔下降	吸盤吸取	直進旋轉2	搬運前進	充填左擺	滴定點膠
Y02	夾緊後退	擺動左擺	輸送馬達	搬運打開	指撥個位	指撥個位
Y03	夾緊前進	擺動右擺	指撥個位	搬運閉合	指撥十位	指撥十位
Y04	鑽孔馬達		指撥十位	搬運下降		
Y05						

X10	啟動按鈕	X11	停止按鈕	X12	選擇開關	X13	緊急開關

三、IO 表、分料模組端子台配線圖、氣壓迴路圖

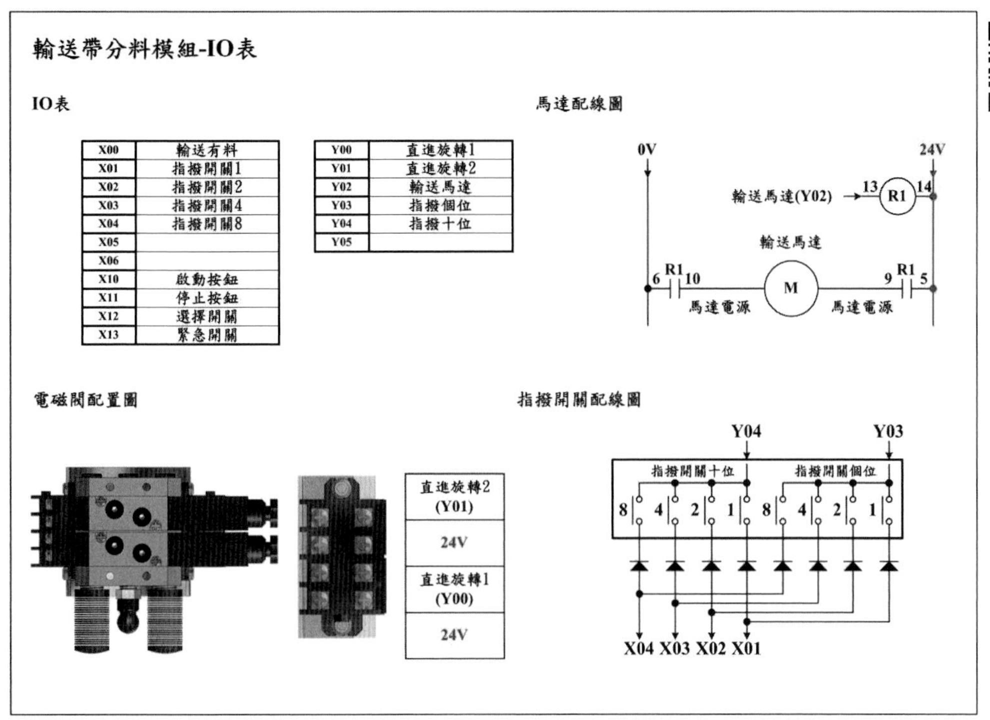

X00	輸送有料
X01	指撥開關1
X02	指撥開關2
X03	指撥開關4
X04	指撥開關8
X05	
X06	
X10	啟動按鈕
X11	停止按鈕
X12	選擇開關
X13	緊急開關

Y00	直進旋轉1
Y01	直進旋轉2
Y02	輸送馬達
Y03	指撥個位
Y04	指撥十位
Y05	

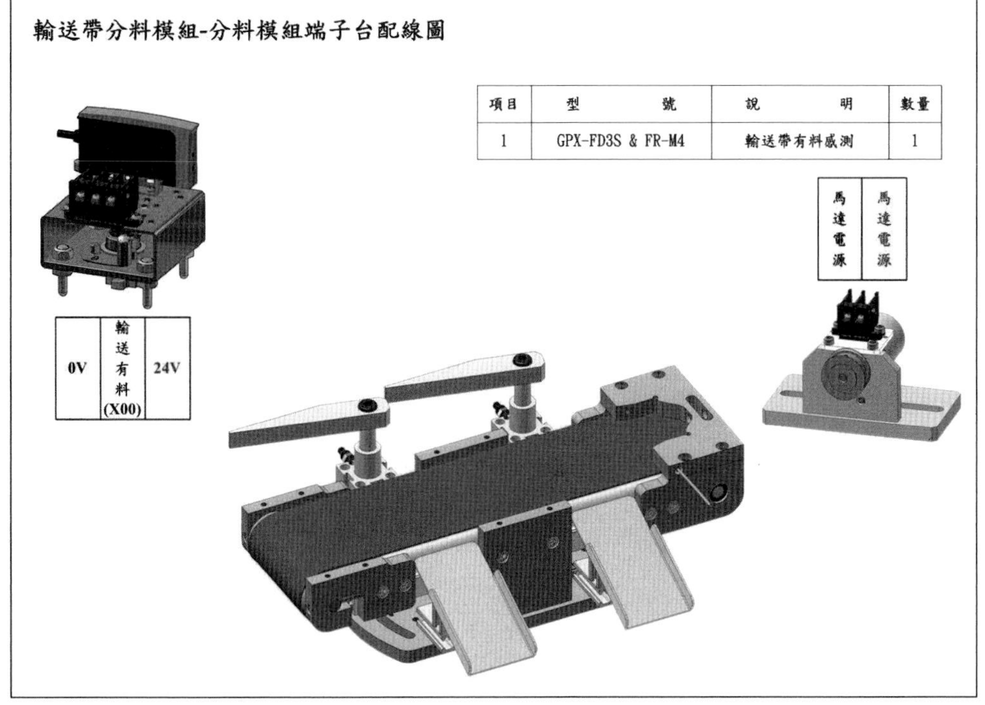

項目	型　號	說　明	數量
1	GPX-FD3S & FR-M4	輸送帶有料感測	1

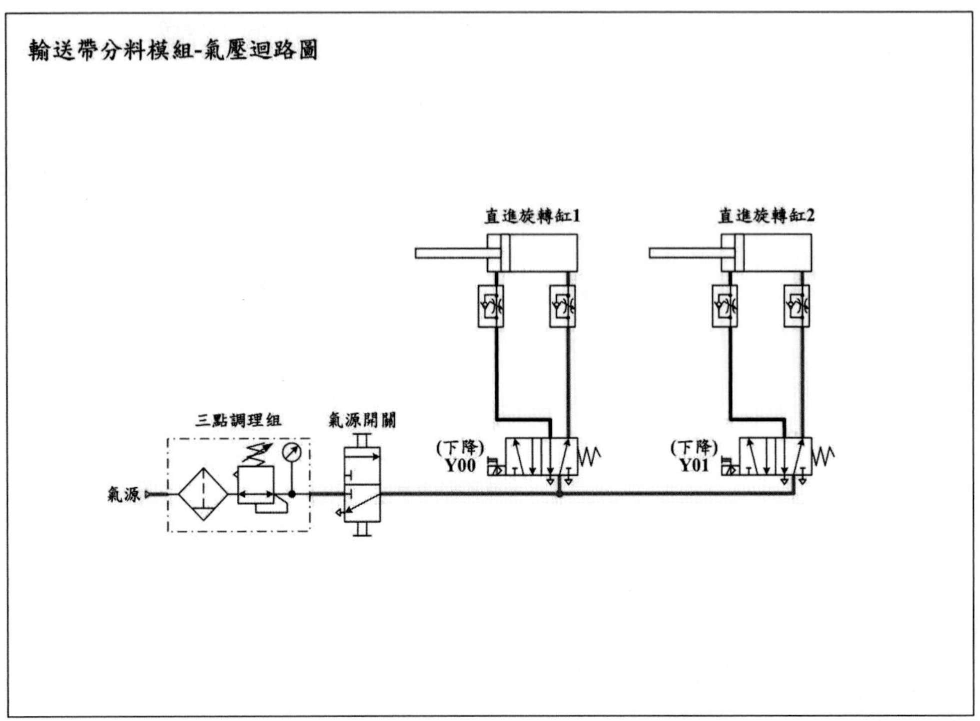
輸送帶分料模組-氣壓迴路圖
直進旋轉缸1
直進旋轉缸2
三點調理組
氣源開關
(下降)
Y00
(下降)
Y01
氣源

四、步進階梯圖

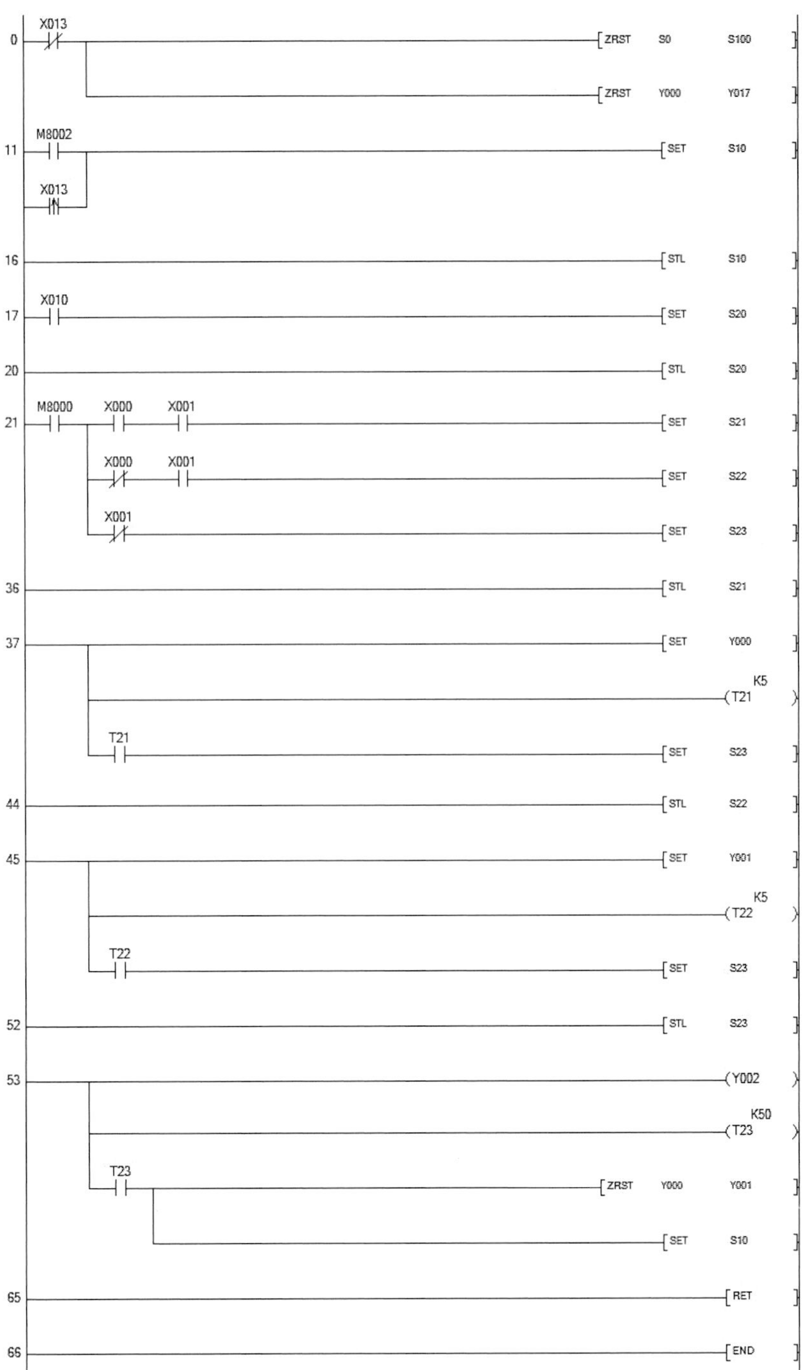
0
X013
ZRST S0 S100
ZRST Y000 Y017
11
M8002
SET S10
X013
16
STL S10
17
X010
SET S20
20
STL S20
21
M8000
X000
X001
SET S21
X000
X001
SET S22
X001
SET S23
36
STL S21
37
SET Y000
K5
T21
T21
SET S23
44
STL S22
45
SET Y001
K5
T22
T22
SET S23
52
STL S23
53
Y002
K50
T23
T23
ZRST Y000 Y001
SET S10
65
RET
66
END

五、指令表

```
ZRST    S0      S100
ZRST    Y000    Y017    直進旋轉 1
LD      M8002
ORP     X013            緊急開關
SET     S10
STL     S10
LD      X010            啓動按鈕
SET     S20
STL     S20
LD      X000            顏色感測
AND     X001            材質感測
SET     S21
LDI     X000            顏色感測
AND     X001            材質感測
SET     S22
LDI     X001            材質感測
SET     S23
STL     S21
SET     Y000            直進旋轉 1
OUT     T21     K5
LD      T21
SET     S23
STL     S22
SET     Y001            直進旋轉 2
OUT     T22     K5
LD      T22
SET     S23
STL     S23
OUT     Y002            輸送馬達
OUT     T23     K50
LD      T23
ZRST    Y000    Y001    直進旋轉 1      直進旋轉 2
SET     S10
RET
END
```

實習十

機械手臂模組

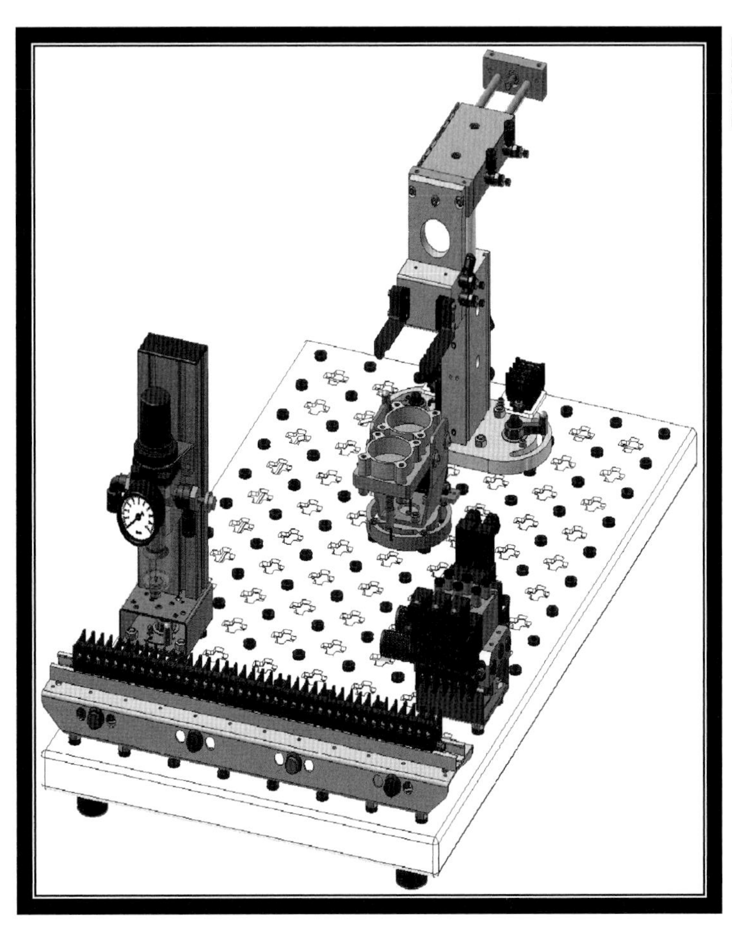

一、功能要求

1. 放置圓形物料至前端位置(X4)。
2. 按下啓動按鈕(X10)，機械手臂開始夾取物料至後端放料處(X5)。機械手臂又會從後端放料處(X5)夾取物料至前端放料處(X4)，一直循環動作。
3. 若前後端皆進料，則先執行後端之工作。
4. 按下停止按鈕(X11)，則停止動作。
5. 若在執行中按下緊急開關(X13)，可停止動作之執行。
6. 欲繼續執行時，再按下緊急開關(X13)一次，再按下啓動按鈕(X10)即可繼續執行。

二、輸入／輸出表

機電整合小模組-輸入/輸出表

	龍門移載	材質正反面翻轉	二位置擺動	左右選向出料	四分割分度盤	衝模打印
X00	手臂圓料	升降下限	擺動右限	凸輪上限	分度定位	打印上限
X01	手臂組裝	升降上限	擺動左限	凸輪下限	料別感測	打印下限
X02	手臂出料	夾爪打開	有料感測	旋轉右限	前方有料	有料感測
X03	垂直上限	夾爪閉合	壓力開關	旋轉中限	左方有料	指撥開關1
X04	垂直下限	迴轉正端		旋轉左限	後方有料	指撥開關2
X05	圓料感測	迴轉反端		姿勢左測	右方有料	指撥開關4
X06	方料感測	有料感測		壓力開關		指撥開關8
Y00	夾爪打開	升降下降	擺動右擺	旋轉右擺	分度正轉	打印下降
Y01	夾爪閉合	升降上升	擺動左擺	旋轉左擺	分度反轉	指撥個位
Y02	垂直下降	夾爪打開	吸盤放置	吸盤放置		指撥十位
Y03	龍門馬達	夾爪閉合	吸盤吸取	吸盤吸取		
Y04	馬達左移	迴轉正轉		凸輪馬達		
Y05		迴轉反轉				

	自動鑽孔	三位置擺動	輸送帶分料	機械手臂	自動充填	自動點膠
X00	鑽孔上限	擺動左限	輸送有料	搬運後限	充填感測	滴定上限
X01	鑽孔下限	擺動右限	指撥開關1	搬運前限	充填有料	滴定下限
X02	夾緊後限	進料左測	指撥開關2	搬運上限	指撥開關1	滴定有料
X03	夾緊前限	進料右測	指撥開關4	搬運下限	指撥開關2	指撥開關1
X04	有料感測	壓力開關	指撥開關8	前側有料	指撥開關4	指撥開關2
X05				後側有料	指撥開關8	指撥開關4
X06						指撥開關8
Y00	鑽孔上升	吸盤放置	直進旋轉1	搬運後退	充填右擺	滴定下降
Y01	鑽孔下降	吸盤吸取	直進旋轉2	搬運前進	充填左擺	滴定點膠
Y02	夾緊後退	擺動左擺	輸送馬達	搬運打開	指撥個位	指撥個位
Y03	夾緊前進	擺動右擺	指撥個位	搬運閉合	指撥十位	指撥十位
Y04	鑽孔馬達		指撥十位	搬運下降		
Y05						

X10	啟動按鈕	X11	停止按鈕	X12	選擇開關	X13	緊急開關

三、IO 表、機械手臂端子台配線圖、氣壓迴路圖

機械手臂模組-IO表

IO表

X00	搬運後限
X01	搬運前限
X02	搬運上限
X03	搬運下限
X04	前側有料
X05	後側有料
X06	
X10	啟動按鈕
X11	停止按鈕
X12	選擇開關
X13	緊急開關

Y00	搬運後退
Y01	搬運前進
Y02	搬運打開
Y03	搬運閉合
Y04	搬運下降
Y05	

電磁閥配置圖

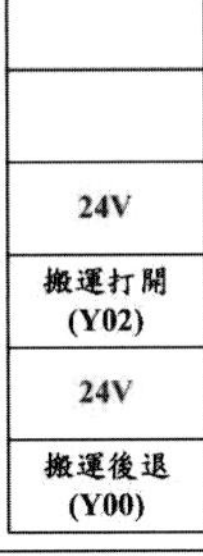

24V
搬運打開
(Y02)
24V
搬運後退
(Y00)

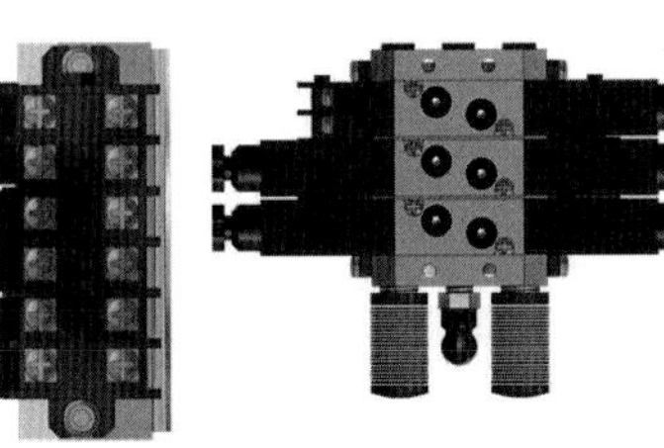

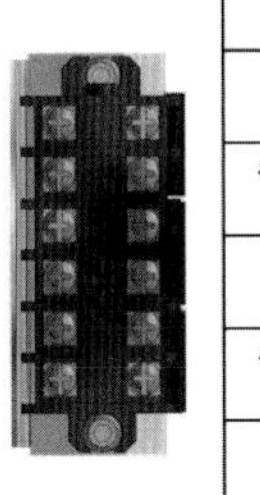

搬運下降 (Y04)
24V
搬運閉合 (Y03)
24V
搬運前進 (Y01)
24V

機械手臂模組-機械手臂模組端子台配線圖

項目	型號	說明	數量
1	KT-11R	搬運上下位置感測	2
2	KT-06R	搬運前後位置感測	2
3	PH08-03N	料座有無感測	2

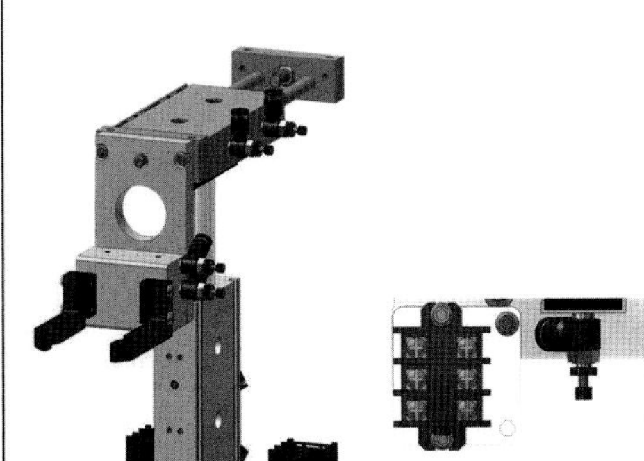

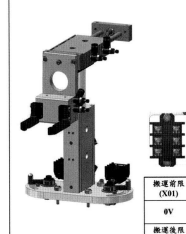

搬運前限 (X01)
0V
搬運後限 (X00)

搬運上限 (X02)
0V
搬運下限 (X03)

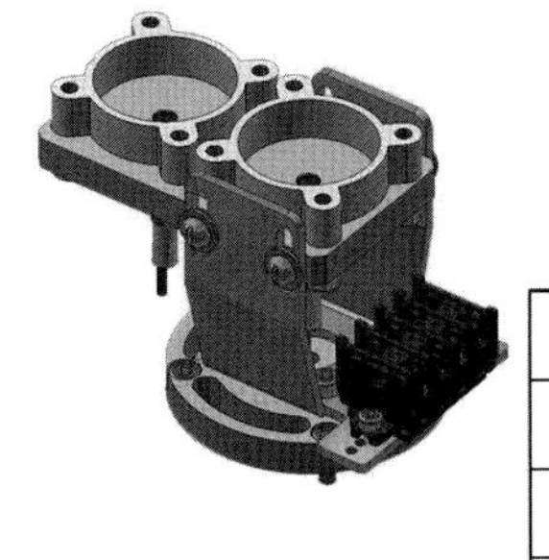

前側有料 (X04)
24V
0V
後側有料 (X05)

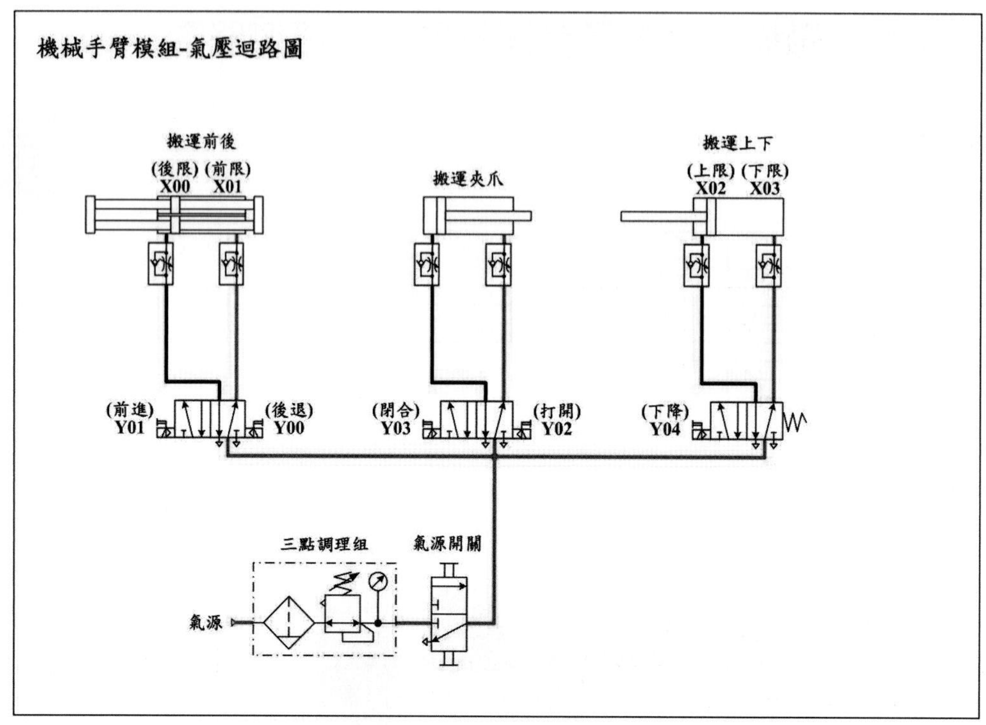

機械手臂模組-氣壓迴路圖
搬運前後
(後限) (前限)
X00 X01
搬運夾爪
搬運上下
(上限) (下限)
X02 X03
(前進)
Y01
(後退)
Y00
(閉合)
Y03
(打開)
Y02
(下降)
Y04
三點調理組
氣源開關
氣源

四、步進階梯圖

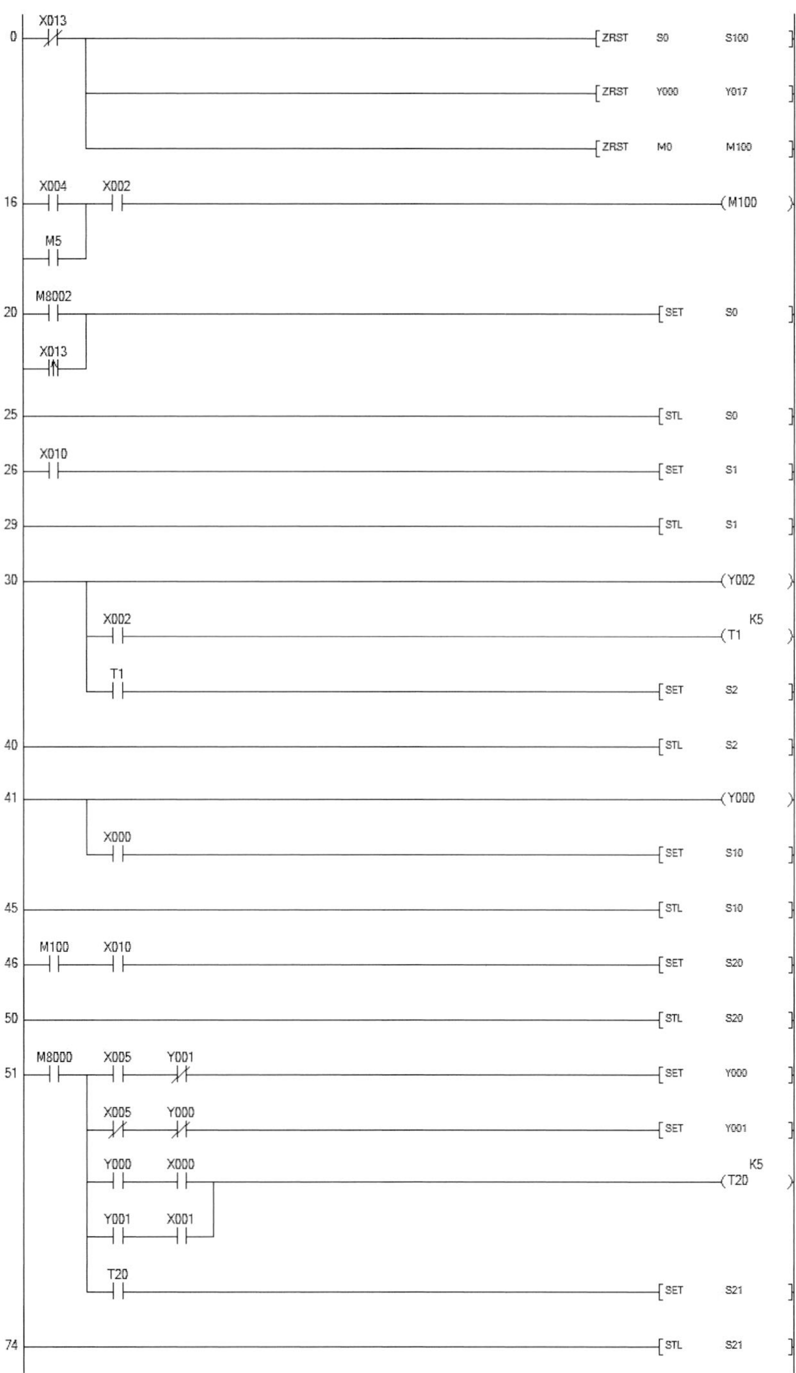
0
X013
ZRST S0 S100
ZRST Y000 Y017
ZRST M0 M100
16
X004
X002
M100
M5
20
M8002
SET S0
X013
25
STL S0
26
X010
SET S1
29
STL S1
30
Y002
X002
T1 K5
T1
SET S2
40
STL S2
41
Y000
X000
SET S10
45
STL S10
46
M100
X010
SET S20
50
STL S20
51
M8000
X005
Y001
SET Y000
X005
Y000
SET Y001
Y000
X000
T20 K5
Y001
X001
T20
SET S21
74
STL S21

```
75  ────────────────────────────[SET  Y004]
     │ X003                           K3
     ├─┤├───────────────────────(T21     )
     │ T21
     └─┤├───────────────────────[SET  S22 ]

85  ────────────────────────────[STL  S22 ]

86  ────────────────────────────(Y003    )
     │                                K5
     ├──────────────────────────(T22     )
     │ T22
     └─┤├───────────────────────[SET  S23 ]

93  ────────────────────────────[STL  S23 ]

94  ────────────────────────────[RST  Y004]
     │ X002                           K3
     ├─┤├───────────────────────(T23     )
     │ T23
     └─┤├───────────────────────[SET  S24 ]

104 ────────────────────────────[STL  S24 ]

105 ────────────────────────────[ALTP Y000]
     │
     ├──────────────────────────[ALTP Y001]
     │ Y001   X001
     ├─┤├─────┤├──┬─────────────[SET  S25 ]
     │ Y000   X000│
     └─┤├─────┤├──┘

119 ────────────────────────────[STL  S25 ]

     M8000  X000   X005                K5
120 ──┤├──┬─┤├─────┤/├──┬────────(T25     )
          │ X001   X004 │
          ├─┤├─────┤/├──┘
          │ T25
          ├─┤├───────────────────[SET  Y004]
          │ X003                       K3
          ├─┤├───────────────────(T27     )
          │ T27
          └─┤├───────────────────[SET  S26 ]

143 ────────────────────────────[STL  S26 ]

144 ────────────────────────────(Y002    )
     │                                K5
     ├──────────────────────────(T25     )
     │ T26
     └─┤├───────────────────────[SET  S27 ]

151 ────────────────────────────[STL  S27 ]
```

五、指令表

LDI	X013		緊急開關
ZRST	S0	S100	
ZRST	Y000	Y017	搬運後退
ZRST	M0	M100	
LD	X004		前側有料
OR	X005		後側有料
AND	X002		搬運上限
OUT	M100		
LD	M8002		
ORP	X013		緊急開關
SET	S0		
STL	S0		
LD	X010		啓動按鈕
SET	S1		
STL	S1		
OUT	Y002		搬運打開
LD	X002		搬運上限
OUT	T1	K5	
LD	T1		
SET	S2		
STL	S2		
OUT	Y000		搬運後退
LD	X000		搬運後限
SET	S10		
STL	S10		

```
LD    M100
AND   X010          啓動按鈕
SET   S20
STL   S20
LD    X005          後側有料
ANI   Y001          搬運前進
SET   Y000          搬運後退
LDI   X005          後側有料
ANI   Y000          搬運後退
SET   Y001          搬運前進
LD    Y000          搬運後退
AND   X000          搬運後限
LD    Y001          搬運前進
AND   X001          搬運前限
ORB
OUT   T20     K5
LD    T20
SET   S21
STL   S21
SET   Y004          搬運下降
LD    X003          搬運下限
OUT   T21     K3
LD    T21
SET   S22
STL   S22
OUT   Y003          搬運閉合
OUT   T22     K5
LD    T22
SET   S23
STL   S23
RST   Y004          搬運下降
LD    X002          搬運上限
OUT   T23     K3
LD    T23
SET   S24
STL   S24
```

```
ALTP    Y000            搬運後退
ALTP    Y001            搬運前進
AND     X001            搬運前限
LD      Y000            搬運後退
AND     X000            搬運後限
ORB
SET     S25
STL     S25
LD      X000            搬運後限
ANI     X005            後側有料
LD      X001            搬運前限
ANI     X004            前側有料
ORB
OUT     T25     K5
LD      T25
SET     Y004            搬運下降
LD      X003            搬運下限
OUT     T27     K3
LD      T27
SET     S26
STL     S26
OUT     Y002            搬運打開
OUT     T26     K5
LD      T26
SET     S27
STL     S27
RST     Y004            搬運下降
LD      X002            搬運上限
ZRST    Y000    Y001    搬運後退
搬運前進
SET     S10
RET
END
```

實習十一

自動充填模組

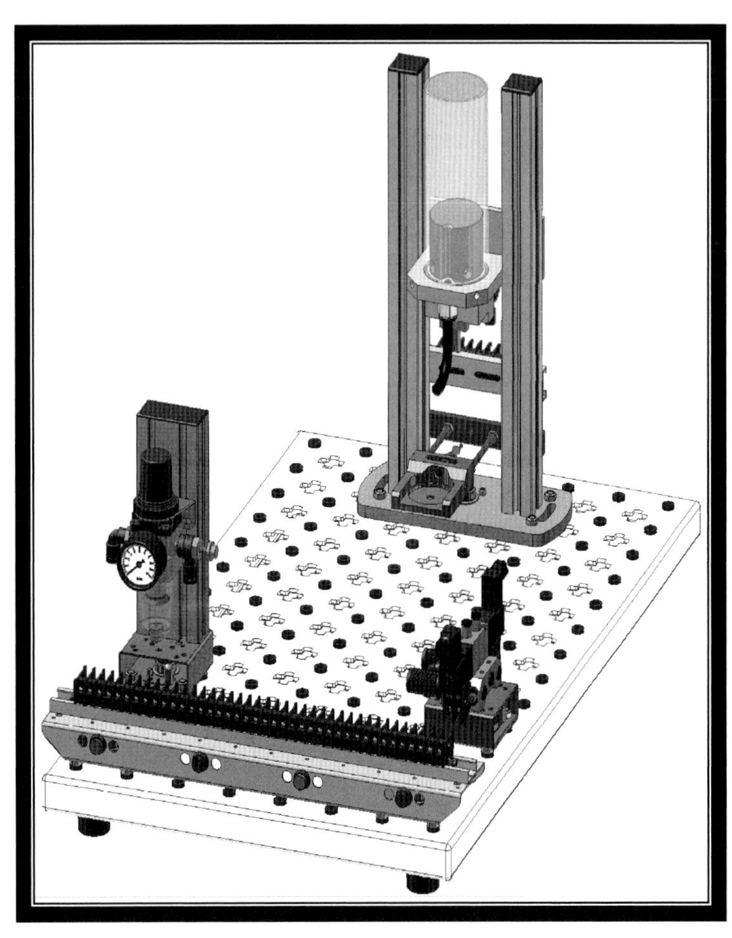

一、功能要求

1. 按下啓動按鈕(X10)。
2. 將指撥開關撥至想要的填充數量。
3. 放置接料盒感應放料。
4. 若按下停止按鈕(X11)，則停止運作，若再按下啓動按鈕(X10)，則再次重新計算填充數量。
5. 若在執行中按下緊急開關(X13)，可停止動作之執行。
6. 欲繼續執行時，再按下緊急開關(X13)一次，再按下啓動按鈕(X10)即可繼續執行。

二、輸入／輸出表

機電整合小模組-輸入/輸出表

	龍門移載	材質正反面翻轉	二位置擺動	左右選向出料	四分割分度盤	衝模打印
X00	手臂圓料	升降下限	擺動右限	凸輪上限	分度定位	打印上限
X01	手臂組裝	升降上限	擺動左限	凸輪下限	料別感測	打印下限
X02	手臂出料	夾爪打開	有料感測	旋轉右限	前方有料	有料感測
X03	垂直上限	夾爪閉合	壓力開關	旋轉中限	左方有料	指撥開關1
X04	垂直下限	迴轉正端		旋轉左限	後方有料	指撥開關2
X05	圓料感測	迴轉反端		姿勢左測	右方有料	指撥開關4
X06	方料感測	有料感測		壓力開關		指撥開關8
Y00	夾爪打開	升降下降	擺動右擺	旋轉右擺	分度正轉	打印下降
Y01	夾爪閉合	升降上升	擺動左擺	旋轉左擺	分度反轉	指撥個位
Y02	垂直下降	夾爪打開	吸盤放置	吸盤放置		指撥十位
Y03	龍門馬達	夾爪閉合	吸盤吸取	吸盤吸取		
Y04	馬達左移	迴轉正轉		凸輪馬達		
Y05		迴轉反轉				

	自動鑽孔	三位置擺動	輸送帶分料	機械手臂	自動充填	自動點膠
X00	鑽孔上限	擺動左限	輸送有料	搬運後限	充填感測	滴定上限
X01	鑽孔下限	擺動右限	指撥開關1	搬運前限	充填有料	滴定下限
X02	夾緊後限	進料左測	指撥開關2	搬運上限	指撥開關1	滴定有料
X03	夾緊前限	進料右測	指撥開關4	搬運下限	指撥開關2	指撥開關1
X04	有料感測	壓力開關	指撥開關8	前側有料	指撥開關4	指撥開關2
X05				後側有料	指撥開關8	指撥開關4
X06						指撥開關8
Y00	鑽孔上升	吸盤放置	直進旋轉1	搬運後退	充填右擺	滴定下降
Y01	鑽孔下降	吸盤吸取	直進旋轉2	搬運前進	充填左擺	滴定點膠
Y02	夾緊後退	擺動左擺	輸送馬達	搬運打開	指撥個位	指撥個位
Y03	夾緊前進	擺動右擺	指撥個位	搬運閉合	指撥十位	指撥十位
Y04	鑽孔馬達		指撥十位	搬運下降		
Y05						

X10	啟動按鈕	X11	停止按鈕	X12	選擇開關	X13	緊急開關

三、IO 表、填充模組端子台配線圖、氣壓迴路圖

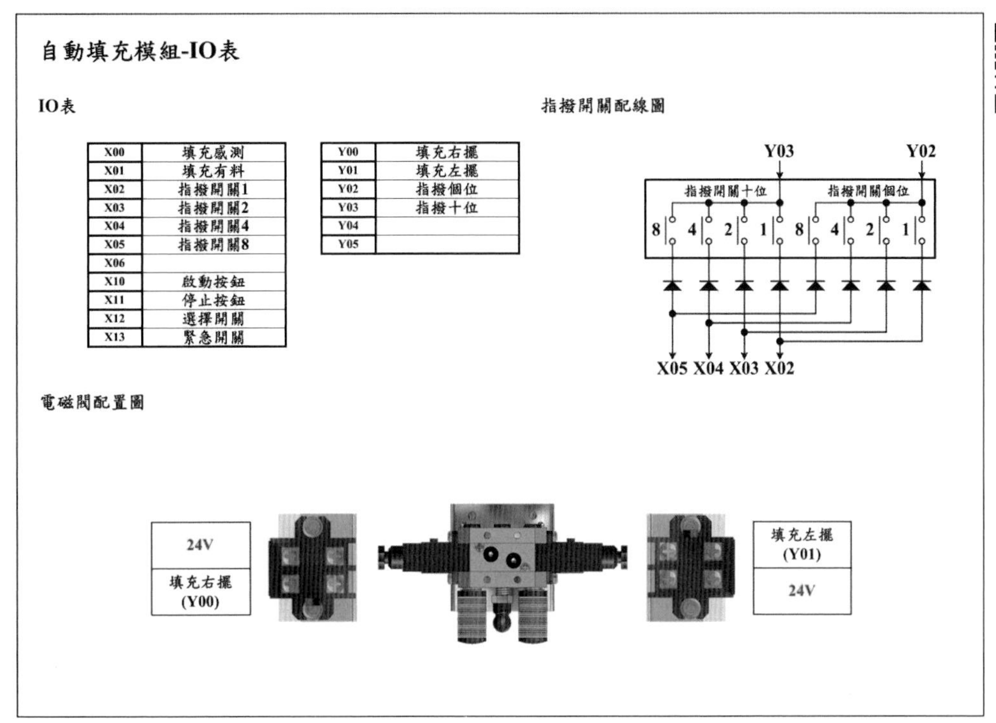

自動填充模組-IO表

IO表

X00	填充感測
X01	填充有料
X02	指撥開關1
X03	指撥開關2
X04	指撥開關4
X05	指撥開關8
X06	
X10	啟動按鈕
X11	停止按鈕
X12	選擇開關
X13	緊急開關

Y00	填充右擺
Y01	填充左擺
Y02	指撥個位
Y03	指撥十位
Y04	
Y05	

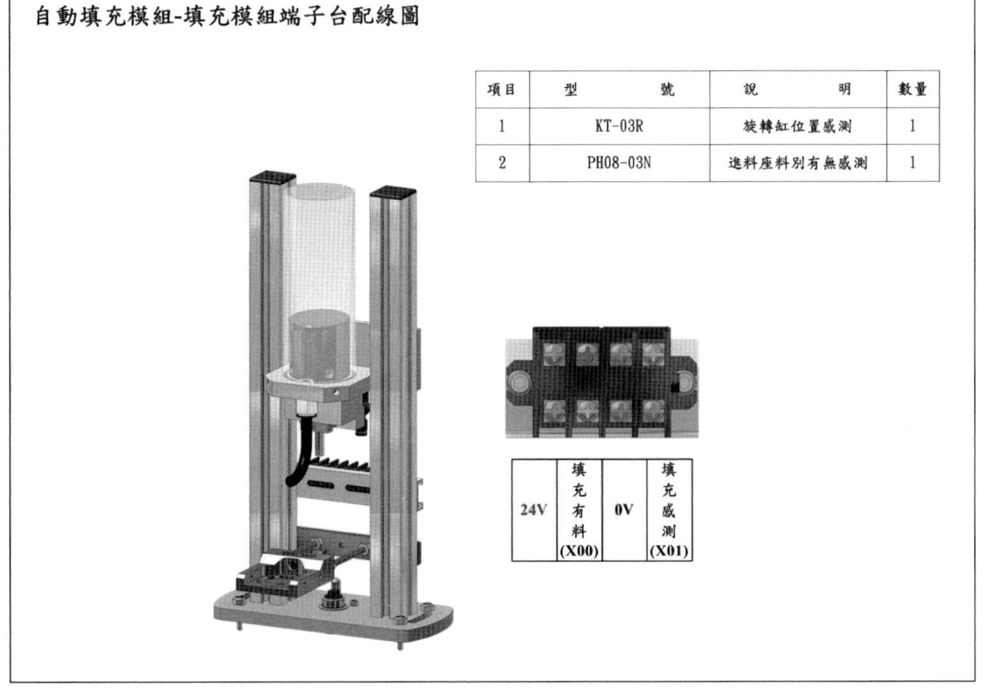

自動填充模組-填充模組端子台配線圖

項目	型　　號	說　　明	數量
1	KT-03R	旋轉缸位置感測	1
2	PH08-03N	進料座料別有無感測	1

24V	填充有料(X00)	0V	填充感測(X01)

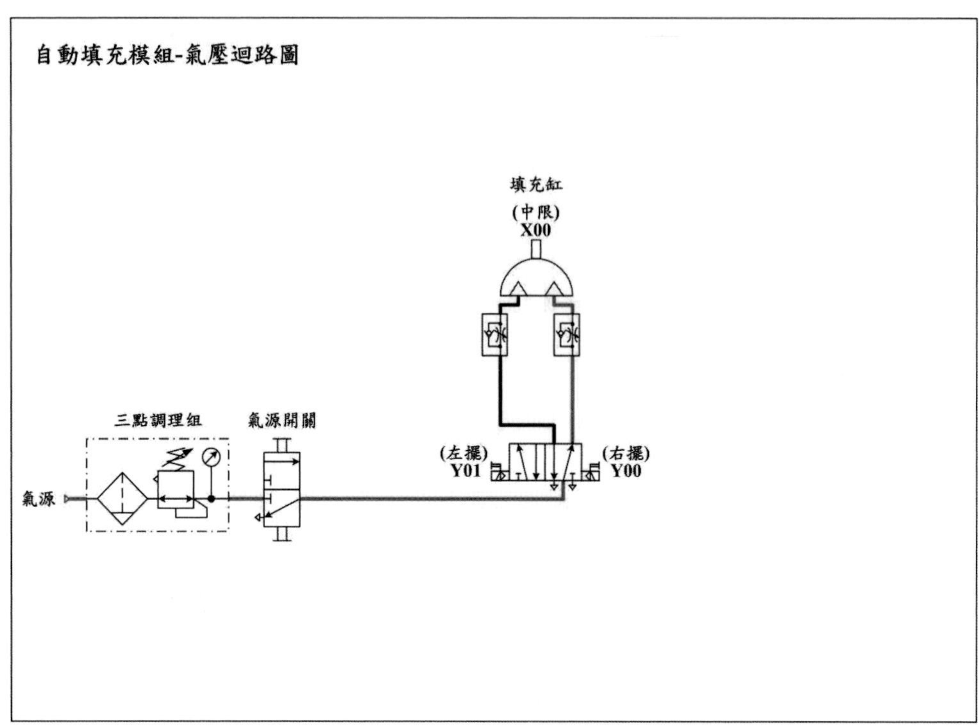
自動填充模組-氣壓迴路圖
填充缸
(中限)
X00
三點調理組
氣源開關
(左擺)
Y01
(右擺)
Y00
氣源

四、步進階梯圖

```
0   X013(b) ─┬─ [ZRST S0 S100]
             ├─ [ZRST Y000 Y017]
             └─ [ZRST M0 M100]
16  X111 ─ [RST D2]
20  X000 ─ X001 ─ (M100)
23  M8002 ─┬─ [SET S10]
    X013↑ ─┘
28  ─ [STL S10]
29  M100 ─ X010 ─ [SET S20]
33  ─ [STL S20]
34  ─┬─ (T20 K3)
     ├─ T20(b) ─┬─ (Y002)
     │          └─ [MOV K1X002 D0]
     ├─ T20 ─┬─ (T21 K3)
     │       ├─ (Y003)
     │       ├─ [MUL K1X002 D10 D1]
     │       └─ [ADD D0 D1 D2]
     └─ T21 ─ [SET S21]
69  ─ [STL S21]
70  M8000 ─┬─ [<= D2 K0] ─┬─ [SET S10]
           │              └─ / ─ [SET S22]
           └─ X011 ─ [ALT M0]
86  ─ [STL S22]
```

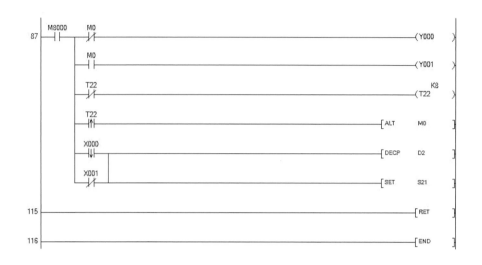

五、指令表

```
LDI     X013            緊急開關
ZRST    S0      S100
ZRST    Y000    Y017    充填右擺
ZRST    M0      M100
LD      X011            停止按鈕
RST     D2
LD      X000            充填感測
AND     001             充填有料
OUT     M100
LD      M8002
ORP     X013            緊急開關
SET     S10
STL     S10
LD      M100
AND     X010            啓動按鈕
SET     S20
STL     S20
OUT     T20     K3
LDI     T20
```

```
OUT     Y002                            指撥個位
MOV     K1X002    D0                    指撥開關 1
LD      T20
OUT     T21       K3
OUT     Y003                            指撥十位
MUL     K1X002    K10       D1          指撥開關 1
ADD     D0        D1        D2
LD      T21
SET     S21
STL     S21
LD<=    D2        K0
OR      X011                            停止按鈕
SET     S10
ALT     M0
INV
SET     S22
STL     S22
LDI     M0
OUT     Y000                            充填右擺
LD      M0
OUT     Y001                            充填左擺
LDI     T22
OUT     T22       K8
LDP     T22
ALT     M0
LDF     X000                            充填感測
ORI     X001                            充填有料
DECP    D2
SET     S21
RET
END
```

實習十二

自動點膠模組

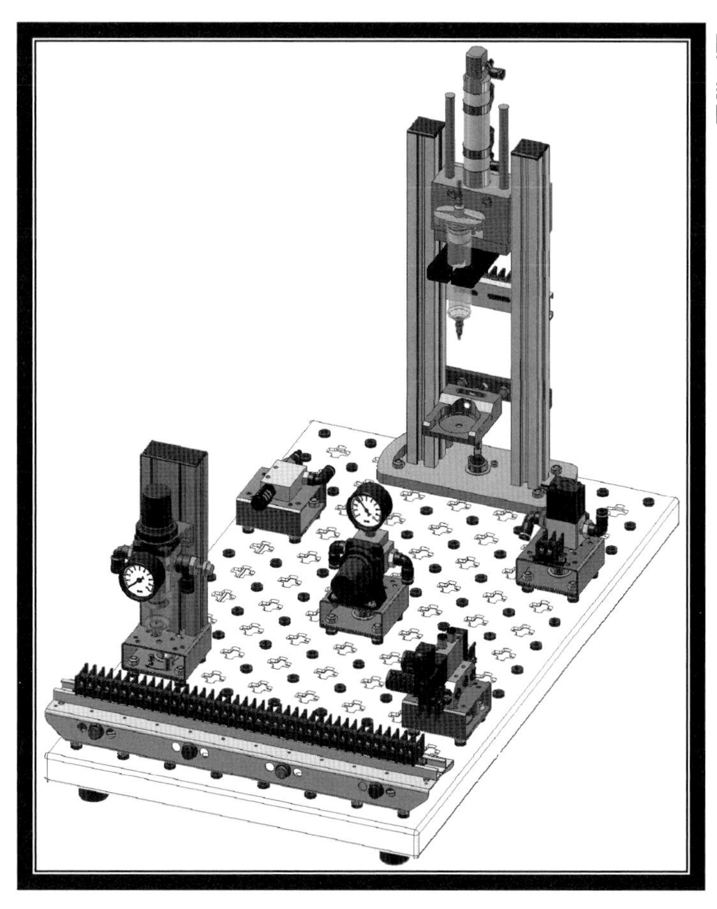

一、功能要求

1. 按下啓動按鈕(X10)。
2. 指撥開關十位數設定想點膠之滴數；指撥開關個位數設定滴定之時間。
3. 放置欲點膠之物料，感應後則開始點膠。
4. 按下停止按鈕(X11)，則停止點膠動作。
5. 若在執行中按下緊急開關(X13)，可停止動作之執行。
6. 欲繼續執行時，再按下緊急開關(X13)一次，再按下啓動按鈕(X10)即可繼續執行。

二、輸入／輸出表

機電整合小模組-輸入/輸出表

	龍門移載	材質正反面翻轉	二位置擺動	左右選向出料	四分割分度盤	衝模打印
X00	手臂圓料	升降下限	擺動右限	凸輪上限	分度定位	打印上限
X01	手臂組裝	升降上限	擺動左限	凸輪下限	料別感測	打印下限
X02	手臂出料	夾爪打開	有料感測	旋轉右限	前方有料	有料感測
X03	垂直上限	夾爪閉合	壓力開關	旋轉中限	左方有料	指撥開關1
X04	垂直下限	迴轉正端		旋轉左限	後方有料	指撥開關2
X05	圓料感測	迴轉反端		姿勢左測	右方有料	指撥開關4
X06	方料感測	有料感測		壓力開關		指撥開關8
Y00	夾爪打開	升降下降	擺動右擺	旋轉右擺	分度正轉	打印下降
Y01	夾爪閉合	升降上升	擺動左擺	旋轉左擺	分度反轉	指撥個位
Y02	垂直下降	夾爪打開	吸盤放置	吸盤放置		指撥十位
Y03	龍門馬達	夾爪閉合	吸盤吸取	吸盤吸取		
Y04	馬達左移	迴轉正轉		凸輪馬達		
Y05		迴轉反轉				

	自動鑽孔	三位置擺動	輸送帶分料	機械手臂	自動充填	自動點膠
X00	鑽孔上限	擺動左限	輸送有料	搬運後限	充填感測	滴定上限
X01	鑽孔下限	擺動右限	指撥開關1	搬運前限	充填有料	滴定下限
X02	夾緊後限	進料左測	指撥開關2	搬運上限	指撥開關1	滴定有料
X03	夾緊前限	進料右測	指撥開關4	搬運下限	指撥開關2	指撥開關1
X04	有料感測	壓力開關	指撥開關8	前側有料	指撥開關4	指撥開關2
X05				後側有料	指撥開關8	指撥開關4
X06						指撥開關8
Y00	鑽孔上升	吸盤放置	直進旋轉1	搬運後退	充填右擺	滴定下降
Y01	鑽孔下降	吸盤吸取	直進旋轉2	搬運前進	充填左擺	滴定點膠
Y02	夾緊後退	擺動左擺	輸送馬達	搬運打開	指撥個位	指撥個位
Y03	夾緊前進	擺動右擺	指撥個位	搬運閉合	指撥十位	指撥十位
Y04	鑽孔馬達		指撥十位	搬運下降		
Y05						

X10	啟動按鈕	X11	停止按鈕	X12	選擇開關	X13	緊急開關

三、IO 表、點膠模組端子台配線圖、氣壓迴路圖

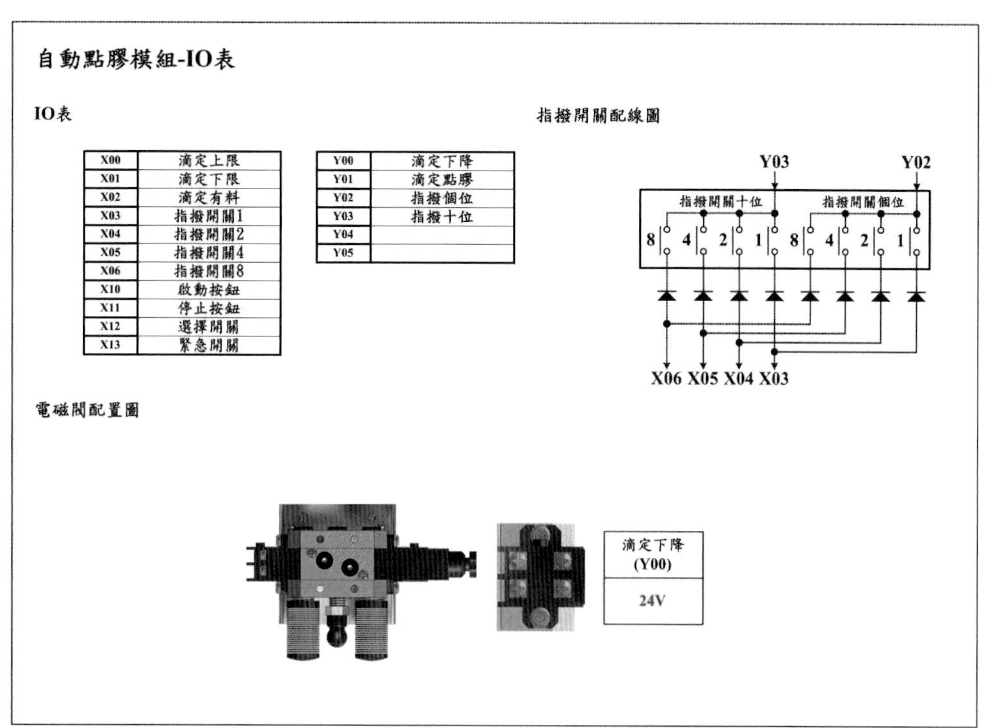

自動點膠模組-IO表

IO表

X00	滴定上限
X01	滴定下限
X02	滴定有料
X03	指撥開關1
X04	指撥開關2
X05	指撥開關4
X06	指撥開關8
X10	啟動按鈕
X11	停止按鈕
X12	選擇開關
X13	緊急開關

Y00	滴定下降
Y01	滴定點膠
Y02	指撥個位
Y03	指撥十位
Y04	
Y05	

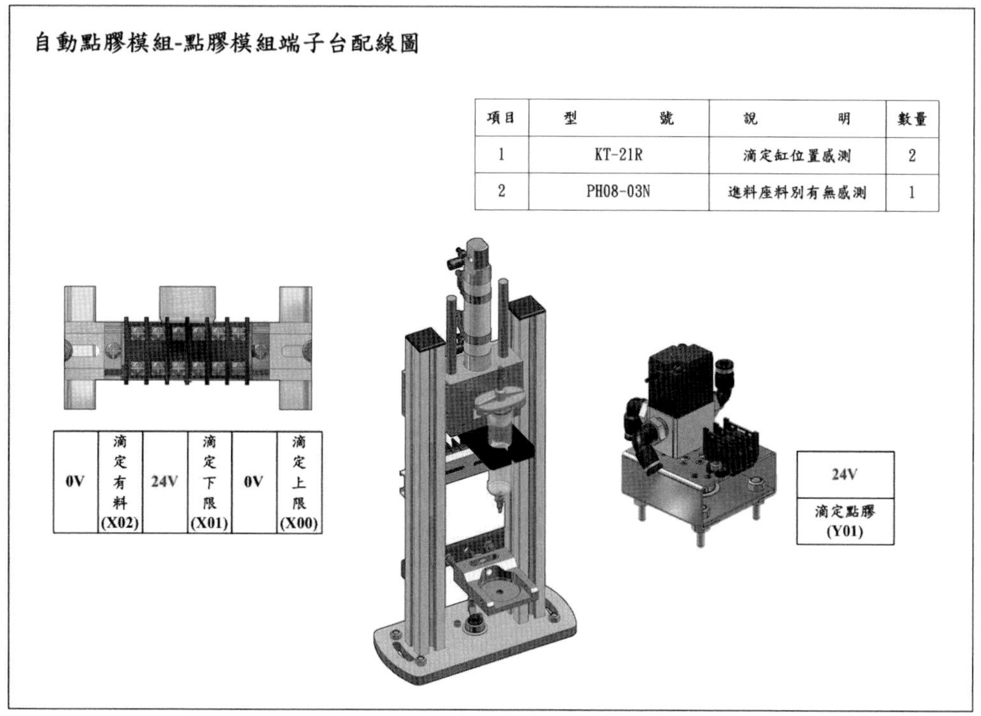

自動點膠模組-點膠模組端子台配線圖

項目	型號	說明	數量
1	KT-21R	滴定缸位置感測	2
2	PH08-03N	進料座料別有無感測	1

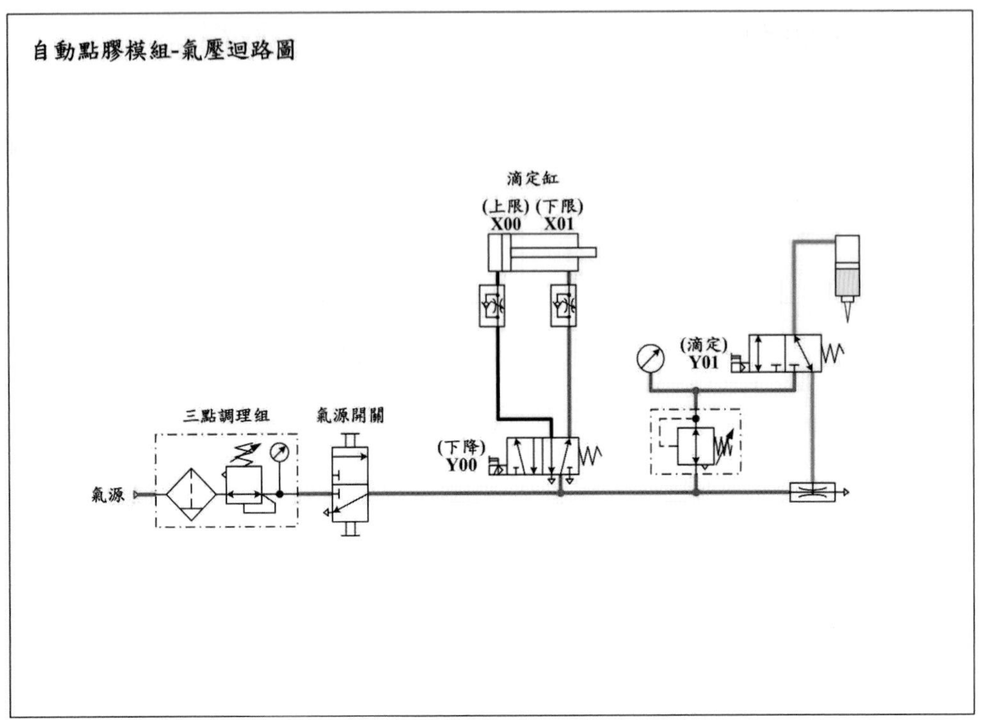
自動點膠模組-氣壓迴路圖
滴定缸
(上限)
X00
(下限)
X01
(滴定)
Y01
三點調理組
氣源開關
(下降)
Y00
氣源

四、步進階梯圖

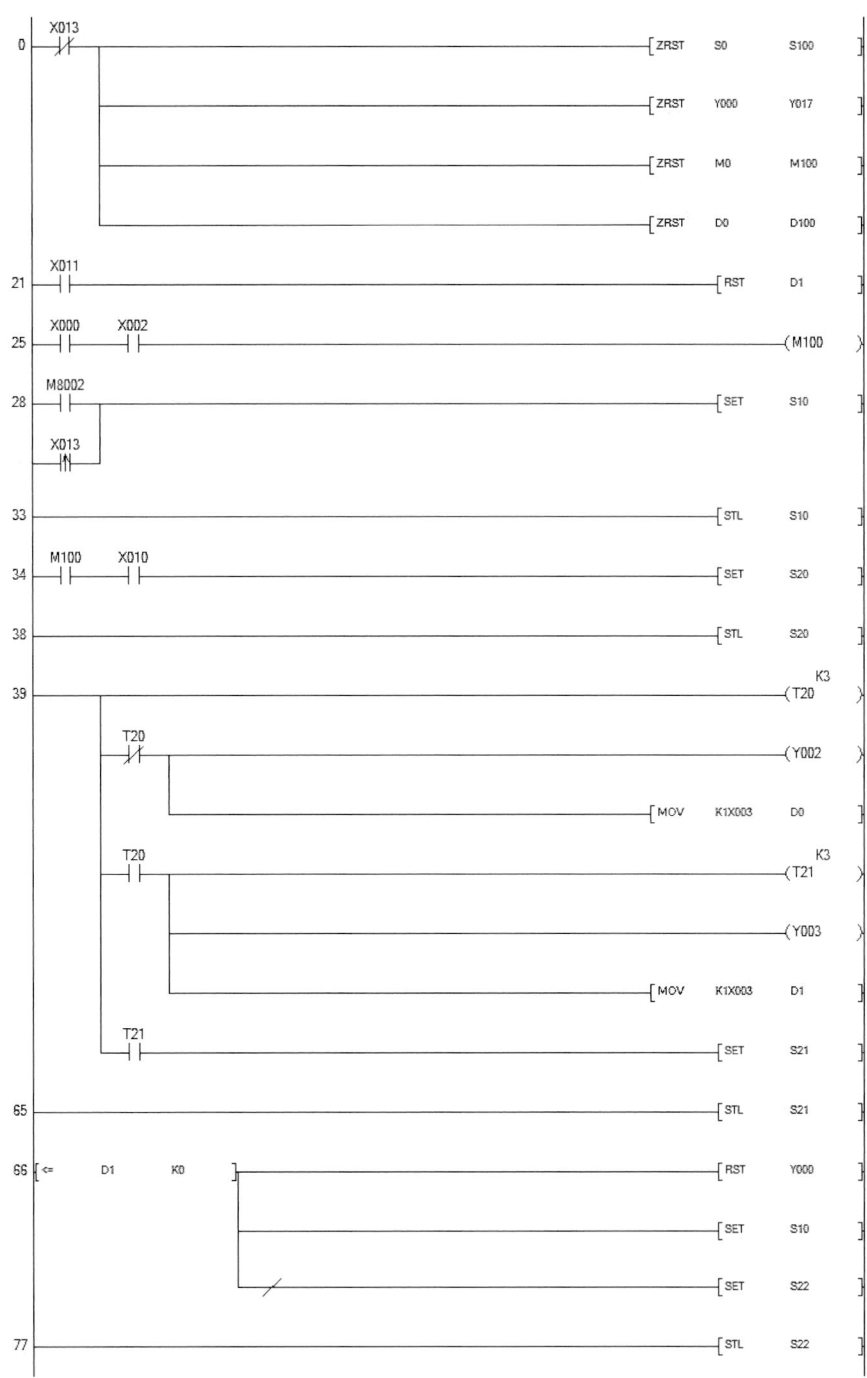
X013
0
ZRST S0 S100
ZRST Y000 Y017
ZRST M0 M100
ZRST D0 D100
X011
21
RST D1
X000 X002
25
M100
M8002
28
SET S10
X013
33
STL S10
M100 X010
34
SET S20
38
STL S20
39
K3
T20
T20
Y002
MOV K1X003 D0
T20
K3
T21
Y003
MOV K1X003 D1
T21
SET S21
65
STL S21
66
<= D1 K0
RST Y000
SET S10
SET S22
77
STL S22

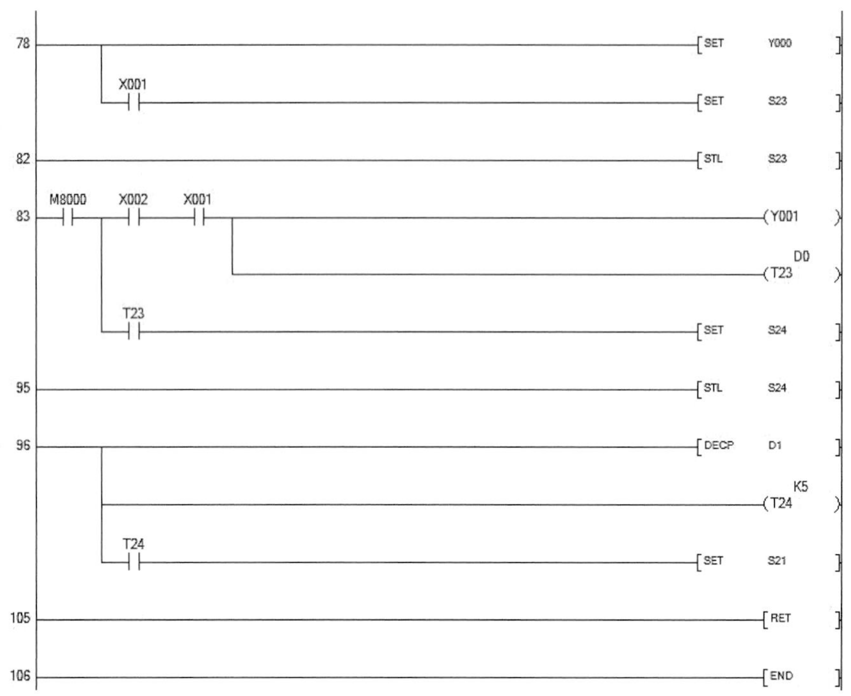

五、指令表

LDI	X013		緊急開關
ZRST	S0	S100	
ZRST	Y000	Y017	滴定下降
ZRST	M0	M100	
ZRST	D0	D100	
LD	X011		停止按鈕
RST	D1		
LD	X000		滴定上限
AND	X002		滴定有料
OUT	M100		
LD	M8002		
ORP	X013		緊急開關
SET	S10		
STL	S10		
LD	M100		
AND	X010		啓動按鈕

```
SET     S20
STL     S20
OUT     T20     K3
LDI     T20
OUT     Y002            指撥個位
MOV     K1X003  D0      指撥開關 1
LD      T20
OUT     T21     K3
OUT     Y003            指撥十位
MOV     K1X003  D1      指撥開關 1
LD      T21
SET     S21
STL     S21
LD<=    D1      K0
RST     Y000            滴定下降
SET     S10
INV
SET     S22
STL     S22
SET     Y000            滴定下降
LD      X001            滴定下限
SET     S23
STL     S23
LD      X002            滴定有料
AND     X001            滴定下限
OUT     Y001            滴定點膠
OUT     T23     D0
LD      T23
SET     S24
STL     S24
DECP    D1
OUT     T24     K5
LD      T24
SET     S21
RET
END
```

國家圖書館出版品預行編目資料

可程式控制器 PLC (含機電整合實務) / 石文傑, 林家名, 江宗霖編著. -- 四版. -- 新北市 : 全華圖書股份有限公司, 2021.05

面 ; 公分

ISBN 978-986-503-661-4(平裝附光碟片)

1.CST: 自動控制 2.CST: 機電整合

448.9 110004380

可程式控制器 PLC(含機電整合實務)

作者 / 石文傑、林家名、江宗霖

發行人 / 陳本源

執行編輯 / 張峻銘

出版者 / 全華圖書股份有限公司

郵政帳號 / 0100836-1 號

印刷者 / 宏懋打字印刷股份有限公司

圖書編號 / 06085037

四版二刷 / 2022 年 12 月

定價 / 新台幣 400 元

ISBN / 978-986-503-661-4 (平裝附光碟)

全華圖書 / www.chwa.com.tw

全華網路書店 Open Tech / www.opentech.com.tw

若您對書籍內容、排版印刷有任何問題，歡迎來信指導 book@chwa.com.tw

臺北總公司(北區營業處)
地址：23671 新北市土城區忠義路 21 號
電話：(02) 2262-5666
傳真：(02) 6637-3695、6637-3696

南區營業處
地址：80769 高雄市三民區應安街 12 號
電話：(07) 381-1377
傳真：(07) 862-5562

中區營業處
地址：40256 臺中市南區樹義一巷 26 號
電話：(04) 2261-8485
傳真：(04) 3600-9806(高中職)
(04) 3601-8600(大專)

（請由此線剪下）

歡迎加入 全華會員

● 會員獨享

會員享購書折扣、紅利積點、生日禮金、不定期優惠活動…等。

● 如何加入會員

掃 QRcode 或填妥讀者回函卡直接傳真（02）2262-0900 或寄回，將由專人協助登入會員資料，待收到 E-MAIL 通知後即可成為會員。

如何購買 全華書籍

1. 網路購書

全華網路書店「http://www.opentech.com.tw」，加入會員購書更便利，並享有紅利積點回饋等各式優惠。

2. 實體門市

歡迎至全華門市（新北市土城區忠義路 21 號）或各大書局選購。

3. 來電訂購

(1) 訂購專線：(02) 2262-5666 轉 321-324
(2) 傳真專線：(02) 6637-3696
(3) 郵局劃撥（帳號：0100836-1　戶名：全華圖書股份有限公司）
※ 購書未滿 990 元者，酌收運費 80 元。

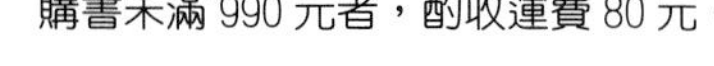

全華網路書店 www.opentech.com.tw
E-mail: service@chwa.com.tw

※ 本會員制如有變更則以最新修訂制度為準，造成不便請見諒。

廣　告　回　信
板橋郵局登記證
板橋廣字第540號

行銷企劃部　收

23671 新北市土城區忠義路21號
全華圖書股份有限公司

（請由此線剪下）

讀者回函卡

掃 QRcode 線上填寫 ▶▶▶

姓名：＿＿＿＿＿＿ 生日：西元＿＿＿年＿＿＿月＿＿＿日 性別：□男 □女

電話：（ ）＿＿＿＿＿＿ 手機：＿＿＿＿＿＿

e-mail：（必填）＿＿＿＿＿＿＿＿＿＿＿＿

註：數字零，請用 Φ 表示，數字 1 與英文 L 請另註明並書寫端正，謝謝。

通訊處：□□□□□＿＿＿＿＿＿＿＿＿＿＿＿

學歷：□高中・職 □專科 □大學 □碩士 □博士

職業：□工程師 □教師 □學生 □軍・公 □其他

學校／公司：＿＿＿＿＿＿ 科系／部門：＿＿＿＿＿＿

・需求書類：

□ A. 電子 □ B. 電機 □ C. 資訊 □ D. 機械 □ E. 汽車 □ F. 工管 □ G. 土木 □ H. 化工 □ I. 設計

□ J. 商管 □ K. 日文 □ L. 美容 □ M. 休閒 □ N. 餐飲 □ O. 其他

・本次購買圖書為：＿＿＿＿＿＿ 書號：＿＿＿＿＿＿

・您對本書的評價：

封面設計：□非常滿意 □滿意 □尚可 □需改善，請說明＿＿＿＿＿＿

內容表達：□非常滿意 □滿意 □尚可 □需改善，請說明＿＿＿＿＿＿

版面編排：□非常滿意 □滿意 □尚可 □需改善，請說明＿＿＿＿＿＿

印刷品質：□非常滿意 □滿意 □尚可 □需改善，請說明＿＿＿＿＿＿

書籍定價：□非常滿意 □滿意 □尚可 □需改善，請說明＿＿＿＿＿＿

整體評價：請說明＿＿＿＿＿＿

・您在何處購買本書？

□書局 □網路書店 □書展 □團購 □其他＿＿＿＿＿＿

・您購買本書的原因？（可複選）

□個人需要 □公司採購 □親友推薦 □老師指定用書 □其他＿＿＿＿＿＿

・您希望全華以何種方式提供出版訊息及特惠活動？

□電子報 □ DM □廣告（媒體名稱＿＿＿＿＿＿）

・您是否上過全華網路書店？（www.opentech.com.tw）

□是 □否 您的建議＿＿＿＿＿＿

・您希望全華出版哪方面書籍？＿＿＿＿＿＿

・您希望全華加強哪些服務？＿＿＿＿＿＿

感謝您提供寶貴意見，全華將秉持服務的熱忱，出版更多好書，以饗讀者。

填寫日期：　/　/

2020.09 修訂

親愛的讀者：

感謝您對全華圖書的支持與愛護，雖然我們很慎重的處理每一本書，但恐仍有疏漏之處，若您發現本書有任何錯誤，請填寫於勘誤表內寄回，我們將於再版時修正，您的批評與指教是我們進步的原動力，謝謝！

全華圖書　敬上

勘　誤　表

書　號		書　名	作　者
頁　數	行　數	錯誤或不當之詞句	建議修改之詞句

我有話要說：（其它之批評與建議，如封面、編排、內容、印刷品質等・・・）